石油和化工行业 十四五 规划教材
（普通高等教育）

无机与分析化学实验

WUJI YU FENXI HUAXUE SHIYAN

第二版

邢宏龙　王　斌　主　编

马祥梅　朱文晶　张艳红　副主编

化学工业出版社

·北京·

内容简介

《无机与分析化学实验》(第二版)共 7 章 42 个实验,具体包括:绪论、化学实验中的数据表达与处理、化学实验的基本知识、无机与分析化学实验基本操作、常用实验仪器的使用方法、基础实验(31 个项目)、综合设计性实验(11 个项目)。本书在选择实验时既考虑普适性又尽可能兼顾各专业的不同需求,力求既达到加强实验基础操作训练的目的,又能体现化学在各领域的具体应用。

《无机与分析化学实验》(第二版)可作为化学、化学工程与工艺、制药工程、材料科学与工程、环境科学与工程等专业本科生的教材,亦可供相关领域研究人员参考。

图书在版编目(CIP)数据

无机与分析化学实验 / 邢宏龙,王斌主编;马祥梅,朱文晶,张艳红副主编. -- 2 版. -- 北京:化学工业出版社,2025. 8. -- (石油和化工行业"十四五"规划教材). -- ISBN 978-7-122-48393-5

Ⅰ. O61-33;O652. 1

中国国家版本馆 CIP 数据核字第 2025LJ6814 号

责任编辑:宋林青
文字编辑:刘志茹
责任校对:宋 玮
装帧设计:刘丽华

出版发行:化学工业出版社
　　　　　(北京市东城区青年湖南街 13 号　邮政编码 100011)
印　　装:三河市君旺印务有限公司
787mm×1092mm　1/16　印张 12¾ 字数 312 千字
2025 年 9 月北京第 2 版第 1 次印刷

购书咨询:010-64518888　　　　　售后服务:010-64518899
网　　址:http://www.cip.com.cn
凡购买本书,如有缺损质量问题,本社销售中心负责调换。

定　　价:35.00 元　　　　　　　版权所有　违者必究

《无机与分析化学实验》（第二版）编写组

主　　编　邢宏龙　王　斌

副 主 编　马祥梅　朱文晶　张艳红

编　　者　（以姓氏笔画排序）

　　　　　马祥梅　王　斌　邢宏龙

　　　　　朱文晶　刘玉林　杨永辉

　　　　　张艳红　胡劲松　黄若峰

前言

　　无机与分析化学实验是化学化工类专业学生步入大学后接触的第一门基础化学实验课程，是衔接理论知识与实践能力的桥梁。通过本课程的学习，学生需掌握物质结构基础理论、化学反应与分析化学原理、元素化学知识，并系统训练定量分析的基本操作技能，从而树立严谨的"量"的概念，培养科学规范的实验素养，最终具备独立解决化学问题、选择分析方法及准确表达实验结果的能力。

　　《无机与分析化学实验》（第二版）的编写充分考量了不同专业（如化学、化工、材料、环境等）的实验教学需求，在学科融合方面，打破无机与分析化学的学科界限，强化知识体系的连贯性；在能力导向方面，通过"基础－综合－设计"三级实验梯度，培养科学思维与创新能力；在实验内容选择上，兼顾普适性与针对性，尤其注重基础操作的标准化训练。

　　本教材特色：

　　1. 把无机化学实验和分析化学实验有机地整合在一起，将化学物质的"制备－组成－结构－性能检测"完整地融为一体。

　　2. 综合设计性实验中，综合性实验有较详细的操作步骤，使学生综合运用基础知识、实验技能和测试方法，培养分析问题和解决问题的能力。设计性实验对学生提出实验要求，提示实验关键和参考文献，要求学生独立设计方案，完成实验。这将有助于培养学生的创新意识和能力。

　　3. 附录中列入了实验中必需的一些知识、数据，以供学生实验中查阅。

　　本书第 1 章、第 3 章由邢宏龙编写；第 2 章、第 4 章由刘玉林编写；第 5 章由黄若峰和杨永辉共同编写；第 6 章由王斌、马祥梅、朱文晶、张艳红、黄若峰和刘玉林共同编写；第 7 章由王斌、朱文晶、胡劲松和刘玉林共同编写；附录由朱文晶编写。全书由邢宏龙统稿，王斌协助审定。

　　本书的出版得益于化学工业出版社的精心策划，以及参编教师的通力合作，在此一并致谢。在教材编写过程中我们虽力求严谨，但限于水平，疏漏之处在所难免，恳请同行专家与使用本书的师生不吝指正。

邢宏龙

2025 年 5 月

目 录

第1章

绪　论

1.1　关于无机与分析化学实验课程

1.1.1　目的要求

无机与分析化学实验的主要任务是通过实验教学，加深学生对无机化学和分析化学中基本理论和基本概念的理解。学生通过该课程的学习，熟悉常见仪器的使用方法，熟练掌握基本实验操作技能和实验技术，掌握无机化合物的一般分离和制备方法；掌握基础分析的基础原理和测定方法；正确掌握有关的科学实验技能；提高分析问题和解决问题的能力。

学生通过系统地学习本教材可以逐渐熟悉无机化学和分析化学实验的基础知识及基本操作方法，获得物质变化的感性认识，加深对化学基本原理和基础知识的理解和掌握，从而养成独立思考、独立准备和进行实验的实践能力。培养学生细致地观察和记录现象，归纳、总结、正确地处理数据和分析实验结果、用语言表达实验结果的能力。

1.1.2　教学组织

（1）课前准备

① 实验教学文件（包括实验教材、讲义、指导书、挂图、表格、实验仪器设备使用说明和操作规程等）是进行实验教学所必备的文件，实验室主任应根据教学大纲要求，组织力量精选或编写，教材（讲义）或指导书应在实验前发到学生手中。

② 没有实验教材、讲义或指导书的课程，不准进行实验（教学）。

③ 实验指导书的内容应包括实验项目、名称、目的、要求、原理、方法、步骤、实验报告和注意事项等。

④ 实验课主讲教师要认真写出实验教案。实验目的与要求、实验的难点及易出现的错误，仪器设备出现的异常及处理方法等均应记入教案。要做好实验用仪器设备、材料和实验教学文件的准备。并与实验课辅导人员一起预做实验，写出标准实验报告。

⑤ 学生预习，写出预习报告，经指导教师检查合格后，方准做实验。

⑥ 学生第一次上实验课前，由实验主讲教师负责宣讲《学生实验室守则》和有关规章制度及注意事项，对学生进行安全、纪律教育。

（2）进行实验

① 清点学生人数，凡无故不上实验课或迟到十分钟以上者，以旷课论处。

② 主讲教师必须向学生说明与本次实验有关的理论知识、实验方法与操作规程；对学生上课纪律要严格要求，认真负责；要求学生自己独立操作。

③ 主讲教师要做到"三勤、五坚持"，即腿勤（巡视学生操作了如指掌）、嘴勤（善于启发学生思考）、手勤（做必要的示范），坚持严格要求、坚持发挥学生的独立性、坚持人人动手操作、坚持因材施教、坚持勤俭办学。

④ 学生要认真操作，做好实验记录和分析；实验结束，主讲教师要对学生实验的结果进行审核并签字，有错误的要求重做；学生要按规定清理场地，检查仪器设备状态，经指导教师同意后，方可离开实验室，发现问题要及时上报处理。

⑤ 实验过程中，对违反规章制度、操作规程或不听指导的学生，指导教师有权停止其实验；对造成事故者、损坏仪器设备者、丢失工具者，均应追究其责任，并严格按实验室仪器赔偿制度处理。

（3）实验报告

① 学生要按规定的时间独立完成实验报告，做到内容完整，计算分析严密，测试结果及数据处理正确，书写整洁。

② 主讲教师或实验课辅导人员对学生的实验报告要全部认真批改、评分，不合格者，要重做实验或重写实验报告。

（4）实验考核

① 单独设置的实验课，可单独考试（考查）。考试内容包括实验理论、实验操作和综合实验能力。主讲教师要根据学生的动手能力、完成实验质量情况和实验报告的处理等，按平时成绩和考试成绩各占一定比例，计入总成绩。

② 附属于理论课的实验课，实验课指导教师将学生实验考核成绩交给理论课主讲教师，一同计入课程总成绩。实验不及格者，不得参加该课程的理论课考试。

课程教学大纲中对实验部分的考核有规定的，按规定执行。

③ 对实验课迟到的学生，要给予批评教育，并扣减平时成绩。

1.1.3　实验预习

预习是做好实验必要的基础，提前做好实验预习可以使实验有目的地进行，从而获得良好的效果，认真而充分的预习是实验成功的重要前提。

做好实验预习有以下几点要求：

① 阅读实验教材、教科书和参考资料中的有关内容。

② 明确本实验的目的。

③ 了解实验的内容、步骤、操作过程和实验注意事项及安全知识、操作技能和实验现象。

④ 在充分预习的基础上，写好预习报告。

1.1.4　实验过程

根据实验教材上所规定的方法、步骤和试剂用量进行操作，并应该做到下列几点：

① 认真操作，细心观察现象，并及时、如实地做好详细记录。

② 如果发现实验现象和理论不符合，应首先尊重实验事实，并认真分析和查找其原因，

也可以做对照试验、空白试验或自行设计的实验来核对，必要时应多次重做验证，从中得到有益的科学结论和科学思维的方法。

③ 实验过程中应勤于思考，仔细分析，力争自己解决问题。但遇到疑难问题而自己难以解决时，可请教师指点。

④ 在实验过程中应保持安静，讨论时声音要小，严格遵守实验室规章制度。

1.1.5　实验记录

在科学研究中，实验记录是涉及研究工作能否得到真实可靠结果和能否顺利持续进行的重要环节。实验记录的基本要求为：

① 必须由实验者自己记录，不能让他人代记。

② 及时记录，必须随做实验随记录，不能作回忆性记录。如果有回忆性记录，必须注明。

③ 凡实验时使用的记录草稿，必须保存在正式记录的相应部位。

④ 记录的修改部分不能用完全掩盖的方式（如用涂改液），只能用简单划线，并保留原记录字样。

⑤ 记录用笔应注意其性能，使书写的笔迹能长期保存。

⑥ 记录用纸应有可靠的编页方式，不能丢弃任何"废页"。

⑦ 记录时保存一定字间距和行间距，不宜过于密集。

⑧ 实验记录是记录实验的过程和结果，但对每项实验，必须先完成和记录实验设计的各项内容（包括具体步骤、试剂的制备法及来源），每次实验工作结束时，应有分析性小结或总结。

⑨ 科学研究实验的原始记录必须存档。个人保存件只能用复制件或另作抄写件记录。

⑩ 实验过程中应及时在记录目录中填写记录项目。

1.1.6　实验报告

实验完毕对实验现象进行解释并作出结论，或根据实验数据进行处理和计算，独立完成实验报告，交指导教师审阅。若实验现象、解释、结论、数据和计算等不符合要求，或实验报告写得草率，应重做实验或重写报告。书写实验报告应字迹端正，简明扼要，整齐清洁。

1.1.7　实验考核

只有全面地进行化学实验考核，才能使其最有效地促进化学实验教学质量的提高。全面的化学实验考核应该包括下列几个方面。

① 知识预备情况。对实验的化学原理、装置原理、操作原理、实验方法知识、有关的元素化合物和试剂知识、仪器知识以及其他重要的有关知识的了解和熟悉程度。

② 实验方案的预备情况。自行设计实验方案的科学性、周密性和可行性，或者对既定方案的熟悉、理解程度。

③ 使用仪器、试剂的技能水平，实验操作技能水平。

④ 实验现象的观察、测量、判定和描述情况。在实验过程中发现、分析和解决问题的能力。

⑤ 对实验观测结果进行整理、加工、解释和讨论的情况。实验结果的质和量、速度、

结论的正确性等。

⑥ 遵守实验纪律和实验规范情况，安全、卫生、环境保护和环境整洁等方面的表现。探索精神和实事求是态度等。

1.2 实验报告格式举例

1.2.1 无机物制备实验报告示例

实验课程名称：＿＿＿＿＿＿＿＿＿＿＿＿＿＿＿

开课院系及实验室：＿＿＿＿＿＿＿＿＿＿＿＿　　　年　　月　　日

院系		专业班级		姓名		成绩	
实验项目名称		硫酸铜的提纯			指导教师		

一、实验目的

....

....

....

二、实验原理

....

....

....

三、制备流程图

....

....

....

四、产品外观及产率计算

原料质量	
产品外观（颜色、晶形、湿度）	
产量	
产率	
产品等级	

五、结果与讨论

（讨论内容可以是实验中发现的问题、误差分析、经验体会、心得体会等）

1.2.2　无机物测定实验报告示例

实验课程名称：＿＿＿＿＿＿＿＿＿＿＿＿＿＿＿＿

开课院系及实验室：＿＿＿＿＿＿＿＿＿＿＿　　　年　　　月　　　日

院系		专业班级		姓名		成绩	
实验项目名称		醋酸解离度与解离平衡常数的测定			指导教师		

一、实验目的

二、实验原理

三、简要实验步骤

　1. NaOH 溶液的标定

　2. 配制不同浓度的 HAc 溶液

　3. pH 测定步骤

四、数据记录与处理

1. NaOH 溶液的标定

记录项目	平行测定次数	
	I	II
称量瓶＋邻苯二甲酸氢钾的质量（前）/g		
称量瓶＋邻苯二甲酸氢钾的质量（后）/g		
邻苯二甲酸氢钾的质量/g		
NaOH 终读数/mL		
NaOH 初读数/mL		
V_{NaOH}/mL		
c_{NaOH}/mol·L^{-1}		
$\bar{c}_{NaOH}$/mol·L^{-1}		
个别测定的绝对偏差		
相对平均偏差		

2. HAc 解离度与解离平衡常数的测定

编号	醋酸体积 V /mL	$c(HAc)$ /mol·L^{-1}	pH	$c(H^+)$ /mol·L^{-1}	解离度 α	解离平衡常数 K_a	
						测定值	平均值
1	2.50						
2	5.00						
3	10.00						
4	25.00						

25℃时醋酸解离平衡常数的文献值为 1.76×10^{-5}。

解离平衡常数测定的相对误差：

$$E_r = \frac{\bar{x} - x_T}{x_T} \times 100\% =$$

五、结果与讨论

（讨论内容可以是实验中发现的问题、误差分析、经验体会、心得体会等）

1.2.3　无机物性质实验报告示例

实验课程名称：_____

开课院系及实验室：_____　　　　　年　　　月　　　日

院系		专业班级		姓名		成绩	
实验项目名称					指导教师		

请参照性质实验记录格式形式书写性质实验报告。

记录格式 I——表格形式：如试验氢氧化物的酸碱性

离子		Sn^{2+}	Pb^{2+}	Sb^{3+}	Bi^{3+}
盐＋稀 NaOH 溶液（现象）		$Sn(OH)_2 \downarrow$ 白			
氢氧化物	＋浓 NaOH（现象）	沉淀溶解			
	＋稀酸（现象）	沉淀溶解			
结论		$Sn(OH)_2$ 两性			

现象解释和反应方程式：

$$Sn^{2+} + 2OH^- == Sn(OH)_2 \downarrow$$

$$Sn(OH)_2 + 2OH^- == [Sn(OH)_4]^{2-}$$

$$Sn(OH)_2 + 2H^+ == Sn^{2+} + 2H_2O$$

记录格式 II——箭头形式：如试验过氧化氢的氧化性

10 滴 $0.1mol \cdot L^{-1}$ KI ＋ 2 滴 $3mol \cdot L^{-1}$ H_2SO_4 $\xrightarrow{\text{滴加 3\% } H_2O_2}$ 黄色溶液 $\xrightarrow{\text{1 滴淀粉}}$ 蓝色溶液

解释：$2I^- + H_2O_2 + 2H^+ == I_2 + 2H_2O$　碘遇淀粉变蓝色。

一、实验目的

....

....

....

二、实验内容及现象解释

....

....

....

三、结果与讨论

　　　（讨论内容可以是实验中发现的问题、误差分析、经验体会、心得体会等）

....

....

....

1.2.4 定量分析测定实验报告示例

实验课程名称：_____

开课院系及实验室：_____ 　年　　月　　日

院系		专业班级		姓名		成绩	
实验项目名称		EDTA 的标定及自来水总硬度的测定			指导教师		

一、实验目的

二、实验原理

　1. EDTA 溶液的标定

　2. 自来水总硬度的测定

三、简要实验步骤

　1. EDTA 溶液的标定

　2. 自来水总硬度的测定

四、数据记录

1. EDTA 溶液的标定（指示剂：_____）

记录项目	平行测定次数		
	I	II	III
碳酸钙基准物的质量（前）/g			
碳酸钙基准物的质量（后）/g			
碳酸钙基准物的质量/g			
EDTA 终读数/mL			
EDTA 初读数/mL			
V_{EDTA}/mL			
c_{EDTA}/mol·L^{-1}			
$\bar{c}_{EDTA}$/mol·L^{-1}			
个别测定的绝对偏差			
相对平均偏差			

2. 自来水总硬度的测定：自来水样的体积 $V=$ _____ mL

记录项目	平行测定次数		
	I	II	III
EDTA 终读数/mL			
EDTA 初读数/mL			
V_{EDTA}/mL			
自来水总硬度（以 $CaCO_3$ 计）/mg·L^{-1}			
平均硬度（以 $CaCO_3$ 计）/mg·L^{-1}			
个别测定的绝对偏差			
相对平均偏差			

五、结果与讨论

（讨论内容可以是实验中发现的问题、误差分析、经验体会、心得体会等）

第 2 章

化学实验中的数据表达与处理

2.1 测量误差与有效数字

在分析测试中，由于主、客观条件的限制，使得测量结果不可能与真实含量完全一致，即误差是客观存在的。为了提高测量结果的准确度，应该了解分析过程中误差产生的原因及其出现的规律，尽可能避免或减少误差的产生。

2.1.1 误差与偏差

2.1.1.1 准确度与误差

准确度是指测量值（x）与真实值（x_T）之间相接近的程度。测量结果的准确度可用误差来衡量。误差越小，准确度就越高。

误差可用绝对误差和相对误差来表示。

$$绝对误差 E = 测定值(x) - 真实值(x_T)$$

$$相对误差 E_r = \frac{绝对误差}{真实值} \times 100\% = \frac{x - x_T}{x_T} \times 100\%$$

在实际工作中往往平行测量若干次，即在相同条件下，用同一方法对同一试样进行多次分析。用多次平行测量结果的算术平均值 $\overline{x}$ 表示测量结果。

$$\overline{x} = \frac{1}{n} \sum_{i=1}^{n} x_i = \frac{x_1 + x_2 + \cdots + x_n}{n}$$

因此测量结果的误差按下述公式计算。

$$绝对误差 E = \overline{x} - x_T$$

$$相对误差 E_r = \frac{\overline{x} - x_T}{x_T} \times 100\%$$

2.1.1.2 精密度与偏差

精密度是指在相同条件下多次测量结果之间相接近的程度。精密度的高低常用偏差来衡量。

偏差可用绝对偏差和相对偏差表示。

$$绝对偏差 d_i = x_i - \overline{x}$$

$$相对偏差\ d_r = \frac{d_i}{\overline{x}} \times 100\% = \frac{x_i - \overline{x}}{\overline{x}} \times 100\%$$

在实际工作中，常用平均偏差和相对平均偏差表示测量结果的精密度。

$$平均偏差\ \overline{d} = \frac{1}{n} \sum_{i=1}^{n} |d_i| = \frac{|d_1| + |d_2| + \cdots + |d_n|}{n}$$

$$相对平均偏差\ \overline{d}_r = \frac{\overline{d}}{\overline{x}} \times 100\%$$

测量结果的精密度还可用标准偏差（又称均方根偏差）来衡量。

$$s = \sqrt{\frac{\sum_{i=1}^{n} (x_i - \overline{x})^2}{n-1}}$$

式中，$(n-1)$ 表示 n 个测量值中具有独立偏差的数目，又称自由度 f。

标准偏差比平均偏差更能灵敏地反映出大偏差的存在，因而能较好地反映测量结果的精密度。当测量次数较少时，通常习惯用相对平均偏差来表示测量结果的精密度。

由以上讨论可知，误差是与真实值之间的差值，而偏差是与测量平均值之间的差值。误差与偏差，准确度与精密度的含义不同，必须加以区别。但是在实际工作中，真实值往往是未知的，在尽量减少系统误差的前提下，可用偏差来表示测量结果的准确度。

2.1.2 误差的种类及其产生的原因

根据误差的性质和产生原因，可将其分为系统误差、偶然误差和过失误差三类。

2.1.2.1 系统误差

系统误差或称可定误差，它是由测量过程中某些经常性的、固定因素所造成的比较恒定的误差。在同一测量条件下的重复测量中，误差的大小及正负可重复出现并可以测量。它主要影响测量结果的准确度，对精密度影响不大，而且可以通过适当方法校正以减小或消除它。系统误差产生的主要原因有以下几种：

（1）方法误差 由于分析方法本身不够完善所造成，即使操作再仔细也无法克服。例如，重量分析中沉淀的溶解损失或吸附某些杂质而产生的误差；在滴定分析中，反应不完全、干扰离子的影响、滴定终点与化学计量点不同、副反应的存在等所产生的误差。

（2）仪器误差 由于仪器本身不准确或未经校准引入的误差。例如天平两臂不等长，砝码腐蚀和量器刻度不准确等造成的误差。

（3）试剂误差 由试剂不纯或所用的蒸馏水中含有微量杂质等因素所造成的。

（4）主观误差 是指在正常情况下，操作人员的主观原因所造成的误差。如个人的习惯和偏向所引起的：滴定管读数偏高或偏低；终点颜色辨别偏深或偏浅；平行测量时，主观上追求平行测量的一致性等引起的操作误差。

2.1.2.2 偶然误差

偶然误差又称随机误差或不定误差，它是由某些偶然因素所引起的误差，往往大小不等、正负不定。在正常情况下，平行测量结果不一致，甚至相差较大，这些都属于随机误差。例如测量时外界条件（如温度、湿度、气压等）微小变化引起的误差。这类误差在测量中无法完全避免，也难找到确定的原因，它不仅影响测量结果的准确度，而且明显地影响测量结果的精密度。这类误差虽然不能完全消除，但其出现具有一定的规律性，表现为正态分布规律：绝对值相等的正、负误差出现的概率相等，呈对称形式；小误差出现的概率大，大误差出现的概率小，很大的误差出现的概率极小。随着测量次数的增加，随机误差的算术平均值逐渐趋于零。因此测量结果的准确度随测量次数的增加而提高。当测量次数较少时，测量结果的随机误差随测量次数的增加迅速减小，当测量次数大于 10 次时，随机误差减小将不明显，因此平行测量 3～5 次至多 10 次即可。

2.1.2.3 过失误差

过失误差又称粗差，它是由于操作人员工作中的过失，如粗心或不遵守操作规程等引起的误差。如容器不洁净、加错试剂、看错砝码、丢损试液、记录错误、计算错误等。过失误差严重影响测量结果的准确性，所测数据应弃去不用。

2.1.2.4 误差、精密度及准确度三者的关系

图 2-1 表示甲、乙、丙、丁四人分析同一试样中铁含量的实验结果。由此可得如下结论：

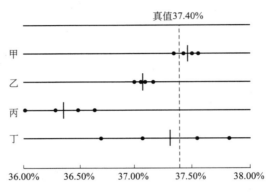

图 2-1　不同人分析同一样品中铁含量的实验结果

① 系统误差主要影响测量结果的准确度，偶然误差主要影响测量结果的精密度。
② 精密度是保证准确度的先决条件。精密度差，结果不可靠，也就失去了衡量准确度的前提。
③ 精密度高，准确度不一定好。只有在消除了系统误差的情况下，才能得到精密度高、准确度也好的测量结果。

2.1.3 提高测量结果准确度的方法

2.1.3.1 选择合适的分析方法

化学分析法（重量法和滴定分析法）测量的准确度高（千分之几），但灵敏度低，适用于常量（$w > 1\%$）组分的分析。

仪器分析法测量的灵敏度高，适用于微量（$0.01\% \sim 1\%$）或痕量（$w < 0.01\%$）组分的分析。

2.1.3.2 减少相对误差

在滴定分析中，可通过控制称量质量和标准溶液消耗体积，使测量的相对误差在允许的范围内。若要求相对误差小于 0.1%，则试样称取量至少为 0.2g，标准溶液消耗的体积至少为 20mL。如分光光度法中，吸光度在 0.2～0.7 范围内，测量的相对误差较小，可以通过

控制取样量或比色皿的厚度使待测溶液的吸光度落在 0.2～0.7 的适宜读数范围内。

2.1.3.3　检验和消除系统误差

系统误差是影响结果准确度的重要因素，因此检验系统误差的存在，消除系统误差是非常重要的。

（1）检查系统误差的方法

① 对照试验　这是检查系统误差的最有效方法，可以用标准方法或标准试样进行对照分析。

② 回收试验　对于较为复杂的试样可以进行回收试验，计算回收率，若回收率符合要求，系统误差就较小。

$$回收率 = \frac{测定值}{加入量} \times 100\% = \frac{x_2 - x_1}{x_s} \times 100\%$$

式中，x_1、x_2 分别为加入标准溶液前后的测量结果；x_s 为标准溶液的加入量。

对于常量组分（$w > 1\%$），一般回收率要求在 99% 以上（99%～101%）；微量组分（0.01%～1%）要求在 95% 以上（95%～105%）；痕量组分（$w < 0.01\%$）要求在 90% 以上（90%～110%）。

（2）校正系统误差的方法

针对产生的原因进行校正。

① 方法误差　通过用标准方法做对照试验减免。

② 试剂误差　通过空白试验减免。

③ 仪器误差　通过校正仪器减免。

④ 主观误差　通过加强技术训练减免。

2.1.3.4　偶然误差的减免

适当增加测量次数可减少偶然误差，提高测量结果的准确度，一般测量次数 3～5 次。

2.1.3.5　避免过失误差

过失误差减免的方法是在学习过程中必须养成严格遵守操作规程，耐心细致地进行实验的良好习惯，培养实事求是、严肃认真、一丝不苟的科学态度。

2.1.4　有效数字及其运算规则

2.1.4.1　有效数字的概念

有效数字是实际能够测得的数字，它是由所有确定数字后加上一位不准确性数字组成的。

① 有效数字只有最后一位数字是欠准的，且欠准的程度通常为 ±1 个单位。

例如：分析天平，21.5370g，真实值为 21.5370g±0.0001g

台秤，21.5g，真实值为 21.5g±0.1g

② 有效数字的位数应与仪器的准确度相一致。

例如：量筒量取 10mL 试液，应记为 10.0mL；

移液管量取 10mL 试液，应记为 10.00mL（0.01000L）。

③ 零有双重作用：零前无非零的数，只起定位作用，

零前有非零的数，既定位，也是有效数字。

④ 较大（小）的数，应写成 $x \times 10^n$ 形式（科学记数法）。

$$5400 \longrightarrow \begin{cases} 5.400 \times 10^3 \text{（四位）} \\ 5.40 \times 10^3 \text{（三位）} \\ 5.4 \times 10^3 \text{（两位）} \end{cases} \text{有效数字位数的保留取决于测量结果的准确度。}$$

对于常用的对数（或负对数），其整数部分不是有效数字，小数部分才是有效数字，且全是有效数字。即有效数字位数按尾数计。如 pH＝1.03，$pK_a^\ominus$(HAc)＝4.74 中的有效数字位数均为 2 位。

2.1.4.2 有效数字的修约规则——"四舍六入五留双"

即四要舍，六要进，五前单数要进一，五前双数全舍光。例如：

	10.44	10.46	10.15	10.25	10.55000001
三位：	10.4	10.5	10.2	10.2	10.6

注意：只允许对原测量数据一次修约到所需位数，不能分次修约。

在修约有效数字时还应注意以下几点：

① 分析化学计算中分数可视为足够有效，即不根据它来确定有效数字位数。

② 若某一数据首位有效数字大于等于 8，则有效数字的位数可多算一位。如 0.0937 是三位有效数字，但可作四位有效数字看待。

③ 有关化学平衡的计算，可根据具体情况保留两位或三位有效数字。pH 计算时，通常取一位或两位有效数字即可。

④ 在表示相对误差或偏差时，一般取一位，最多取两位有效数字，且取舍有效数字时一律采取进制，而非"四舍六入五留双"的原则。

2.1.4.3 有效数字的运算规则

在测量结果的计算中，每个测量值的误差都会对计算结果有影响。因此，必须由误差传递的规律，应用有效数字的运算规则，合理取舍各数据的有效数字位数。

由下表数据可见：绝对误差取决于小数点的位置，小数点后位数越少，绝对误差越大。而相对误差则取决于有效数字的位数，有效数字位数越少，相对误差越大。

数据	1.0	1.00	10.0
绝对误差	± 0.1	± 0.01	± 0.1
相对误差	$\pm 10\%$	$\pm 1\%$	$\pm 1\%$

（1）加减法（以绝对误差传递）

当几个数据相加或相减时，它们的和或差应以小数点后位数最少（即绝对误差最大的）的数字为根据。即计算结果的小数点后的位数与各数中小数点后位数最少的那个数一致。

例如，1.52＋0.476＝1.996，修约为 2.00。

（2）乘除法（以相对误差传递）

当几个数据相乘或相除时，它们的积或商的有效数字位数的保留应以其中相对误差最大的那个数，即以有效数字位数最少的为依据。即计算结果的有效数字位数与各数中有效数字位数最少的那个数一致。

例如，$\dfrac{0.0325 \times 5.103 \times 60.06}{139.8} = 0.0713$，各数中 0.0325 的有效数字位数最少，故结果

取三位有效数字。

例如，已知 pH＝4.30，求 $[H^+]$＝？负对数中整数部分不是有效数字，而只有小数部分才是有效数字，故结果取两位有效数字。故 $[H^+]$＝5.0×10^{-5} mol·L^{-1}。

从以上讨论可以看出记录的数据和计算的结果不仅表示数量的大小，还反映了测量结果的准确度。因此，为了获得准确的测量结果，不仅要准确地测量而且要正确地记录和计算。

由于目前计算器的应用很普遍，而且计算器上显示的数值位数较多，因此使用计算器时，特别要注意最后计算结果的有效数字位数的保留，应根据有关规则进行取舍，不可全部照抄计算器的所有数字或任意取舍计算结果的有效数字位数。

2.2　化学实验中的数据表达与处理

数据处理就是要由实验数据求出某一个量的测量值，或者由此找出某种规律。通常采用计算、列表或图解等方法。

2.2.1　实验数据的计算处理与报告

对于要求不太高的实验，一般平行测定两三次，如精密度较好，可用测定平均值作为测定结果，计算绝对偏差和相对平均偏差以表示测量结果的精密度。

如果是研究用新的检测方法的话，往往要多次重复测定，并且需要用标准方法或标准试样进行对照分析，由显著性检验考察新方法的可靠性。

获得的实验数据与计算结果还可以用表格或图的形式表达。

2.2.2　实验数据的列表处理

用列表法表示实验数据时，需要注意以下几点。

① 每一表格应有简明、达意、完整的名称。

② 每一变量占表格中的一行或一列，每一行或一列的第一栏写上变量的名称和量纲，变量的名称和量纲以"变量名/量纲"形式表示，表格中的数据为纯数。

③ 表格中数据应化为最简单的形式表示。公共的乘方因子可在第一栏的名称下表明。如 $1/T$＝0.00336 K^{-1}，可表示为 $(1/T)\times10^3$/K^{-1}＝3.36。

④ 表格中数据应注意有效数字的位数，数据要排列整齐，小数点要对齐。

⑤ 表中的实验数据要完整，与计算结果有关的数据均应体现在表中。处理方法与计算公式要在表下注明。

2.2.3　实验数据的作图处理

将实验数据用几何图形表示出来的方法称为图解法。图解法可直接显示出数据的特点与变化规律，简明地揭示出各变量之间的关系，例如数据中的极大、极小、转折点、周期性等都很容易从图上找出来，有时进一步分析还能得到变量之间的函数关系。另外，根据多次测量数据所绘制的图，一般具有"平均"的意义，从而也可发现和消除一些偶然误差。所以图解法也是一种重要的数据处理方法。在图解法中，为了便于数据处理，有时候需要选择合适的自变量与应变量，以使二者关系是线性的。如化学反应活化能的测定，通过测定不同温度下的速率常数，利用阿仑尼乌斯公式求得活化能。

$$k = A \, \mathrm{e}^{-\frac{E_a}{RT}}$$

$$\ln k = \ln A - \frac{E_a}{RT}$$

数据处理时，自变量取 $1/T$，因变量取 $\ln k$，$\ln k$ 与 $1/T$ 的关系是线性的，该直线的斜率为（$-E_a/R$）。

下面简要介绍一般的作图方法。

① 为了确保作图准确，必须在坐标纸上作图。坐标纸有直角坐标纸、半对数坐标纸、对数坐标纸等，应根据具体情况选择。在基础化学实验中常用直角坐标纸。

② 选取坐标轴　在坐标纸上画两条互相垂直的直线，一条为横坐标，另一条为纵坐标，分别作为实验数据的两个变量，习惯上以自变量为横坐标，因变量为纵坐标。两个坐标轴必须标明变量的名称、量纲及标尺刻度值。

坐标轴上的标尺刻度的选择极为重要，标尺刻度不能过大或过小。选择时要注意：

a. 能表示出全部有效数字，从图上读出的物理量的精密度与测量的精密度要一致。

b. 标尺刻度应选取便于计算的分度，每一格对应的数值要宜读，以便于计算。通常每一小格应代表 1、2、5 的倍数，而不要采用 3、6、7、9 的倍数。而且应把标尺刻度值标注在逢 5 或 10 的粗线上。

c. 要使数据点在图上分散开，占满纸面，使全图布局匀称。如无特殊需要（如直线外推求截距）就不一定把变量的零点作为原点，可以只从稍低于最小测量值的整数开始。这样可以充分利用图纸，而且有利于保证图的精密度。

③ 点的描绘　根据实验数据标出实验测量点，符号可用 ×、⊙、◆、△ 等表示，符号的重心所在即为测量点。同一曲线上的测量点要用同一种符号表示。

④ 线的描绘　用均匀圆滑的曲线（或直线）连接测量点，描出的线尽可能接近（或贯穿）大多数的点（并非要求贯穿所有的点），并且使曲线（或直线）两边的点的数目大致相等。这样描出的曲线（或直线）就能近似地表示出实验数据的平均化情况。

在曲线的极大、极小或转折处应适当增加测定数据，以保证曲线所表示的规律的可靠性。如在电位滴定实验中，需要适当增加化学计量点附近的测量点。

如果发现有个别测量点远离曲线，又不能判断被测物理量在此区域会发生什么突变，就要分析一下是否有偶然性的过失误差，如果属于后一种情况，描线时可跳过此点。但是如果重复实验仍有相同情况，就应在这一区间重复进行仔细测量，搞清楚在此区域内是否存在某些必然的规律。总之，切不可毫无理由地丢弃离曲线较远的点。

第 3 章

化学实验的基本知识

3.1 化学实验安全知识

3.1.1 化学实验室守则

① 实验前做好预习和实验准备工作，检查实验所需的仪器、药品是否齐全。做规定以外的实验，应先经教师允许。

② 实验时要集中精神，认真操作，仔细观察，积极思考，如实详细地做好实验记录。

③ 实验中必须保持安静，不准大声喧哗，不得到处乱走。不得无故缺席，因故缺席未做的实验应该补做。

④ 实验台上的仪器、药品应整齐地放在一定的位置上并保持台面的清洁，每人准备一个废品杯，实验中的废纸、火柴梗和碎玻璃等应随时放入废品杯中，待实验结束后，集中倒入垃圾箱。酸性溶液应倒入废液缸，切勿倒入水槽，以防腐蚀下水管道。碱性废液倒入水槽并用水冲洗。

⑤ 爱护公共财物，小心使用仪器和实验室设备。按规定的量取用药品，注意节约水、电。称取药品后，及时盖好原瓶盖，放在指定地方的药品不得擅自拿走。

⑥ 使用精密仪器时，必须严格按照操作规程进行操作，细心谨慎，避免粗心而损坏仪器。如发现仪器有故障，应立即停止使用，报告教师及时排除故障。

⑦ 剧毒药品必须有严格的管理、使用制度，领用时要登记，用完后要回收或销毁。把落过毒物的桌子和地面擦净，洗净双手。

⑧ 加强环境保护意识，采取积极措施，减少有毒气体和废液对大气、水和周围环境的污染。

⑨ 在使用煤气、天然气时要严防泄漏，火源要与其他物品保持一定的距离，用后要关闭煤气阀门。

⑩ 实验后，应将所用仪器洗净并整齐地放回实验柜内。实验台和试剂架必须擦净，最后关好电闸、水和煤气龙头。实验柜内仪器应存放有序，清洁整齐。

⑪ 每次实验后，由学生轮流值日，负责打扫和整理实验室，并检查水龙头、煤气开关、门、窗是否关紧，电闸是否拉掉，以保持实验室的整洁和安全。教师检查合格后方可离去。

⑫ 如果发生意外事故，应保持镇静，不要惊慌失措；遇有烧伤、烫伤、割伤时应立即

报告教师，及时救治。

3.1.2　化学实验室安全规则

① 进入实验室，必须按规定穿着实验服。进行危险物质、挥发性有机溶剂、特定化学物质或其他毒性化学物质等化学药品操作实验时，必须穿戴防护用具（防护口罩、防护手套、防护眼镜）。操作高温实验时，必须戴防高温手套。

② 实验中，严禁戴隐形眼镜，以防化学药剂溅入眼镜而腐蚀眼睛。

③ 建议穿长裤和平底全包鞋进入实验室，严禁穿背心、露肩装、短裤、短裙、凉鞋、拖鞋等进入实验室。女生需将长发盘起来并固定好。

④ 严禁在实验室内饮食、吸烟，或把食物带进实验室。实验完毕，必须洗净双手。

⑤ 绝对不允许随意混合各种化学药品，以免发生意外事故。

⑥ 不要用湿的手、物接触电源。水、电和煤气一经使用完毕，就立即关闭水龙头、煤气开关和电闸。点燃的火柴用后立即熄灭，不得乱扔。

⑦ 倾注药剂或加热液体时，容易溅出，不要俯视容器，尤其是浓酸、浓碱具有强腐蚀性，切勿使其溅在皮肤或衣服上，眼睛更应注意防护。稀释酸、碱时（特别是浓硫酸），应将它们慢慢倒入水中，而不能反向进行，以避免迸溅。加热试管时，切记不要使试管口对着自己或他人。

⑧ 金属钾、钠和白磷等暴露在空气中易燃烧，所以金属钾、钠应保存在煤油中，白磷则应保存在水中，取用时要用镊子。一些有机溶剂（如乙醚、乙醇、丙酮、苯等）极易引燃，使用时必须远离明火、热源，用毕立即盖紧瓶塞。

⑨ 不要俯向容器去嗅放出的气味。面部应远离容器，用手把逸出容器的气体慢慢地扇向自己的鼻孔。能产生有刺激性或有毒气体（如 H_2S、HF、Cl_2、CO、NO_2、Br_2 等）的实验必须在通风橱内进行。

⑩ 含氧气的氢气遇火易爆炸，操作时必须严禁接近明火。在点燃氢气前，必须先检查并确保纯度符合要求。银氨溶液不能留存，因久置后会生成氮化银，也易爆炸。某些强氧化剂（如氯酸钾、硝酸钾、高锰酸钾等）或其混合物不能研磨，否则将引起爆炸。

⑪ 有毒药品（如重铬酸钾、钡盐、铝盐、砷的化合物、汞的化合物，特别是氰化物）不得进入口内或接触伤口。剩余的废液也不能随便倒入下水道，应倒入废液缸或教师指定的容器内。

⑫ 金属汞易挥发，并通过呼吸道而进入人体内，逐渐积累会引起慢性中毒。所以做金属汞的实验时应特别小心，不得把金属汞洒落在桌上或地上。一旦洒落，必须尽可能收集起来并用硫黄粉盖在洒落的地方，使金属汞转变成不挥发的硫化汞。

⑬ 实验室所有药品不得携出室外，用剩的有毒药品应交还给教师。

3.1.3　化学实验室意外事故处理

① 创伤　伤处不能用手抚摸，也不能用水洗涤。若是玻璃创伤，应先把碎玻璃从伤处挑出。轻伤可涂以紫药水（或红汞、碘酒），必要时撒些消炎粉或敷些消炎膏，用绷带包扎。重伤要及时去医院医治。

② 烫伤　不要用冷水洗涤伤处。伤处皮肤未破时，可涂擦饱和碳酸氢钠溶液或用碳酸氢钠粉调成糊状敷于伤处，也可抹獾油或烫伤膏；如果伤处皮肤已破，可涂些紫药水或1%

高锰酸钾溶液。

③ 受酸腐蚀致伤　先用大量水冲洗，再用饱和碳酸氢钠溶液（或稀氨水、肥皂水）洗，最后再用水冲洗。如果酸液溅入眼内，用大量水冲洗后，送医院诊治。

④ 受碱腐蚀致伤　先用大量水冲洗，再用2％醋酸溶液或饱和硼酸溶液洗，最后用水冲洗。如果碱液溅入眼中，用硼酸溶液洗。

⑤ 受溴腐蚀致伤　用苯或甘油洗伤口，再用水洗。

⑥ 受磷灼伤　用1％硝酸银、5％硫酸铜或浓高锰酸钾溶液洗伤口，然后包扎。

⑦ 吸入刺激性或有毒气体　吸入氯气、氯化氢气体时，可吸入少量酒精和乙醚的混合蒸气解毒。吸入硫化氢或一氧化碳气体而感到不适时，应立即到室外呼吸新鲜空气。但应注意氯气、溴中毒不可进行人工呼吸，一氧化碳中毒不可使用兴奋剂。

⑧ 毒物进入口内　将 $5\sim10mL$ 稀硫酸铜溶液加入一杯温水中，内服后，用手指伸入咽喉部，促使呕吐，吐出毒物，然后立即送医院。

⑨ 触电　首先切断电源，然后在必要时进行人工呼吸。

⑩ 起火。起火后要立即边自灭火，边防止火势蔓延（如采取切断电源，移走易燃药品等措施）。灭火的方法要针对起因选用合适的方法和灭火设备（见表3-1）。一般小火用湿布、石棉布或沙子覆盖燃烧物，即可灭火。火势大时可使用泡沫灭火器。但电器设备所引起的火灾，只能使用二氧化碳或四氯化碳灭火器灭火，不能使用泡沫灭火器，以免触电。实验人员衣服着火时，切勿惊慌乱跑，要赶快脱下衣服，或就地打滚，或用石棉布覆盖着火处。伤势较重者，应立即送医院。

表 3-1　常用的灭火器及其使用范围

干粉灭火器	药液成分	适用范围
酸碱式	H_2SO_4，$NaHCO_3$	非油类、非电器的一般火灾
泡沫灭火器	$Al_2(SO_4)_3$，$NaHCO_3$	油类起火
CO_2 灭火器	液态 CO_2	电器、小范围油类和忌水的化学品起火
干粉灭火器	$NaHCO_3$ 等盐类、润滑剂、防潮剂	油类、可燃性气体、电器设备、精密仪器、图书文件和遇水易燃烧药品的初起火灾
1211 灭火器	CF_2ClBr 液化气体	特别适用于油类、有机溶剂、精密仪器、高压电气设备失火

3.1.4　化学实验室"三废"处理

实验中经常会产生某些有毒的气体、液体和固体，都需要及时排弃，特别某些剧毒物质，如果直接排出就可能污染周围空气和水源，损害人体健康。因此，废液、废气和废渣要经过一定的处理后，才能排弃。

产生少量有毒气体的实验应在通风橱内进行。通过排风设备将少量毒气排到室外，使排出气在外面大量空气中稀释，以免污染室内空气。产生毒气量大的实验必须备有吸收或处理装置。如二氧化氮、二氧化硫、氯气、硫化氢、氟化氢等可用导管通入碱液中，使其大部分气体吸收后排出，一氧化碳可点燃转成二氧化碳。少量有毒的废渣常埋于地下（应有固定地点）。

下面主要介绍一些常见废液的处理方法。

① 废酸液　实验中通常大量的废液是废酸液。废酸缸中废酸液可先用耐酸塑料网纱或玻璃纤维过滤，滤液加碱中和，调 pH 至 $6\sim8$ 后即可排出。少量滤渣可埋于地下。

② 废铬酸洗液　可以用高锰酸钾氧化法使其再生，重复使用。氧化方法：先在110～

130℃下将其不断搅拌、加热、浓缩除去水分后，冷却至室温，缓缓加入高锰酸钾粉末。每1000mL 加入 10g 左右，边加边搅拌，直至溶液呈深褐色或微紫色，不要过量。然后直接加热至有三氧化硫出现，停止加热。稍冷，通过玻璃砂芯漏斗过滤，除去沉淀，冷却后析出红色三氧化铬沉淀，再加适量硫酸使其溶解即可使用。少量的废铬酸洗液可加入废碱液或石灰使其生成氢氧化铬（Ⅲ）沉淀，将此废渣埋于地下。

③ 氰化物　氰化物是剧毒物质，含氰废液必须认真处理。对于少量的含氰废液，可先加氢氧化钠调至 pH>10，再加入几克高锰酸钾使 CN^- 氧化分解。大量的含氰废液可用碱性氯化法处理，先用碱将废液调至 pH>10，再加入漂白粉，使 CN^- 氧化成氰酸盐，并进一步分解为二氧化碳和氮气。

④ 含汞盐废液　应先调 pH 至 8~10，然后，加适当过量的硫化钠生成硫化汞沉淀，并加硫酸亚铁生成硫化亚铁沉淀，从而吸附硫化汞共沉淀下来。静置后分离，再离心，过滤，溶液汞含量降到 $0.02\text{mg}\cdot\text{L}^{-1}$ 以下即可排放。少量残渣可埋入地下，大量残渣可用焙烧法回收汞，但要注意一定要在通风橱内进行。

⑤ 含重金属离子的废液　最有效和最经济的处理方法是加碱或加硫化钠把重金属离子变成难溶性的氢氧化物或硫化物沉积下来，然后过滤分离，少量残渣可埋于地下。

3.2　常用玻璃仪器

3.2.1　常用玻璃仪器

常用仪器主要以玻璃仪器为主，按其用途可分为容器类仪器、量器类仪器和其他类仪器。

① 容器类　常温或加热条件下物质的反应容器，储存容器，包括试管、烧杯、烧瓶、锥形瓶、滴瓶、细口瓶、广口瓶、称量瓶、分液漏斗和洗气瓶等。每种类型又有许多不同的规格。使用时要根据用途和用量选择不同种类和规格的容器，注意阅读使用说明及注意事项，特别要注意对容器加热的方法，以防损坏仪器。

② 量器类　用于度量溶液体积。不可以作为实验容器，例如用于溶解、稀释操作。不可以量取热溶液，不可以加热，不可以长期存放溶液。量器类容器主要有：量筒、移液管、吸量管、容量瓶和滴定管等。每种类型又有不同规格，应遵循保证实验结果精确度的原则选择度量容器。正确地选择和使用度量容器，反映了学生实验技能水平的高低。无机及分析化学实验中常用玻璃仪器见表 3-2。

表 3-2　无机及分析化学实验中常用玻璃仪器

名称	主要用途	使用注意事项
烧杯	配制溶液、溶解样品等	加热时应置于石棉网上,使其受热均匀,一般不可烧干

续表

名称	主要用途	使用注意事项
锥形瓶	加热处理试样和容量分析滴定	除有与烧杯相同的要求外,磨口锥形瓶加热时要打开塞,非标准磨口要保持原配塞
碘量瓶	碘量法或其他生成挥发性物质的定量分析	除有与烧杯相同的要求外,加热时要打开塞,非标准磨口要保持原配塞
圆底烧瓶	加热及蒸馏液体	一般避免直火加热,隔石棉网或各种加热浴加热
平底烧瓶	加热及蒸馏液体	一般避免直火加热,隔石棉网或各种加热浴加热
圆底蒸馏烧瓶	蒸馏,也可作少量气体发生反应器	一般避免直火加热,隔石棉网或各种加热浴加热
洗瓶	装纯化水洗涤仪器或装洗涤液洗涤沉淀	

名称	主要用途	使用注意事项
量筒	粗略地量取一定体积的液体用	不能加热，不能在其中配制溶液，不能在烘箱中烘烤，操作时要沿壁加入或倒出溶液
容量瓶	配制准确体积的标准溶液或被测溶液	非标准的磨口塞要保持原配，漏水的不能用，不能在烘箱内烘烤，不能用直火加热，可水浴加热
滴定管	容量分析滴定操作；分酸式、碱式；有 25mL、50mL、100mL 等几种容量	活塞要原配；漏水的不能使用；不能加热；不能长期存放碱液；碱式管不能放入与橡胶作用的滴定液
移液管	准确移取一定量的液体	不能加热；上端和尖端不可磕破
刻度吸管	准确移取各种不同量的液体	不能加热；上端和尖端不可磕破

名称	主要用途	使用注意事项
细口瓶 广口瓶	细口瓶用于存放液体试剂；广口瓶用于装固体试剂；棕色瓶用于存放见光易分解的试剂	不能加热；不能在瓶内配制在操作过程中放出大量热量的溶液；磨口塞要保持原配；放碱液的瓶子应使用橡胶塞，以免日久打不开
滴瓶	装需滴加的试剂	不能加热；不能在瓶内配制在操作过程中放出大量热量的溶液；磨口塞要保持原配；放碱液的瓶子应使用橡胶塞，以免日久打不开
漏斗	长颈漏斗用于定量分析、过滤沉淀；短颈漏斗用作一般过滤	
分液漏斗	分开两种互不相溶的液体；用于萃取分离和富集	磨口旋塞必须原配，漏水的漏斗不能使用
试管、离心试管	定性分析检验离子；离心试管可在离心机中借离心作用分离溶液和沉淀	硬质玻璃制的试管可直接在火焰上加热，但不能骤冷；离心管只能水浴加热

续表

名称	主要用途	使用注意事项
干燥管	干燥气体	干燥颗粒大小要适中，两端要塞棉花，大的一端进气，小的一端出气
表面皿	盖烧杯及漏斗等	不可直火加热，直径要略大于所盖容器
研钵	研磨固体试剂及试样等用；不能研磨与玻璃作用的物质	不能撞击；不能烘烤
蒸发皿	用来蒸发浓缩液体	一般放在石棉网上加热，不宜骤冷
坩埚	强热、煅烧固体用	放置泥三角上加热，取下后应放置在石棉网上
洗气瓶	净化气体	接法要正确
酒精灯	加热	酒精不能过多或过少，盖灭而不要吹灭

3.2.2　玻璃仪器的洗涤与干燥

为得到准确的实验结果，每次实验时和实验后必须将实验仪器洗涤干净。尤其对于久置变硬不易洗掉的实验残渣和对玻璃仪器有腐蚀作用的废液，一定要在实验后立即清洗干净。

3.2.2.1　玻璃器皿的洗涤

分析实验中常用的洗涤剂是洗洁精、洗衣液、洗衣粉、去污粉、$KMnO_4$ 碱性洗液、铬酸洗液、有机溶剂等。

一般的玻璃器皿如烧杯、锥形瓶、量筒（杯）、试剂瓶、表面皿等，可用刷子蘸取去污粉、洗衣液等，直接刷洗其内外表面，再用自来水刷洗，直至干净，最后用蒸馏水润洗 2～3 次。对于那些仍无法洗净的污垢，需根据污垢的性质选用适当的试剂，通过化学方法除去。

容量器皿如滴定管、容量瓶、移液管等，不宜用刷子刷洗或强碱性洗涤剂洗涤，以免器皿内壁受机械磨损或玻璃受腐蚀而影响容积的准确性。容量器皿的洗涤方法可参见表 3-2 中液体体积的度量仪器

容量器皿的内壁沾有油脂性污物，用自来水不能洗去时，可选用合适的洗涤剂淌洗，必要时也可先将洗涤剂加热并浸泡一段时间。

铬酸洗液氧化能力很强但对玻璃的腐蚀作用极小，常用于洗涤容量器皿。由于六价铬对人体有害，且其腐蚀性极强，在可能的情况下，不要多用，必须使用时，注意不要溅到身上或衣服上（因会"烧"破衣服和腐蚀皮肤）。最好在容器内壁干燥的情况下将铬酸洗液倒入（因经水稀释后去污能力下降），用过的铬酸洗液仍倒回原瓶中。淌洗过的器皿，第一次用少量的自来水冲洗，此溶液应倒入废液缸中，以免腐蚀水槽和下水道。

重铬酸盐洗液的配制方法：将 5g 重铬酸钾固体在加热条件下溶于 10mL 水中，稍冷后

(a) 晾干

(b) 烤干(仪器外壁擦干后，用小火烤干，并不断地摇动使受热均匀)

(c) 吹干　　　　(d) 烘干(控温在105℃左右)　　　　(e) 气流烘干

图 3-1　仪器的干燥

向溶液中加入 90mL 浓硫酸，边加边搅动。切勿将重铬酸钾溶液加到浓硫酸中。

重铬酸盐洗液可反复使用，直至溶液变为绿色时失去去污能力。

凡洗净的仪器，不要用布或软纸擦干，以免使布或纸上的少量纤维留在器壁上，反而沾污了仪器。从外观来看，洗净的仪器器壁上水均匀分布，不挂水珠。用蒸馏水润洗仪器时，采取顺壁冲洗并加振荡以及采用少量多次的方法，既能清洗得好、快，又能节约用水。

3.2.2.2　仪器的干燥

仪器的干燥分晾干、烤干、吹干、烘干等，其中干燥法分直接法和间接法，直接法即将要干燥的仪器直接放入烘箱或气旋干燥器上进行烘干，间接法是先用少量丙酮或酒精等低沸点溶剂润湿，除去大量水分后再进行吹干，具体办法如图 3-1 所示。

3.3　化学试剂的规格、存放及使用

3.3.1　化学试剂的规格及试剂瓶的种类

化学试剂是用于研究其他物质组成、性状及其质量优劣的纯度较高的化学物质。化学试剂的纯度级别及其类别和性质，一般在标签的左上方用符号注明，规格则在标签的右端，并用不同颜色的标签加以区别。

化学试剂的纯度标准分五种，即国家标准（以符号 GB 表示）、原化学工业部标准（用符号 HG 表示），原化学工业部暂行标准（用符号 HGB 表示）、地方企业标准及厂订标准。

按照药品中杂质含量的多少，我国生产的化学试剂（通用试剂）的等级标准基本上可分为四级，级别的代表符号、规格标志以及适用范围如表 3-3 所示。应根据实验的不同要求选用不同级别的试剂。一般来说，在一般定性试验时，化学纯级别的试剂就已能符合实验要求。但在定量分析实验中要使用分析纯级别的试剂。

表 3-3　化学试剂的纯度

级别	中文名称	英文名称	英文缩写	适用范围	标签标志
一级品	优级纯（保证试剂）	Guarantee Reagent	G. R.	纯度很高，适用于精密分析工作和科研工作	绿色
二级品	分析纯（分析试剂）	Analytical Reagent	A. R.	纯度仅次于 G. R. 级,适用于多数分析工作和科研工作	红色
三级品	化学纯	Chemical Pure	C. P.	适用于一般分析工作	蓝色
四级品	实验试剂	Laboratory Reagent	L. R.	纯度较低,适用于实验辅助试剂	棕或其他色

随着科学技术的发展，对化学试剂的纯度也愈加严格，愈加专门化，因而出现了具有特殊用途的专门试剂。如高纯试剂，以符号 C. G. S. 表示；色谱纯试剂、G. C.、G. L. C.；生化试剂 B. R.、C. R.、E. B. P. 等。

盛放化学试剂的试剂瓶有细口试剂瓶、广口试剂瓶、滴瓶、洗瓶，打开试剂瓶时需注意：

① 欲打开市售固体试剂瓶上的软木塞时，可手持瓶子，使瓶斜放在实验台上，然后用锥子斜着插入软木塞将塞取出。即使软木塞渣附在瓶口，因瓶是斜放的，渣不会落入瓶中，

可用卫生纸擦掉。

②　盐酸、硫酸、硝酸等液体试剂瓶，多用塑料塞（也可用玻璃磨口塞）。塞子打不开时，可用热水浸过的布裹上塞子的头部，然后用力拧，一旦松动，就能打开。

③　细口试剂瓶塞也常有打不开的情况，此时可在水平方向用力转动塞子或左右交替横向用力摇动塞子，若仍打不开时，可紧握瓶的上部，用木柄或木锤从侧面轻轻敲打塞子，也可在桌端轻轻叩敲，但绝不能手握下部或用铁锤敲打。

用上述方法还打不开塞子时，可用热水浸泡瓶的颈部（即塞子嵌进的那部分）。也可用热水浸过的布裹着，玻璃受热后膨胀，再仿照前面做法拧松塞子。

3.3.2　化学试剂的存放

3.3.2.1　易燃固体试剂

（1）黄磷

黄磷又名白磷，应存放于盛水的棕色广口瓶内，水应将磷全部浸没；再将试剂瓶埋在盛硅石的金属罐或塑料筒内。取用时，因其易氧化，燃点又低，有剧毒，能灼伤皮肤。故应在水下面用镊子夹住，小刀切取。掉落的碎块要全部收回，禁止抛撒。

（2）红磷

红磷又名赤磷，应存放在棕色广口瓶中，务必保持干燥。取用时要用药匙，勿近火源，避免和灼热物体接触。

（3）钠、钾

金属钠、钾应存放于无水煤油、液体石蜡或甲苯的广口瓶中，瓶口用塞子塞紧。若用软木塞，还需涂石蜡密封。取用时切勿与水或溶液相接触，否则易引起火灾。取用方法与白磷相似。

3.3.2.2　易发出有腐蚀气体的试剂

（1）液溴

液溴密度较大，极易挥发，蒸气极毒，皮肤溅上溴液后会造成灼伤，故应将液溴储存在密封的棕色磨口细口瓶内。为防止其扩散，一般要在溴的液面上加水起到封闭作用，且再将液溴的试剂瓶盖紧放于塑料桶中，置于阴凉不易碰翻处。

取用时，要用胶头滴管伸入水面下液溴中迅速吸取少量后，密封放回原处。

（2）浓氨水

浓氨水极易挥发，要用塑料塞和螺旋盖的棕色细口瓶，储于阴凉处。使用时，开启浓氨水的瓶盖要十分小心。因瓶内气体压强较大，有可能冲出瓶口使氨液外溅。所以要用塑料薄膜等遮住瓶口，使瓶口不要对着任何人，再开启瓶塞。特别是气温较高的夏天，可先用冷水降温后再启用。

（3）浓盐酸

浓盐酸极易放出氯化氢气体，具有强烈刺激性气味。所以应盛放于磨口细口瓶中，置于阴凉处，要远离浓氨水存放。

取用或配制这类试剂的溶液时，若量较大，接触时间又较长者，还应戴防毒口罩。

3.3.2.3　易燃液体试剂

乙醇、乙醚、二硫化碳、苯、丙醇等沸点很低，极易挥发又易着火，故应盛于既有塑料塞又有螺旋盖的棕色细口瓶内，置于阴凉处。取用时勿近火种。其中常在二硫化碳的瓶中注少量水，起"水封"作用。因为二硫化碳沸点极低，为 46.3℃，密度比水大，为 $1.26g \cdot cm^{-3}$，且不溶于水，水封保存能防止挥发。常在乙醚的试剂瓶中加少量铜丝，目的是防止乙醚因变质而生成易爆的过氧化物。

3.3.2.4 易升华的物质

易升华的物质有多种，如碘、干冰、萘、蒽、苯甲酸等。其中碘片升华后，其蒸气有腐蚀性，且有毒。所以这类固体物质均应存放于棕色广口瓶中，密封放置于阴凉处。

3.3.2.5 剧毒试剂

剧毒试剂常见的有氰化物、砷化物、汞化合物、铅化合物、可溶性钡的化合物以及汞、黄磷等。这类试剂要求与酸类物质隔离，放于干燥、阴凉处，专柜加锁。取用时应在指导下进行。

实验时取用少量汞时，可用拉成毛细管的滴管吸取，倘若不慎将汞溅落地面时，可先用涂上盐酸的锌片去粘拾，汞可与锌形成锌汞齐，然后用盐酸或稀硫酸将锌溶解后，即可把汞回收。而残留地面上的微量汞，应用硫黄粉逐一盖上或洒上氯化铁溶液将其除去，否则汞蒸气遗留在空气中将造成危害性事故。

3.3.2.6 易变质的试剂

① 固体烧碱。氢氧化钠极易潮解并可吸收空气中的二氧化碳而变质不能使用。所以应当保存于广口瓶或塑料瓶中，塞子用蜡涂封。特别要注意避免使用玻璃塞，以防黏结。

氢氧化钾与此相同。

② 碱石灰、生石灰、碳化钙（电石）、五氧化二磷、过氧化钠等。这些试剂都易与水蒸气或二氧化碳发生作用而变质，均应密封贮存。特别是取用后，注意将瓶塞塞紧，放置干燥处。

③ 硫酸亚铁、亚硫酸钠、亚硝酸钠等。这些试剂具有较强的还原性，易被空气中的氧气等氧化而变质。要密封保存，并尽可能减少与空气的接触。

④ 过氧化氢、硝酸银、碘化钾、浓硝酸、亚铁盐、三氯甲烷（氯仿）、苯酚、苯胺等这些试剂受光照后会变质，有的还会放出有毒物质。它们均应按其状态保存在不同的棕色试剂瓶中，且避免光线直射。

3.3.3 化学试剂的使用

每一试剂瓶上都必须贴有标签写明试剂的名称、浓度和配制日期，并在标签外面涂上一薄层蜡或用透明胶带来保护它。

取用试剂药品前，应看清标签。取用时，先打开瓶塞，将瓶塞反放在实验台上，如果瓶塞上端不是平顶而是尖顶的，可用食指和中指将瓶塞夹住（或放在清洁的表面皿上），绝不可将它横置桌上，以免沾污。不能用手接触化学试剂。应根据用量取用试剂，这样既能节约药品又能取得好的实验结果。取完试剂后，一定要把瓶塞盖严，绝不允许将瓶盖张冠李戴。然后把试剂瓶放回原处，以保持实验台整齐干净。

3.3.3.1 固体试剂的取用

① 要用清洁、干燥的药匙取试剂。药匙的两端为大小不同的两个匙，分别用于取大量固体和少量固体。应专匙专用。用过的药匙必须洗净擦干后才能再使用。

② 注意不要超过指定用量取用试剂，多取的不能倒回原瓶，可放在指定的容器中供他人使用。

③ 要求取用一定质量的固体试剂时，可把固体放在干燥的纸上称量。具有腐蚀性或易潮解的固体应放在表面皿上或玻璃容器内称量。

④ 往试管（特别是湿试管）中加入固体试剂时，可用药匙或将取出的药品放在对折的纸片上，伸进试管约 2/3 处（图 3-2 和图 3-3）。加入块状固体时，应将试管倾斜，使其沿管壁慢慢滑下（图 3-4），以免碰破管底。

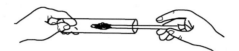

图 3-2　用药匙往试管里送入固体试剂

图 3-3　用纸槽往试管里送入固体试剂

图 3-4　块状固体沿管壁慢慢滑下

⑤ 固体的颗粒较大时，可在清洁而干燥的研钵中研碎。研钵中所盛固体的量不要超过研钵容量的 1/3。

⑥ 有毒药品要在教师指导下取用。

3.3.3.2　液体试剂的取用

① 从滴瓶中取用液体试剂时，需用滴瓶中的滴管，滴加时滴管绝不能伸入所用的容器中，以免接触器壁而沾污药品（图 3-5）。用滴管从试剂瓶中取少量液体试剂时，需用附于

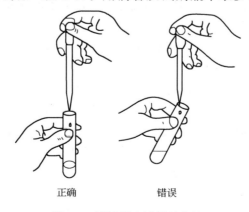

正确　　　　错误

图 3-5　滴液滴入试管的方法

该试剂瓶的专用滴管取用。装有药品的滴管不得横置或液管口向上斜放，以免液体流入滴管的橡胶头中。

② 从细口瓶中取用液体试剂时，用倾注法。先将瓶塞取下，倒放在桌面上，手握住试剂瓶上贴有标签的一面，逐渐倾斜瓶子，让试剂沿着洁净的试管壁流入试管或沿着洁净的玻璃棒注入烧杯中（图3-6）。倒出所需量后，将试剂瓶口在容器上靠一下，再逐渐竖起瓶子，以免遗留在瓶口的液滴流到瓶的外壁。

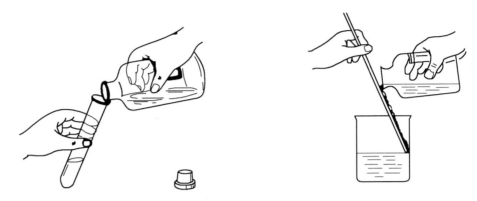

图 3-6　取用液体试剂的方法

③ 在试管里进行某些实验时，取试剂不需要准确用量，只要学会估计取用液体的量即可。例如用滴管取用液体，1mL 相当于多少滴，5mL 液体占一个试管容量的几分之几等。倒入试管里溶液的量，一般不超过其容积的 1/3。

④ 定量取用液体时，一般可用量筒量取，当需要准确量取时，应用移液管量取。

3.3.4　试剂的配制

试剂配制是指把固态试剂溶于水（或其他溶剂）配制成溶液或把液态试剂（或浓溶液）加水稀释至所需的稀溶液。

3.3.4.1　一般试剂溶液的配制

先计算所需固体的质量，然后用台秤称取一定量的固体于烧杯中，加入少量蒸馏水，搅拌溶解后稀释至所需体积，再转移入试剂瓶中。

用液态试剂或浓溶液稀释时，先计算所需液体或浓溶液的体积，按计算量量取后，加入所需的蒸馏水搅拌均匀即可。

应注意：配制饱和溶液时，所用溶质质量应比计算量稍多，加热使之溶解后，冷却，待结晶析出再用，以保证溶液是饱和的。

若配制易水解盐的溶液，如 $SnCl_2$、$BiCl_3$、$Sb(NO_3)_3$ 等，则需先加入相应的酸（HCl 或 HNO_3），以抑制水解或溶于相应的酸溶液中使溶液澄清。

在水中溶解度较小的固体试剂，需选用合适的溶剂溶解，例如配制 I_2 溶液，I_2 需用 KI 水溶液溶解。

一些常见试剂溶液的配制方法参见附录 7。

3.3.4.2　标准溶液的配制

已知准确浓度的溶液称为标准溶液。配制标准溶液的方法有两种，即直接法和标定法。

①　直接法　用分析天平准确称取一定量的基准试剂于烧杯中，加入适量的蒸馏水溶解后，转入容量瓶中，再用蒸馏水稀释至刻度，摇匀。其准确浓度可由称量数据及稀释体积求得。

②　标定法　不符合基准试剂条件的物质，不能用直接法配制标准溶液，但可先配成近似于所需浓度的溶液，然后用基准试剂或已知准确浓度的标准溶液标定其浓度。

当需要通过稀释法配制标准溶液的稀溶液时，可用移液管准确吸取其浓溶液至适当的容量瓶中配制。

3.4　气体的制备、净化及气体钢瓶的使用

3.4.1　气体的发生

实验中需要少量气体时，可以在实验室制备，常见的制备方法见表 3-4。

表 3-4　实验室常见气体的制备方法

气体发生的方法	实验装置	适用气体	注意事项
加热试管中的固体制备气体		氧气、氨气、氮气等	①管口略向下倾斜，以免管口冷凝的水珠倒流到试管的灼烧处而使试管炸裂； ②检查气密性
利用启普发生器制备气体		氢气、二氧化碳、硫化氢等	见启普发生器的使用方法

续表

气体发生的方法	实验装置	适用气体	注意事项
利用蒸馏烧瓶和分液漏斗的装置制备气体		一氧化碳、二氧化硫、氯气、氯化氢等	①分液漏斗应插入液面下，否则漏斗中的液体不易流下来； ②必要时可以微微加热； ③必要时可以使用三通玻璃管将蒸馏烧瓶支管与分液漏斗上口相通，防止蒸馏烧瓶内气体压力太大
从钢瓶直接获得气体		氮气、氧气、氢气、氨气、二氧化碳、氯气、乙炔、空气等	见气体钢瓶、减压阀及使用一节

3.4.2 气体的收集

实验室常见气体的收集方法见表 3-5。

表 3-5 实验室常见气体的收集方法

收集方法	实验装置	适用气体	注意事项
排水法收集		难溶于水的气体,如氢气、氧气、氮气、一氧化碳、一氧化氮、甲烷、乙烯、乙炔等	①集气瓶要先装满水,不应有气泡； ②停止收集时应先拔出导管后才能移开灯具
向下排空气法		比空气轻的气体,如氨气等	①导气管应尽量接近集气瓶底部； ②密度与空气接近或在空气中易氧化的气体不宜用排气法,如一氧化氮等
向上排空气法		比空气重的气体如氯化氢、氯气、二氧化碳、二氧化硫等	①导气管应尽量接近集气瓶底部； ②密度与空气接近或在空气中易氧化的气体不宜用排气法,如一氧化氮等

3.4.3　气体的净化与干燥

实验室制备的气体常常带有酸雾和水汽。为了得到比较纯净的气体，酸雾可以用玻璃棉除去；水汽可以用硫酸、无水氯化钙或硅胶吸收。一般情况下使用洗气瓶、干燥塔。U 形管等仪器进行干燥或净化，液体（如水、浓硫酸等）装在洗气瓶内，无水氯化钙或硅胶装在干燥塔或 U 形管内，玻璃棉放在干燥管或 U 形管内。实验室常用的干燥器见图 3-7。

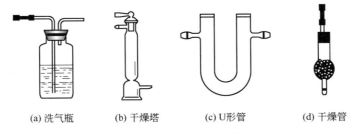

(a) 洗气瓶　　(b) 干燥塔　　(c) U形管　　(d) 干燥管

图 3-7　实验室常用的干燥器

不同性质的气体应根据具体情况，采用不同的洗涤液和干燥剂进行处理。常用气体干燥剂见表 3-6。

表 3-6　常用气体干燥剂

气体	干燥剂	气体	干燥剂
H_2	$CaCl_2$,P_2O_5,H_2SO_4（浓）	H_2S	$CaCl_2$
O_2	$CaCl_2$,P_2O_5,H_2SO_4（浓）	NH_3	CaO 或同 KOH 的混合物
Cl_2	$CaCl_2$	NO	$Ca(NO_2)_2$
N_2	H_2SO_4（浓），$CaCl_2$,P_2O_5	HCl	$CaCl_2$
O_3	$CaCl_2$	HBr	$CaBr_2$
CO	H_2SO_4（浓），$CaCl_2$,P_2O_5	HI	CaI_2
CO_2	H_2SO_4（浓），$CaCl_2$,P_2O_5	SO_2	H_2SO_4（浓），$CaCl_2$,P_2O_5

3.4.4　气体钢瓶、减压阀及使用

如果需要大量气体或者经常使用气体时，可以从压缩气体的钢瓶中直接获得气体。高压钢瓶容积一般为 40～60L，最高的工作压力为 15MPa，最低的为 0.6MPa。为了避免各种钢瓶使用时发生混淆，常将钢瓶漆上不同的颜色，写明瓶内气体的名称。我国高压气体钢瓶常用标记见表 3-7。

高压钢瓶若使用不当，会发生极其危险的爆炸事故，所以使用钢瓶必须注意以下事项：

① 钢瓶应存放在阴凉、干燥、远离热源（如阳光、暖气、炉火）处。可燃性气体钢瓶必须与氧气钢瓶分开存放。

② 绝不可使油或其他易燃性有机物沾在气瓶上（特别是气嘴和减压阀），也不得用棉、麻等物堵漏，以防燃烧引起事故。

③ 使用钢瓶中的气体时，要用减压阀（气压表）。各种气体的气压表不得混用，以防爆炸。

表 3-7　我国高压气体钢瓶常用的标记

气体类别	瓶身颜色	标字颜色	腰带颜色
氮	黑色	黄色	棕色
氧	天蓝色	黑色	
氢	深绿色	红色	
空气	黑色	白色	
氨	黄色	黑色	
二氧化碳	黑色	黄色	
氯	草绿色	白色	
乙炔	白色	红色	绿色
其他一切非可燃气体	黑色	黄色	
其他一切可燃气体	红色	白色	

④ 不可将钢瓶内的气体全部用完，一定要保留 0.05MPa 以上的残留压力（减压阀表压）。可燃性气体如 C_2H_2 应剩余 0.2～0.3MPa。

⑤ 为了避免各种气瓶混淆而用错气体，通常在气瓶外面涂以特定的颜色以便区别，并在瓶上写明瓶内气体的名称。

减压阀是采用控制阀体内启闭件的开度来调节介质的流量，将介质的压力降低，同时借助阀后压力的作用调节启闭件的开度，使阀后压力保持在一定范围内，在进口压力不断变化的情况下，保持出口压力在设定的范围内。

气体减压阀是气动调节阀的一个必备配件，主要作用是将气源的压力减压并稳定到一个定值，以便于调节阀能够获得稳定的气源动力用于调节控制。

3.5　试剂与试纸

3.5.1　用试纸检验溶液和气体

（1）试纸的使用步骤

把滤纸用某些溶液浸泡后，晾干就制得试纸，试纸的种类很多，中学化学实验中常用的有红色石蕊试纸、蓝色石蕊试纸、pH 试纸、淀粉-碘化钾试纸和醋酸铅试纸。用试纸检验步骤如下：

① 用试纸检验气体的性质时，一般先把试纸用蒸馏水润湿，沾在玻璃棒一端，用玻璃棒把试纸放到盛待测气体的容器口附近（不得接触溶液），观察试纸是否改变颜色，判断气体的性质。

② 用试纸检验溶液的性质时，一般把一小块试纸放在表面皿或玻璃片上，用蘸有待测溶液的玻璃棒点在试纸的中部，观察是否改变颜色，判断溶液性质，尤其在使用 pH 试纸时，玻璃棒不仅要洁净，而且不得有蒸馏水。

③ 取出试纸后，应将盛放试纸的容器盖严，以免被实验室中的气体沾污。

（2）试纸的用途

① 红色石蕊试纸遇到碱性溶液变蓝，蓝色石蕊试纸遇到酸性溶液变红，它们可以定性地判断气体或溶液的酸碱性。

② 淀粉-碘化钾试纸中的碘离子，当遇到氧化性物质时被氧化为碘，碘遇淀粉显示蓝色，它可以定性地检验氧化性物质的存在，如氯气、溴蒸气（和它们的溶液）、NO_2 等。

③ 醋酸铅试纸遇到硫化氢和硫离子时，生成黑色的硫化铅，可以定性地检验硫化氢和含 S^{2-} 的溶液。

④ pH 试纸遇到酸碱性强弱不同的溶液时，显示不同的颜色，可与标准比色卡对照确定溶液的 pH，它可以粗略地检验溶液酸碱性的强弱。

3.5.2　滤纸

滤纸是一种常见于化学实验室的过滤工具，常见的形状是圆形。

大部分滤纸由棉质纤维制成，按不同的用途而使用不同的方法制作。由于其是纤维制成品，因此它的表面有无数小孔，可供液体粒子通过，而体积较大的固体粒子则不能通过。这种性质可使混合在一起的液态与固态物质分离。

滤纸一般可分为定性滤纸和定量滤纸两种。在分析化学中，当无机化合物经过过滤分隔出沉淀物后，收集在滤纸上的残余物，可用作计算实验过程中的流失率。定性滤纸经过过滤后有较多的棉质纤维生成，因此只适用于作定性分析；定量滤纸，特别是无灰级的滤纸经过特别的处理程序，能够较有效地抵抗化学反应，因此所生成的杂质较少，可用作定量分析。除了一般实验室应用的滤纸外，生活上及工程上滤纸的应用也很多。咖啡滤纸就是一种被广泛应用的滤纸，茶包外层的滤纸则具有高柔软度及湿强度高等特性。其他有用于测试空气中悬浮粒子的空气滤纸，及不同工业应用上的纤维滤纸等。

在实验中，滤纸多连同过滤漏斗及布氏漏斗等仪器一同使用。使用前需把滤纸折成合适的形状，常见的折法是把滤纸折叠成类似菊花的形状。滤纸的折叠程度愈高，能提供的表面积亦愈大，过滤效果亦愈好，但要注意不要过度折叠而导致滤纸破裂。

第4章

无机与分析化学实验基本操作

4.1　基本度量仪器的使用方法

4.1.1　液体体积的度量仪器

4.1.1.1　液体体积的度量仪器的种类

（1）量筒或量杯

量筒或量杯是化学实验室中最常用的度量液体的仪器。它有各种不同的容量，可根据不同需要选用。例如，需要量取 8.0mL 液体时，为了提高测量的准确度，应选用 10mL 量筒（测量误差为 ±0.1mL），如选用 100mL 量筒量取 8mL 液体体积，则至少有 ±1mL 的误差。读取量筒的刻度值，一定要使视线与量筒内液面（半月形弯曲面）的最低点处于同一水平线上，否则会增加体积的测量误差。量筒不能做反应器用，也不能装热的液体。

（2）滴定管

滴定管是滴定时准确测量流出的操作溶液体积的量器。常量分析的滴定管容积有 50mL 和 25mL，最小刻度为 0.1mL，读数可估读到 0.01mL。另外还有容积为 10mL、5mL、2mL、1mL 的半微量和微量滴定管。滴定管一般分为酸式滴定管［如图 4-1(a)］和碱式滴定管［如图 4-1(b)］两种。酸式滴定管下端有玻璃活塞开关，它用来装酸性及氧化性溶液，不宜装碱性溶液。碱式滴定管的下端连接一乳胶管，管内有玻璃珠以控制溶液的流出，乳胶管的下端再连一尖嘴玻璃管［如图 4-1(c)］，它用来装碱性及无氧化性溶液，凡是能与乳胶管起反应的氧化性溶液，如 $KMnO_4$、I_2 等，都不能装在碱式滴定管中。

现有一种新型滴定管，外形与酸式滴定管一样，但其旋塞用聚四氟乙烯材料制成，可用于酸、碱、氧化性等溶液的滴定。此类通用滴定管无须涂凡士林，因为聚四氟乙烯旋塞具有弹性，调节旋塞尾部的螺帽可调节旋塞与旋塞套间的紧密度。

4.1.1.2　滴定操作

（1）滴定前的准备

① 检查滴定管的密合性　酸式滴定管需要检查玻璃旋塞是否密合及旋转的灵活性。若不密合，将会出现漏液现象。如果旋塞转动不灵活或漏液，需将旋塞涂油（如凡士林等）。

碱式滴定管应检查乳胶管和玻璃珠是否完好。若乳胶管老化，玻璃珠过大（不易操作），或过小（漏液），应予更换。

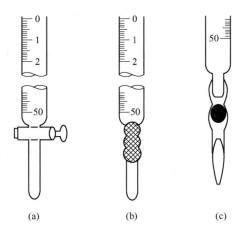

图 4-1 酸碱滴定管

② 旋塞涂油 将滴定管平放在台面上，抽出旋塞，用滤纸将旋塞及塞槽内壁擦干，用手指蘸少许凡士林，在旋塞的两侧涂上薄薄的一层［见图 4-2(a)］。另一种涂油的作法是分别在旋塞粗的一端和塞槽细的一端内壁涂一薄层凡士林。无论采用哪种方法，都不要将油脂涂在旋塞孔所在的那一圈面上，以免堵塞旋塞孔。将涂好凡士林的旋塞插入旋塞槽内，插入时，旋塞孔应与滴定管平行，径直插入旋塞槽内，不要转动旋塞。然后向同一方向旋转旋塞，直到旋塞部位的油膜均匀透明［见图 4-2(b)］。如发现转动不灵活或旋塞上出现纹路，表示油涂得不够；若有凡士林从旋塞缝挤出，或旋塞孔被堵，表示凡士林涂得太多。遇到这些情况，都必须把旋塞和塞槽擦干净后重新处理。应注意：在涂油过程中，滴定管始终要平放、平拿，不要直立，以免擦干的塞槽又沾湿。涂好凡士林后，用乳胶圈套在旋塞的末端，以防旋塞脱落破损。

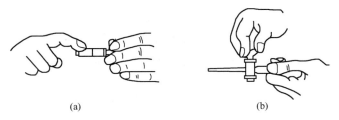

图 4-2 旋塞涂凡士林

如不慎将凡士林掉进管口尖，产生管口堵塞，可将它插入热水中温热片刻，打开旋塞使管内水突然流下，将软化的凡士林排出。或用一根细铁丝，从管尖处插入凡士林中，转动后将包裹有凡士林的铁丝取出，然后将管尖插入四氯化碳中片刻，使附着在壁内的凡士林溶解。

涂好凡士林的旋塞应呈均匀透明状态，旋转灵活自如。

涂好油的滴定管要试漏。试漏的方法是将旋塞关闭，管中充水至最高刻度，然后将滴定管垂直夹在滴定管架上，放置 2min，观察尖嘴口及旋塞两端是否有水渗出；将旋塞转动 180°，再放置 2min，若前后两次均无水渗出，旋塞转动也灵活，即可洗净待用。

③ 洗涤 滴定管在使用前先用自来水洗或先用洗涤液洗涤，而后再用自来水冲洗。如有油污，酸式滴定管可直接倒入洗液浸泡数分钟，而碱式滴定管需将原乳胶管取下，用一乳

胶头堵塞碱管下口后再用洗液浸泡。然后将洗液从下端放回原洗液瓶中回收。然后用自来水多次冲洗滴定管。再用少量蒸馏水润洗 3 次（用量依次约为 10mL、5mL、5mL）。润洗时双手持滴定管管身两端无刻度处，边转动边倾斜滴定管，使水布满全管并轻轻振荡，然后直立，打开旋塞将水放掉，冲洗出口管。也可将大部分水从管口倒出，剩余少量水从出口管放出。每次放水时尽量流尽。润洗后管内应不挂水珠。碱管在洗涤时在捏乳胶管时应不断改变方位，以使玻璃珠四周都能洗到。

④ 装入操作溶液　装入前应先将贮液瓶中的操作溶液摇匀，使凝结在瓶内壁的水珠混入溶液，这在天气较热或室温变化较大时更为必要。混匀后将操作液直接灌入滴定管中，不得借用其他容器（如漏斗、滴管或烧杯等）来转移。以免操作溶液的浓度改变或造成污染。

为避免管中的水稀释标准溶液，应用少量操作溶液将滴定管润洗 3 次。润洗方法同蒸馏水。应注意一定要使操作溶液洗遍所有内壁，并使溶液接触管壁 1～2min，以便与原来残留溶液混合均匀，仍应注意玻璃珠下方的洗涤。最后将操作溶液倒入滴定管，充满至零刻度以上。

图 4-3　碱式滴定管排气泡

装满溶液的滴定管，应检查滴定管尖嘴内有无气泡，如有气泡，必须排出。对于酸式滴定管，可用右手拿住滴定管无刻度部位使其倾斜约 30°，左手迅速打开旋塞，使溶液快速冲出，将气泡带走；对于碱式滴定管，可把乳胶管向上弯曲，出口上斜，用左手的食指和拇指挤捏玻璃珠右上方，使溶液从尖嘴快速冲出，即可排除气泡（图 4-3）。再一边捏乳胶管一边将乳胶管放直，然后才能放开食指和拇指，否则出口管仍会有气泡。

⑤ 滴定管的读数　将装满溶液的滴定管垂直地夹在滴定管架上。由于表面张力的作用，滴定管内的液面呈凹液面。无色水溶液的凹液面比较清晰，而有色溶液的凹液面清晰程度较差。因此，两种情况的读数方法稍有不同。为了正确读数，应遵守下列原则。

a. 注入溶液或放出溶液后，需等待 1～2min 后才能读数。如果放出溶液的速度较慢，等 0.5～1min 即可读数。每次读数前都要检查管尖是否有气泡或挂滴。

b. 读数时滴定管应垂直放置。滴定管可夹在滴定管架上，也可用手拿滴定管上部无刻度处。

c. 对无色溶液或浅色溶液，应读弯月面下缘实线的最低点。读数时，视线应与弯月面下缘实线的最低点在同一水平上，见图 4-4(a)。溶液颜色太深时，可读液面两侧的最高点，见图 4-4(b)。注意初读与终读应采用同一标准。

d. 必须读到小数点后第二位，即要求估计到 0.01mL。平行测定时，每次的初读数应大致相同，并使小数点后第二位读数为 0。

e. 为便于读数，可采用读数卡。这种方法有利于初学者练习读数。读数卡可用黑纸或用一中间涂有一黑长方形（约 3cm×1.5cm）的白纸制成。读数时，将读数卡放在滴定管背后，使黑色部分在凹液面下约 1mm 处，此时即可看到凹液面的反射层成为黑色，然后读此黑色凹液面下缘的最低点，如图 4-4(c)。

f. 读取初读数时，应将管尖悬挂着的挂滴除去。滴定至终点时应立即关闭旋塞，此时，管口不应有挂滴，否则终读数便包括流出的半滴溶液。因此终读数时应注意检查管尖是否有挂滴，如有，则此次读数不能取用。

（2）滴定管的操作方法

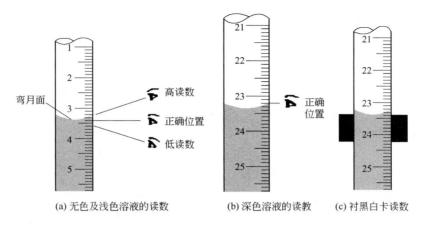

图 4-4　滴定管读数

进行滴定时，应将滴定管垂直地夹在滴定管架上。

使用酸式滴定管时，应用左手控制滴定管旋塞，大拇指在前，食指和中指在后，手指略微弯曲，轻轻向内扣住旋塞，但也不能过分往里扣。手心空握，以免碰旋塞使其松动，甚至可能顶出旋塞（图 4-5）。

图 4-5　酸式滴定管的操作

图 4-6　碱式滴定管的操作

使用碱式滴定管时左手拇指在前，食指在后，捏住乳胶管中的玻璃球所在部位稍上处，向手心捏挤乳胶管，使其与玻璃球之间形成一条缝隙，溶液即可流出（图 4-6）。应注意，不能捏挤玻璃球下方的乳胶管，否则易进入空气形成气泡。为防止乳胶管来回摆动，可用中指和无名指夹住尖嘴的上部。

（3）滴定操作方法

滴定操作可在锥形瓶或烧杯中进行，并以白瓷板作背景。

在锥形瓶中进行滴定时，用右手前三指拿住瓶颈，使瓶底离瓷板 2～3cm，同时调节滴定管的高度，使滴定管下端伸入瓶口约 1cm。左手按前述方法操作，右手运用腕力摇动锥形瓶，边滴加边摇动。

滴定操作中应注意以下几点：

① 摇瓶时，应使溶液向同一方向做圆周旋转，但勿使瓶口接触滴定管。而不能前后振动，否则会溅出溶液。

② 滴定时，左手不能离开旋塞任其自流。

③ 注意观察落滴点周围的颜色变化。

④ 滴定速度一般为 $10mL\cdot min^{-1}$，即每秒 3～4 滴。临近滴定终点时，应每加一滴或半滴摇几下，直至溶液出现明显的颜色变化。

加半滴溶液的方法：微微转动旋塞，使溶液悬挂在出口管嘴上，形成半滴，用锥形瓶内壁（尽可能地用稍下部分）将其沾落，然后将锥形瓶倾斜，用内部的溶液将其带入（小心！不可将瓶内溶液洒落），或用洗瓶以少量蒸馏水吹洗瓶壁。

碱式滴定管滴加半滴溶液时，应先松开拇指与食指，将悬挂的半滴溶液沾在锥形瓶内壁（方法同酸式滴定管）上，再放开无名指与小指。这样可以避免出口管尖出现气泡。

图 4-7　在烧杯中滴定

在烧杯中进行滴定时，将烧杯放在白瓷板上，调节滴定管的高度，使滴定管下端伸入烧杯内 1cm 左右。滴定管下端应在烧杯中心的左后方处，但不要靠壁过近。右手持搅拌棒在右前方搅拌溶液。在左手滴加溶液的同时，搅拌棒应做圆周搅动，但不得接触烧杯壁和底，如图 4-7 所示。

当加半滴溶液时，用搅拌棒下端承接悬挂的半滴溶液，放入溶液中搅拌。注意：搅拌棒只能接触液滴，不要接触滴定管尖。其他注意点同上。

滴定结束后，把滴定管中剩余的溶液倒掉（不能倒回原贮液瓶！），依次用自来水和去离子水洗净，然后用去离子水充满滴定管，备用。

碘量法、溴酸钾法等，则需在碘量瓶中进行反应和滴定。碘量瓶是带有磨口玻璃塞与喇叭形瓶口之间形成一圈水槽的锥形瓶。槽中加入去离子水可形成水封，防止瓶中反应生成的气体（I_2、Br_2 等）逸失。反应完成后，打开瓶塞，水即流下并可冲洗瓶塞和瓶壁。

4.1.1.3　容量瓶

容量瓶是一种细颈梨形的平底瓶，带有磨口塞。瓶颈上刻有环形标线，表示在所指温度下（一般为 20℃）液体充满至标线时的容积，这种容量瓶一般是"量入"的容量瓶。但也有刻有两条标线的，上面一条表示量出的容积。容量瓶主要是用把精密称量的物质配制成准确浓度的溶液或是将准确容积及浓度的溶液稀释成准确浓度及容积的稀溶液。常用的容量瓶有 25mL、50mL、100mL、250mL、500mL、1000mL 等各种规格。

容量瓶的使用注意事项如下。

(1) 检查是否漏水　容量瓶使用前应检查是否漏水。检查方法如下：注入自来水至标线附近，盖好瓶塞，右手扶着瓶底，左手心顶住瓶塞，将其倒立 2min，观察瓶塞周围是否有水漏出。如果不漏，再把塞子旋转 180°，塞紧、倒置，如仍不漏水，则可使用。使用前必须把容量瓶按容量器皿洗涤要求洗涤干净。

容量瓶与塞要配套使用。瓶塞须用尼龙绳系在瓶颈上，以防掉下摔碎。系绳不要很长，2～3cm，以可启开塞子为限。

(2) 配制溶液的操作方法　将准确称量的试剂放在小烧杯中，加入适量水，搅拌使其溶解（若难溶，可盖上表面皿，稍加热；但须放冷后才能转移），沿玻璃棒把溶液转移至容量瓶中，如图 4-8(a)。烧杯中的溶液倒尽后，烧杯不要直接离开玻璃棒，而应在烧杯扶正的同时使杯嘴沿玻璃棒上提 1～2cm，随后烧杯即离开玻璃棒，这样可避免杯嘴与玻璃棒之间的一滴溶液流到烧杯外面。然后再用少量水冲洗杯壁数次（至少 6～8 次），每次的冲洗液按同

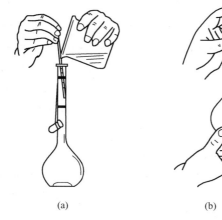

(a)　　　　　　　　　　　(b)　　　　　　　　　　(c)

图 4-8　容量瓶的使用

样操作转移至容量瓶中。当溶液达到容量瓶容量的 2/3 时，应将容量瓶沿水平方向摇晃，使溶液初步混匀（称半摇）（注意：不能加塞，不能倒转容量瓶！），再加水至接近标线，最后用滴管从刻线以上 1cm 处沿颈壁缓缓滴加去离子水至溶液弯月面最低点恰好与标线相切。盖紧瓶塞，用食指压住瓶塞，另一只手托住容量瓶底部，倒转容量瓶，使瓶内气泡上升到顶部，摇动数次，再倒过来，如此反复倒转摇动多次，使瓶内溶液充分混合均匀；如图 4-8（b）和图 4-8（c）所示。

　　容量瓶是量器而不是容器，不宜长期存放溶液，如溶液需使用一段时间，应将溶液转移至试剂瓶中贮存，试剂瓶应先用该溶液润洗 2～3 次，以保证浓度不变。容量瓶不得在烘箱中烘烤，也不许以任何方式对其加热。

4. 1. 1. 4　移液管、吸量管

　　移液管和吸量管是用于准确移取一定体积的量出式的玻璃量器。移液管是中间有一膨大部分（称为球部）的玻璃管，球部上和下均为较细窄的管颈，上端管颈刻有一条标线，亦称"单标线吸量管"，如图 4-9(a)。常用的移液管有 5mL、10mL、25mL、50mL 等规格。

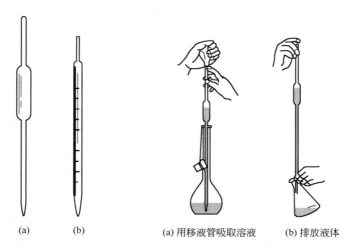

(a)　　　(b)　　　　　　　　(a) 用移液管吸取溶液　(b) 排放液体

图 4-9　移液管（a）和吸量管（b）　图 4-10　移液管的使用

　　吸量管是具有分刻度的玻璃管，见图 4-9(b)，亦称分度吸量管。用于移取非固定量的

溶液。常用的吸量管有 1mL、2mL、5mL、10mL 等规格。

移液管在使用前应按下法洗到内壁不挂水珠：将移液管插入洗液中，用洗耳球将洗液慢慢吸至管容积的 1/3 处，用食指按住管口，把管横过来润洗，然后将洗液放回原瓶。如果内壁严重污染，则应把移液管放入盛有洗液的大量筒或高型玻璃缸中，浸泡 15min 到数小时，取出后用自来水及去离子水冲洗。用纸擦干外壁。

移取溶液前，需先用欲移取的溶液将移液管润洗 2～3 次，以确保所移取溶液的浓度不变。移取溶液时，用右手的大拇指和中指拿住管颈上方，下部的尖端插入溶液中 1～2cm，左手拿洗耳球，先把球中空气压出，然后将球的尖端接在移液管口，慢慢松开左手使溶液吸入管内，如图 4-10(a) 所示。当液面升高到刻度线以上时，移去洗耳球，立即用右手的食指按住管口，将移液管下口提出液面，管的末端仍靠在盛溶液器皿的内壁上，略微放松食指，用拇指和中指轻轻捻转管身，使液面平稳下降，直到溶液的弯月面与标线相切时，立即用食指压紧管口，然后插入承接溶液的器皿中，使管的末端靠在器皿内壁上，此时移液管应垂直，承接的器皿倾斜成 45°，松开食指，让管内溶液自然地全部沿器壁流下，如图 4-10(b) 所示。等待 10～15s 后，拿出移液管。如移液管未标"吹"字，残留在移液管末端的溶液，不可用外力使其流出，因移液管的容积不包括末端残留的溶液。移液管用毕，应洗净，放在移液管架上。

4.1.2 称量仪器的使用

天平是化学实验中不可缺少的重要的称量仪器。由于对质量准确度的要求不同，需要使用不同类型的天平进行称量。常用的天平种类很多，如台秤、电光天平、单盘分析天平等。它们是根据杠杆原理设计而制成的。20 世纪 90 年代开始使用的电子天平则精确地用电磁力平衡样品的重力，以测得样品精确的质量（一般可精确到万分之一克）。

4.1.2.1 台秤的使用

台秤（又叫托盘天平）常用于一般称量。它能迅速地称量物体的质量，但精确度不高。最大载荷为 200g 的台秤的精密度为±0.2g，最大载荷为 500g 的台秤能称准至 0.5g。

称量时，左盘放称量物，右盘放砝码。10g 或 5g 以下质量的砝码，可移动游标尺上的游码。当添加砝码到台秤的指针停在刻度盘的中间位置时，台秤处于平衡状态。此时指针所停的位置称为停点。零点与停点相符时（零点与停点之间允许偏差 1 小格以内），砝码的质量就是称量物的质量。

4.1.2.2 电光分析天平的使用

分析天平一般指能精确称量到 0.0001g 的天平，电光分析天平是其中的一类。电光分析天平有全机械加码（全自动）和半机械加码（半自动）两种。

（1）全机械加码电光分析天平的基本构造（图 4-11）

① 天平梁　通常称横梁，是天平的主要部件。梁上装有三个三棱形的玛瑙刀。一个装在天平梁的中央，刀口向下，用来支承天平梁，称为支点刀。它放在一个玛瑙平板的刀承上。另外两个玛瑙刀等距离地装在支点刀的两侧，刀口向上，用来悬挂秤盘，称为承重刀。三个刀的棱边完全平行并且处在同一水平面上。刀口的尖锐程度决定天平的灵敏度，直接影响称量的精确程度。因此在使用天平时务必要注意保护刀口。梁的两端装有两个平衡调节螺丝，用来调整梁的平衡位置（即调节零点）。

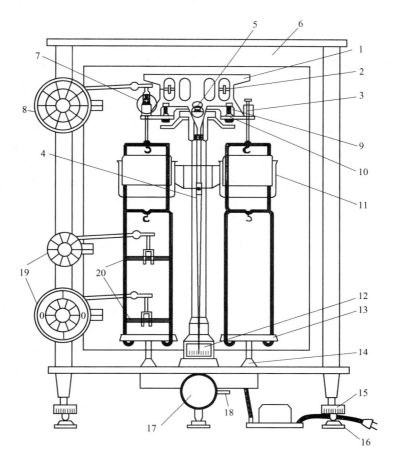

图 4-11　全自动电光分析天平

1—天平梁；2—平衡螺丝；3—吊耳；4—指针；5—支点刀；6—框罩；7—圈码；
8—指数盘；9—支柱；10—托架；11—阻尼筒；12—光屏；13—秤盘；14—盘托；
15—螺旋足；16—垫足；17—升降旋钮；18—扳手；19—砝码盘；20—砝码承受架

② 指针　固定在天平梁的中央。天平梁摆动时，指针也随着摆动。指针下端装有微分刻度标尺，光源通过光学系统将缩微标尺刻度放大，反射到光屏上。光屏中央有一条垂直的刻线，标尺投影与刻线的重合处即为天平的平衡位置。

③ 吊耳（镫）　吊耳的中间面向下的部分嵌有玛瑙平板。吊耳上还装有悬挂阻尼器内筒和天平盘的挂钩。当使用天平时，承重刀通过吊耳上的玛瑙平板与悬挂的阻尼器内筒和天平盘相连接。不使用天平时，托镫将吊耳托住，使玛瑙平板与承重刀口脱开。

④ 空气阻尼器（阻尼筒）　为了提高称量速度，减少称量时天平摆动的时间，尽快使天平静止，在天平盘上部装有两个阻尼器。阻尼器是由两只空铝盒组成，内盒比外盒稍小，正好套入外盒，二者间隙保持均匀，避免摩擦。当天平梁摆动时，由于两盒相对运动，盒内空气的阻力产生阻尼作用，从而阻止天平的摆动，使其迅速地达到平衡。

⑤ 升降枢（升降旋钮）　升降枢是天平的重要部件。它连接着托梁架、盘托和光源。当使用天平时，打开升降枢，降下托梁架使 3 个玛瑙刀口与相应的玛瑙平板接触，同时盘托下降，天平处于摆动状态；光源也同时打开，在光屏上可以看到缩微标尺的投影。当不使用天平、加减砝码或取放称量物时，为保护刀口，一定要将升降枢的旋钮关闭。这时天平梁和盘

托被托起，刀口与平板脱离，光源切断。

⑥ 螺旋足（天平足）　天平盒下面有三只足，前方两只足上装有螺旋，可使天平足升高或降低，以调节天平的水平位置。天平是否处于水平位置，可观察天平箱内的气泡水平仪。

⑦ 天平盒（箱）　由木框和玻璃制成的，将天平装在盒内，以防止气流、灰尘、水蒸气对天平称量带来影响。盒前有一个可以上下移动的玻璃门，一般是不开的，只有在清理和调整天平时使用。右侧的边门，供取放称量物时用，要随开随关，不得敞开。

⑧ 砝码和圈码（环码）　全自动电光分析天平的砝码是通过机械加码装置来加减的，共有三个砝码指数盘，最上面的砝码指数盘可以将 $10\sim990\text{mg}$ 范围内的圈码加到承受架上，中间砝码指数盘可以将 $1\sim9\text{g}$ 范围内的圈码加到承受架上，最下面的砝码指数盘可以将 $10\sim199\text{g}$ 范围内的圈码加到承受架上。砝码按一定次序排列于砝码钩上，一般是采用5、2、$2'$、1 的组合排列，即50g、20g、$20'\text{g}$、10g、5g、2g、$2'\text{g}$、1g 等。

（2）天平的灵敏度

在天平任一秤盘上增加 1mg 砝码时，指针在读数标牌上所移动的距离，称为天平的灵敏度，单位为分度/毫克。指针所移动的距离越大，即天平的灵敏度越高。例如在一般空气阻尼天平上的一秤盘上放 1mg 砝码时，指针移动 2.5 个分度，则

$$\text{灵敏度}=2.5\text{分度}/1\text{mg}=2.5\text{分度}/\text{mg}$$

天平的灵敏度太低或太高都不好。灵敏度太低，称量误差增大；太高，则达到平衡所需时间长，既不便于称量，也会影响称量结果。一般空气阻尼天平的灵敏度以 2.5 分度/mg 为宜。

在实际工作中常用"分度值"表示天平的灵敏度。分度值是使天平的平衡位置产生一个分度变化时所需要的质量值，也就是读数标牌上每个分度所体现的质量值（mg）。灵敏度与分度值互为倒数关系：

$$\text{分度值}=1/\text{灵敏度}$$

分度值的单位为 mg/分度，习惯上将"分度"略去，把 mg 作为分度值的单位。

上例中灵敏度为 2.5 分度/mg 的天平，其分度值$=1/2.5=0.4(\text{mg})$。这类天平称为万分之四天平。从分度值看天平的灵敏度时，其分度值越小，灵敏度越高。

电光分析天平由于采用光学放大读数装置，提高了读数的精度，可以直接读出 0.1mg。因此这类天平也称为万分之一天平。一般半自动电光分析天平的分度值为 10mg/（100 ±2 分度），即 $0.098\sim0.102\text{mg}$。

（3）分析天平的使用规则与维护

① 天平室应避免阳光照射，保持干燥，防止腐蚀性气体的侵袭。天平应放在牢固的台上，以避免震动。

② 天平箱内应保持清洁，要定期放置和更换吸湿变色干燥剂（硅胶），以保持干燥。

③ 称量物体不得超过天平的载荷。

④ 不得在天平上称量热的或散发腐蚀性气体的物质。

⑤ 开关天平要轻缓，以免震动损坏天平的刀口。在天平开启状态严禁加减砝码或取放物体。转动各控制旋钮时，一定要缓慢均匀，以防砝码脱钩。

⑥ 称量的样品，必须放在适当的容器中，不得直接放在天平盘上。

⑦ 称量完毕应将各部件恢复原位，关好天平门，罩上天平罩，切断电源。最后在天平使用登记本上记录使用情况。

（4）全机械加码电光分析天平的使用方法

①　称前检查　在使用天平之前，首先要检查天平放置是否水平；机械加码装置是否指示"0"或"0.00"位置；圈码是否齐全，有无跳落；两盘是否空载；并用毛刷将天平盘清扫一下。

②　调节零点　天平的零点，指天平空载时的平衡点。每次称量之前都要先测定天平的零点。测定时接通电源，轻轻开启升降枢（应全部旋开旋钮，称全开状态），此时可以看到缩微标尺的投影在光屏上移动。当标尺投影稳定后，若光屏上的刻线不与标尺"0.00"重合，可拨动扳手，移动光屏位置，使刻线与标尺"0.00"重合，零点即调好。若光屏移到尽头刻线还不能与标尺"0.00"重合，则请指导教师通过旋转平衡螺丝来调整。

③　称量物体　在使用分析天平称量物体之前应将物体先在台秤上粗称，然后把要称量的物体放入天平右盘中央，把比粗称质量略大的砝码加到砝码承受架上，慢慢打开升降枢（不要全部旋开，只开启一点，能观察到指针或光屏上标尺移动方向即可，此时称半开状态），根据指针的偏转方向或光屏上标尺移动方向来变换砝码。如果标尺向负方向移动，即光屏上标尺的零点偏向标线的右方，则表示砝码质量大，应立即关好升降枢，减少砝码后再称量；若标尺向正方向移动，即标尺的零点偏向标线的左方，则说明砝码不足，反复加减砝码至称量物比砝码质量大不超过 1g 时，再转动指数盘加减环码，直至光屏上的刻线与标尺投影上某一读数重合为止。

④　加码规则　加砝码时，先根据粗称结果，加上克为单位的砝码，先定高位，再定低位（注意：在定高位时，低砝码位必须为零）。加码时采用中间加码法可以减少试重次数，提高称量效率。

⑤　读数　当光屏上的标尺投影稳定后，即可从标尺上读出 10mg 以下的质量。有的天平标尺既有正值刻度，也有负值刻度。有的天平只有正值刻度。称量时一般都使刻线落在正值范围内，以免计算总量时有加有减而发生错误。标尺上读数 1 大格为 1mg，1 小格为 0.1mg。

$$称量物质量 = 砝码质量 + \frac{圈码质量}{1000} + \frac{光标尺读数}{1000}$$

称量完毕，记下物体质量，将物体取出，放回原处，各砝码指数盘恢复到"0"或"0.00"的位置，关好边门，拔下电源插头，罩好天平罩。

4.1.2.3　电子天平的使用

电子天平是天平中新近发展的一类天平，已经逐渐进入化学实验室为学生们使用。目前使用的主要有顶部承载式和底部承载式电子天平。顶部承载式电子天平是根据磁力补偿原理制造的。最初研制的电子天平是顶部承载式，它的梁是采用石英管制得的，此梁可保证天平具有极佳的机械稳定性和热稳定性。在此梁上固定着电容传感器和力矩线圈，横梁一端挂有秤盘和机械加码装置。称量时，横梁围绕支承偏转，传感器输出电信号，经整流放大反馈到力矩线圈中，然后使横梁反向偏转恢复到零位，此力矩线圈中的电流经放大且模拟质量数字显示。

目前，国内试制的电子天平有：WDZK-1 上皿式电子天平，最大载荷 2000g，最小读数 0.1g，数字显示范围 0～2000g；QD-1 型电子天平，最大载荷 160g，最小读数 10mg，采用 PMOS 集成电路，具有上皿式不等臂式杠杆结构，有磁性阻尼装置，能在几秒内稳定读数；KZT 数字式快速自动天平，最大载荷 100g，分度值 0.1mg。除以上介绍的几种外，还有 MD200-1 型、SX-016 型、MD100-1 型、FA/JA 等上皿式电子天平。

图 4-12 给出的是上海精密科学仪器有限公司的 FA/JA 型电子天平。其最大载荷 200g，最小读数 0.1mg。

图 4-12　FA/JA 型电子天平

1—ON 键；2—OFF 键；3—TAR 键；4—水平仪；

5—右侧门；6—水平调节脚；7—秤盘；8—盘托

电子天平称量快捷，使用方法简便，是目前最好的称量仪器。电子天平的使用方法如下：

① 打开天平罩，检查水平，如水平仪水泡不在中央，调水平，并清扫天平盘。

② 打开电源，预热，轻按天平面板上的控制键 ON，电子显示屏上出现 0.0000g 闪动。待数字稳定下来，表示天平已稳定，进入准备称量状态。

③ 打开天平侧门，将样品放到秤盘上（化学试剂不能直接秤盘），关闭天平侧门。待电子显示屏上闪动的数字稳定下来，读取数字，即为样品的称量值。如需进行"去皮"称量，则按下"TAR"键，使显示为 0.0000g。

④ 连续称量功能，当称量了第一个样品以后，若再轻按"TAR"键；电子显示屏上又重新返回 0.0000g 显示，表示天平准备称量第二个样品。重复操作③，即可直接读取第二个样品的质量。如此重复，可以连续称量，累加固定的质量。

⑤ 最后一位同学称量后要关机后再离开（由于电子天平的称量速度快，在同一实验中将有多位同学共用一台天平，在实验中，电子天平一经开机、预热、校准后，即可连续称量，前一位同学称量后不一定要关机后离开）。

4.1.2.4　固体试样的称取方法

用天平称取试样时，一般采用直接法或差减法。

（1）直接法

有些固体试样没有吸湿性，在空气中性质稳定，可用直接法称量。使用全机械加砝电光天平称量时，在右盘放入一个表面皿或其他容器，准确称出其质量，再根据所需试样的质量，在左盘上加砝码，再用角匙将固体试样逐渐加到表面皿或其他容器中，直到天平平衡为止。

（2）差减法

有些试样易吸水或在空气中性质不稳定，可用差减法来称取。先在一个干燥的称量瓶中装一些试样，在天平上准确称量，设称得的质量为 m_1。再从称量瓶中倾倒出一部分试样于容器内（图 4-13），然后再准确称量，设称得的质量为 m_2。前后两次称量的质量之差为 m_1-m_2，即为所取出的试样质量。

（3）称量规则

下面所述规则，称量时必须严格遵守：

① 工作天平必须处于完好待用状态。不称过冷过热物体，被称物的温度应与天平箱内的温度一致。试样应盛在洁净器皿中，必要时加盖。取放被称物时要用纸条，不得徒手操作，要始终保持称量容器内外均是干净的，以免沾污秤盘。要求称量器皿均放在干燥器中。

图 4-13　递减称样法

② 同一实验中，所有的称量应使用同一台天平，称量的原始数据必须即刻记录在实验记录本上。

③ 要保证天平室的整洁与安静，不必要的东西不得带入天平室。

④ 盛有试样的称量瓶除放在表面皿和秤盘上或用纸带拿在手中外，不得放在其他地方，以免沾污。

⑤ 套上或取出纸带时，不要碰到称量瓶口，纸带应放在清洁的地方。

⑥ 沾在瓶口上的试样应尽量处理干净，以免沾到瓶盖上或丢失。

⑦ 要在接收器的上方打开瓶盖，以免使沾附在瓶盖上的试样失落他处。

4.1.3　其他仪器的使用

4.1.3.1　温度计的使用

一般玻璃温度计可精确到 1℃，精密温度计可精确到 0.1℃，根据测温范围和对精密度的要求选择使用温度计。

测量溶液的温度一般应将温度计悬挂起来，并使水银球处于溶液中的一定位置，不要靠在容器上或插在容器底部。不可将温度计当搅拌棒使用。刚测量过高温的温度计不可立即用于测量低温或用自来水冲洗，以免温度计炸裂。温度计使用时要轻拿轻放，用后要及时洗净、擦干放回原处。

将温度计穿过胶塞时，其操作方法与玻璃棒或玻璃管穿塞的方法一样。

4.1.3.2　秒表的使用

秒表是准确测量时间的仪器。它有各种规格，实验室常用的一种秒表其秒针转一周为 30s，分针转一周为 15min。这种表有两个针，长针为秒针，短针为分针，表面上也相应地有两圈刻度，分别表示秒和分的数值。这种表可读准到 0.01s。表的上端有柄头，用它旋紧发条，控制表的启动和停止。

使用时，先旋紧发条，用手握住表体，用拇指或食指按柄头，按一下，表即走动。需停表时，再按柄头，秒针、分针就都停止，便可读数。第三次按柄头时，秒针、分针即返回零点，恢复原始状态，可再次计时。

现在还有一种是数字直读式的秒表。

4.1.3.3　气压计的使用

气压计的种类很多，常见的有空盒气压表、定槽水银气压计、动槽水银气压计等。这里主要介绍 DYM3 型空盒气压表。

图 4-14 DYM3 空盒气压表

DYM3 型空盒气压表是用于测量所处环境大气压的气压表，测量范围为 $80.0\sim106.4$ kPa，精度 0.02kPa。

（1）构造

如图 4-14 所示，空盒气压表主要由下列部件组成：真空膜盒为主要压力感应元件；连接拉杆、中间轴、扇形齿轮、游标组成传动机构；指示部分由指针、刻度盘、嵌装温度计组成；外壳由塑料盒、皮盒组成。

（2）工作原理

空盒气压表是真空膜感应元件随大气压变化而产生轴向移动，通过连接杆传动机构带动指针，指出当时的大气压值。当大气压增加时，真空膜盒被压缩，通过传动机构使指针顺时针偏转一定角度。当大气压减小时，真空膜盒就膨胀，通过传动机构使指针逆时针偏转。

（3）使用

① 测量时气压表必须水平放置，防止由于倾斜而造成仪器读数误差。

② 为了消除传动机构的摩擦，在读数时轻敲外壳。读数时观察者的视线必须与刻度盘平面垂直。

③ 气压读数须精确到 0.02kPa，温度读数须精确到 0.2℃。

④ 对大气压读数进行刻度、温度和补充三项修正。

4.1.3.4 比重计的使用

比重计是用来测定溶液相对密度的仪器。它是一支中空的玻璃浮柱，上部有标线，下部为一重锤，内装铅粒。根据溶液相对密度的不同而选用相适应的比重计。通常将比重计分为两种。一种是测量相对密度大于 1 的液体，称作重表；另一种是测量相对密度小于 1 的液体，称作轻表。

测定液体相对密度时，将欲测液体注入大量筒中，然后将清洁、干燥的比重计慢慢放入液体中。为了避免比重计在液体中上下沉浮和左右摇动与量筒壁接触，以致打破，故在浸入时，应该用手扶住比重计的上端，并让它浮在液面上，待比重计不再摇动而且不与器壁相碰时，即可读数，读数时视线要与凹液面最低处相切。用完比重计要洗净，擦干，放回盒内，由于液体相对密度的不同，可选用不同量程的比重计。测定相对密度的方法，如图 4-15 所示。

附：波美度简介

生产上常用波美度（°Be）来表示溶液浓度，它是用波美（Baume）比重计（简称波美计或波美表）测定的。波美度测定简单，数值规整，故在工业生产中应用比较方便。通常使用的比重计有的也有两行刻度，一行是相对密度，另一行是波美度。在 15℃ 时相对密度和波美度的换算公式如下。

相对密度大于 1 的液体：相对密度 $d = \dfrac{144.3}{144.3 - °Be}$

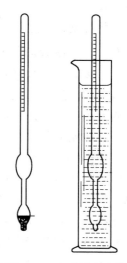

图 4-15 比重计和液体相对密度的测定

相对密度小于 1 的液体：相对密度 $d = \dfrac{144.3}{144.3 + {}^\circ\text{Be}}$

需要指出的是，波美表种类很多，标尺均不同，常见的有美国标尺、合理标尺、荷兰标尺等。我国用得较多的是美国标尺和合理标尺。上述换算公式为合理标尺波美度与相对密度的换算公式。

4.2　加热与冷却

有些化学反应，特别是一些有机化学反应，往往需要在较高温度下才能进行；许多化学实验的基本操作，如溶解、蒸发、灼烧、蒸馏、回流等过程也都需要加热。相反，一些放热反应，如果不及时除去反应所放出的热，就可能难以控制；有些反应的中间体在室温下不稳定，反应必须在低温下才能进行；此外，结晶等操作也需要降低温度，以减少物质的溶解度，这些过程又都需要冷却。所以，加热与冷却是化学实验中经常遇到的。

4.2.1　加热装置

化学实验室常用的加热仪器有酒精灯、酒精喷灯、煤气灯、电加热装置等。

4.2.1.1　酒精灯

酒精灯在使用时应检查并修整不齐或烧焦的灯芯，然后添加酒精，即应在灯熄灭的情况下，牵出灯芯，借助漏斗将酒精注入，最多加入量为灯壶容积的三分之二。必须用火柴点燃，绝不能用另一个燃着的酒精灯去点燃，以免洒落酒精引起火灾。熄灭时，用灯罩盖上即可，不要用嘴吹。片刻后还应将灯罩再打开一次，以免冷却后盖内负压使以后打开困难。

注意：酒精是易燃品，使用时一定要按规范操作，切勿洒溢在容器外面，以免引起火灾。

4.2.1.2　酒精喷灯

酒精喷灯有挂式和座式两种，构造图 4-16 所示。挂式喷灯的酒精储存在悬挂于高处的

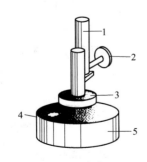

(a) 座式
1—灯管；2—空气调节器；3—预热盘；
4—铜帽；5—酒精壶

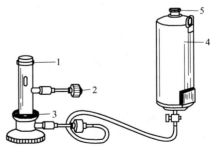

(b) 挂式
1—灯管；2—空气调节器；3—预热盘；
4—酒精贮罐；5—盖子

图 4-16　酒精喷灯类型和构造

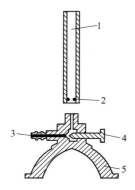

图 4-17　煤气灯构造
1—灯管；2—空气入口；
3—煤气入口；4—针阀；
5—灯座

储罐内，而座式喷灯的酒精储存于作为灯座的酒精壶内。

　　使用挂式喷灯时，打开挂式喷灯储罐的开关，并先在预热盘中注入适量的酒精，然后点燃盘中的酒精，以加热灯管，待盘中酒精将近燃完时，开启空气调节器，这时由于酒精在灼热的灯管内汽化，并与来自气孔的空气混合，即燃烧并形成高温火焰（温度可达 700~1000℃）。调节空气调节器阀门可以控制火焰的大小。用毕，关紧调节器即可使灯熄灭，此时酒精储罐下口开关也应关闭。座式喷灯使用方法与挂式基本相同，但熄灭时需用盖板或石棉网盖灭。

　　使用酒精喷灯的注意事项如下：

　　① 在开启调节器，点燃管口气体之前，必须充分灼热灯管，否则酒精不能全部汽化，会有液体酒精由管口喷出，导致"火雨"（尤其是挂式喷灯）。这时应关闭开关，并用湿抹布熄灭火焰，重新往预热盘内添加酒精，重复上述点燃操作。但连续两次预热后仍不能点燃时，则需用探针疏通酒精蒸汽出口，让出气顺畅后，方可再预热。

　　② 座式喷灯内酒精储量不能超过酒精壶容积的 2/3，连续使用时间较长时（一般在 30min 以上），酒精用完时需暂时熄灭喷灯，待冷却后，再添加酒精，然后继续使用。

　　③ 挂式喷灯酒精储罐出口至灯具进口之间的橡胶管连接要好，不得有漏液现象，否则容易失火。

4.2.1.3　煤气灯

（1）构造

煤气灯的构造如图 4-17 所示。

（2）煤气灯灯焰性质 （如图 4-18）

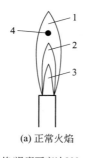 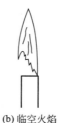 

(a) 正常火焰　　　　　　　(b) 临空火焰　　　　　　　(c) 侵入火焰

1—氧化焰(温度可高达800~900℃)；　　(煤气、空气量都过大)　　(煤气量小，空气量大)
2—还原焰；3—焰心；4—最高温度点

图 4-18　三种灯焰

（3）煤气灯的使用方法

煤气灯的使用方法如图 4-19 所示。

安全操作：实验室中的燃料气一般是煤气或天然气。燃料气中常有臭味杂质，一旦闻到异味，发现漏气，应停止实验，及时查清漏气原因，予以排除，燃料气不用时一定要关紧开关。

煤气中常夹杂未除尽的煤焦油，久而久之，会把煤气阀门和煤气灯内孔道堵塞，为此常

(a) 点燃，先划火后开气

(b) 调节，上旋灯管空气进入量增大，
向里拧针阀煤气进入量减少

(c) 加热，氧化焰加热

(d) 关闭，向里拧针阀，
并关煤气开关

(e) 注意，若遇不正常火焰，
应把灯关闭，冷却后重新调节

(f) 若要扩大加热面积，
可加鱼尾灯头

图 4-19　煤气灯的使用方法

要把金属灯管和螺旋针阀取下，用细铁丝清理孔道，堵塞较严重时，可用苯清洗。

4.2.1.4　电加热装置

电炉可以代替酒精灯或酒精喷灯用于一般加热。加热时，容器和电炉之间应隔一层石棉网，保证受热均匀。

电加热套和电加热板的特点是有温度控制装置，能够缓慢加热和控制温度，适用于分析试样的处理。

实验室进行高温灼烧或反应时，常使用管式炉和箱式高温炉（马弗炉），如图 4-20（b）和（c）所示。管式电炉有一个管状炉膛，内插一根耐高温的瓷管或石英管，反应物放入瓷舟或石英舟，再将其放进瓷管或石英管内。灼烧时可在真空、空气或其他气氛下受热，温度可达 1000℃。箱式电炉一般用电炉丝、硅碳棒或硅钼棒作发热体，温度可调节控制，最高使用温度分别可达 950℃、1300℃ 和 1500℃ 左右，温度测量一般用热电偶。反应物放入坩埚或其他耐高温容器内，在马弗炉内不允许加热液体和其他易挥发的腐蚀性物质。若要灰化滤纸或有机成分，在加热过程中应打开几次炉门通空气进去。

(a) 电炉

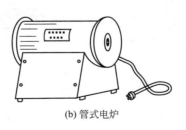

(b) 管式电炉

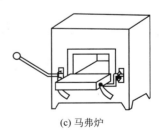

(c) 马弗炉

图 4-20　常用电加热器

微波炉的加热完全不同于明火加热或电加热。工作时，微波炉的主要部件磁控管辐射出 2450MHz 的微波，在炉内形成微波能量场，并以每秒 24.5 亿次的速率不断地改变着正、负极。当待加热物体中的极性分子，如水、蛋白质等吸收微波能后，也以高频率改变着方向，使分子间相互碰撞、挤压、摩擦而产生热量，将电磁能转化为热能。微波炉工作时本身不产生热量，而是待加热物体吸收微波能后，内部的分子相互摩擦而自身发热，即为摩擦起热。微波是一种高频率的电磁波，它具有反射、穿透和吸收三种特性。微波碰到金属会被反射回来，而对一般的玻璃、陶瓷、耐热塑料、竹器、木器等具有穿透作用。它能被碳水化合物（如各类食品）吸收。由于微波的这些特性，微波炉在实验室中可用于干燥玻璃仪器，加热或烘干试样。比如在重量法测定可溶性钡盐中的钡时，可用微波干燥恒重玻璃坩埚及沉淀，亦可用于有机化学中的微波反应。

微波炉加热有快速、能量利用率高、被加热物体受热均匀等优点，但不能准确控制所需的温度。因此，必须通过试验决定所要用的功率、时间以及达到所需的加热程度。

4.2.2 加热操作

4.2.2.1 直接加热

加热操作可分为直接加热和间接加热两种。当被加热的液体在较高的温度下稳定而不分解，又无着火危险时，可以把加热物直接放在热源中进行加热。如用酒精灯加热试管或在马弗炉中加热坩埚等。

4.2.2.2 间接加热

当被加热的物质需要受热均匀而又不能超过一定温度时，可用特定热浴间接加热。热浴的优点是加热均匀，升温平稳，并能使被加热物保持一定温度。热浴介质需要根据加热的温度要求选择。如要求温度不超过 100℃时可用水浴加热。

水浴是浴锅中用水（水浴锅内的水量不超过其容积的 2/3）作介质，浴锅是铜制的，带有一组铜质同心圈作盖，使用时将要加热的器具浸入水中就可以在一定温度下进行加热。有时像蒸发浓缩物品时并不浸入水中而是将盛溶液的器皿（烧杯、蒸发皿等）放在水浴盖上，通过接触水蒸气来加热，这就是水蒸气浴。如图 4-21(a)。实验室常用大烧杯代替水浴锅加热（水量占烧杯容积的 1/3）。

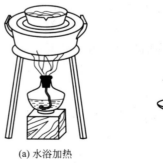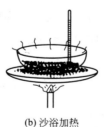

(a) 水浴加热   (b) 沙浴加热

图 4-21　热浴加热法

用甘油、石蜡代替水浴中的水，将加热器皿置于热浴中，即为甘油浴或石蜡浴。甘油浴用于 150℃以下的加热，石蜡浴用于 200℃以下的加热。此外还有沙浴，适用于 400℃以下的加热。沙浴是在铺有一层均匀细沙的铁盘上加热，可以将器皿中欲被加热的部位埋入细沙中，将温度计的水银球部分埋入靠近器皿处的沙中（不要触及底部），用煤气灯加热沙盘，见图 4-21(b)。沙浴的特点是升温比较缓慢，停止加热后，散热也较慢。常见的加热浴如表 4-1 所示。

表 4-1 加热浴一览表

类型	内容物	容器名称	使用温度范围	使用注意事项
水浴	水	铜锅及烧杯等	95℃以下	若使用各种无机盐使水饱和,则加热温度可以提高
水蒸气浴	水	铜锅及烧杯等	95℃以下	
油浴	各种植物油、硅油等	铜锅及油浴槽	植物油 180～200℃以下 真空油 200～220℃以下	加热到200℃以上时,冒烟及着火,油中切勿溅入水
沙浴	细沙	铁盘	高温(300℃以上)	
盐浴	如硝酸钾和硝酸钠的等量混合物	铁锅、铝锅等	220～680℃	浴中切勿溅入水,将盐保存于干燥容器中
金属浴	各种低熔点金属、合金等	铁锅、烧杯等	因使用金属不同,温度各异	加热至 350℃以上时渐渐氧化
其他	甘油、石蜡油、聚乙二醇(分子量 400)		甘油 140～150℃以下 石蜡油 180℃以下 聚乙二醇 200℃以下	同油浴

4.2.3 冷却方法

某些化学反应需要在低温下进行,还有些反应需要传递出产生的热量;有的制备操作,如结晶、液态物质的凝固等需要低温冷却。低温冷却所需冷却剂应根据所要求的温度选择。如水冷却剂可将被制冷物的温度降到室温附近,用水冷却是一种最简便的方法,可将被冷却物浸在冷水中或在流动的冷水中冷却(如回流冷凝器)。常见制冷剂及其最低制冷温度见表 4-2。

表 4-2 制冷剂及其最低制冷温度

制冷剂	最低温度/℃	制冷剂	最低温度/℃
冰-水	0	$CaCl_2 \cdot 6H_2O$-冰(1:1)	−29
NaCl-碎冰(1:3)	−20	$CaCl_2 \cdot 6H_2O$-冰(1.25:1)	−40.3
NaCl-碎冰(1:1)	−22	液氨	−33
NH_4Cl-冰(1:4)	−15	干冰	−78.5
NH_4Cl-冰(1:2)	−17	液氮	−196

利用低沸点的液态气体时要注意安全,如液氧不能与有机物接触,以防止燃烧事故发生;液氢气化放出的氢气必须小心地燃烧掉或排放到高空,避免爆炸事故;液氨应在通风橱中使用。另外,为避免低温冻伤,必须戴皮(或棉)手套和护目镜。一般的低温冷却也不要用手直接接触冷却剂(可戴橡胶手套)。

使用低温冷浴时,冷浴外壁应用隔热材料包裹覆盖,以防止外界热量的传入。应当注意测量−38℃以下的低温时,不能使用水银温度计(汞的凝固点为−38.9℃),应使用低温酒精温度计。

4.3　无机及分析化学中的分离与提纯

在无机物的制备和固体物质的提纯过程中，经常用到溶解、过滤、蒸发（浓缩）和结晶（重结晶）等操作。

4.3.1　固体溶解

将固体物质溶解于某一溶剂时，通常要考虑温度对物质溶解度的影响和实际需要而取用适量溶剂。

加热一般可加速溶解过程，应根据物质对热的稳定性选用直接用火加热或用水浴等间接加热方法。

溶解在不断搅动下进行，用搅拌棒搅动时，应手持搅拌棒并转动手腕使搅拌棒在液体中均匀地转圈子，不要用力过猛，不要使搅拌棒碰在器壁上，以免损坏容器。

如果固体颗粒太大不易溶解时，应先在洁净、干燥的研钵中将固体研细，研钵中盛放固体的量不要超过其容量的 1/3。

4.3.2　固液分离方法

溶液与沉淀的分离方法有三种：倾析法、过滤法和离心分离法。

4.3.2.1　倾析法

当沉淀的相对密度较大或晶体的颗粒较大，静止后能很快沉降至容器的底部时，常用倾析法进行分离和洗涤。倾析法是将沉淀上部的溶液倾入另一容器中而使沉淀与溶液分离。如需洗涤沉淀时，只要向盛沉淀的容器内加入少量洗涤液，将沉淀和洗涤液充分搅拌均匀。待沉淀沉降到容器的底部后，再用倾析法倾去溶液。如此反复操作两三次，即能将沉淀洗净。

4.3.2.2　过滤法

当沉淀和溶液经过过滤器（如滤纸）时，沉淀留在过滤器上，而溶液通过过滤器进入容器中，所得溶液称为滤液。这是一种固液分离最常用的操作方法。

常用的过滤方法有常压过滤（普通过滤）、减压过滤（吸滤）和热过滤三种。

（1）常压过滤

此法最为简单、常用，使用玻璃漏斗和滤纸进行过滤。在热过滤时，必须用短颈漏斗；在重量分析时，一般用长颈漏斗。玻璃漏斗一般不宜过滤较浓的碱性溶液、热浓磷酸和氢氟酸。根据沉淀的性质选择滤纸的类型，如细晶形沉淀 $BaSO_4$，应选用"慢速"滤纸；粗晶形沉淀 NH_4MgPO_4，宜选用"中速"滤纸；$Fe_2O_3 \cdot nH_2O$ 为胶状沉淀，需选用"快速"滤纸过滤。滤纸上沿一般应低于漏斗上沿 $0.5 \sim 1cm$。折叠滤纸前应先把手洗净擦干，以免弄脏滤纸。按四折法折成圆锥形，放入漏斗内，见图 4-22。为保证滤纸与漏斗密合，第二次对折时不要折死，先把锥体打开，放入漏斗（漏斗应干净而干燥），如果上边缘不十分密合，可以稍微改变滤纸的折叠角度；直到与漏斗密合为止，此时可把第二次的折边折死。为使滤纸和漏斗内壁贴紧而无气泡，常在层厚的外层滤纸折角处撕下一小角，用食指把滤纸紧贴在漏斗内壁上，用少量水润湿滤纸，再用食指或玻璃棒轻压滤纸四周，挤出滤纸与漏斗间的气泡，使滤纸紧贴在漏斗壁上，这时漏斗颈内应全部充满水。若漏斗与滤纸间有气泡，则在过滤时不能形成水柱而影响过滤速度。若不能形成水柱，可用手指堵住漏斗下口，掀起滤纸的一边，用洗瓶向滤纸和漏斗的空隙处加水，使漏斗充满水，压紧滤纸边，慢慢松开堵住下口的手指，此时应形成水柱，如仍不能形成水柱，可能漏斗形状不规范。如果漏斗颈不干净影响形成水柱，这时应重新清洗。

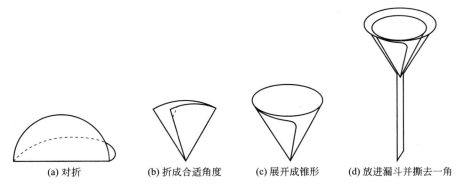

| (a) 对折 | (b) 折成合适角度 | (c) 展开成锥形 | (d) 放进漏斗并撕去一角 |

图 4-22　滤纸的折叠与放置

　　将准备好的漏斗放在漏斗架上，漏斗下面放一承接滤液的洁净烧杯，其容积应为滤液总量的 5～10 倍，并斜盖一个表面皿。漏斗颈口（长的一边）紧贴杯壁，使滤液沿烧杯壁流下。漏斗放置位置的高低，以漏斗颈下口不接触滤液为度。

　　过滤操作多采用倾析法，见图 4-23(b)。即待烧杯中的沉淀下沉以后只将清液倾入漏斗中，而不是一开始就将沉淀和溶液搅混后过滤。溶液应沿着玻璃棒在三层滤纸一侧缓慢倾入，但勿接触滤纸。注意液面高度应低于滤纸 2～3mm，以免少量沉淀因毛细作用越过滤纸上沿而损失。停止倾倒时要使烧杯沿玻璃棒上提 1～2cm，同时，逐渐扶正烧杯，再离开玻璃棒。此过程应保持玻璃棒直立，不能让杯嘴离开玻璃棒，以防液滴沿烧杯嘴外壁流失。烧杯离开玻璃棒后，将玻璃棒放回烧杯，但勿靠在杯嘴处。如沉淀需洗涤，应等溶液转移完毕后，加入少量溶剂充分搅拌，待沉淀下沉，见图 4-23(a)，再将上层清液倒入漏斗中。过滤和洗涤必须相继进行，不可间断，否则沉淀干涸就无法洗净了。

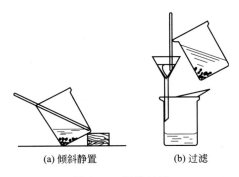

| (a) 倾斜静置 | (b) 过滤 |

图 4-23　沉淀过滤

（2）减压过滤

　　此法可加速过滤，并使沉淀抽吸得较干燥。但不宜用于过滤胶状沉淀和颗粒太小的沉淀，因为胶状沉淀在快速过滤时易透过滤纸。颗粒太小的沉淀易在滤纸上形成一层密实的沉淀，溶液不易透过。减压过滤装置如图 4-24 所示。

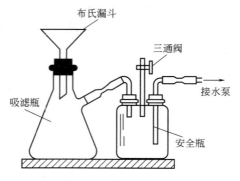

图 4-24　减压过滤装置

水泵起着带走空气，使吸滤瓶内压力减小的作用，瓶内与布氏漏斗液面上的负压加快了过滤速度。图中水泵亦可换成循环水泵或油泵，不接自来水龙头。吸滤瓶用来承接滤液。

布氏漏斗上有许多小孔，漏斗颈插入单孔橡胶塞，与吸滤瓶相接。应注意橡胶塞插入吸滤瓶内的部分不得超过塞子高度的 2/3。还应注意漏斗颈下方的斜口要对着吸滤瓶的支管口。

当要求保留溶液时，需要在吸滤瓶和抽气泵之间装上一安全瓶，以防止关闭水泵时使循环水回流入吸滤瓶内（此现象称为反吸或倒吸），把滤液弄脏。安装时应注意安全瓶长管和短管的连接顺序，不要连错。

吸滤操作如下：

① 按图 4-24 装置好仪器后，将滤纸放入布氏漏斗内，滤纸大小应略小于漏斗内径，又能将全部小孔盖住为宜。用去离子水润湿滤纸，打开循环水泵，调节安全瓶上的三通阀，控制压强差，抽气使滤纸紧贴在漏斗瓷板上。

② 用倾析法先转移溶液，溶液量不得超过漏斗容量的 2/3；调节三通阀，增加压强差，待溶液快流尽时再转移沉淀。

③ 注意观察吸滤瓶内液面的高度，当快达到支管口位置时，应拔掉吸滤瓶上的橡胶管，从吸滤瓶上口倒出滤液，不要从支管口倒出，以免弄脏滤液。

④ 洗涤沉淀时，应减小压强差，使洗涤剂缓慢通过沉淀物，这样容易洗净。

⑤ 吸滤完毕或中间需停止吸滤时，应注意需先拆下连接水泵和吸滤瓶的橡胶管，然后关闭水泵，以防倒吸。

如果过滤的溶液具有强酸性或强氧化性，溶液会破坏滤纸，此时可用玻璃砂芯漏斗。玻璃砂芯漏斗也称砂芯漏斗，是一种耐酸的过滤器，不能过滤强碱性溶液。过滤强碱性溶液可使用玻璃纤维代替滤纸。

（3）热过滤

某些溶质在溶液温度降低时，易成晶体析出，为了滤除这类溶液中所含的其他难溶杂质，通常使用热滤漏斗进行过滤（如图 4-25），防止溶质结晶析出。

为了尽量利用滤纸的有效面积以加快过滤速度，过滤热的饱和溶液时，常用折叠滤纸，其折叠方法如图 4-26 所示。

先把滤纸折成半圆形，再对折成圆形的四分之一，展开如图 4-26(a)。再以 1 对 4 折出 5，3 对 4 折出 6，1 对 6 折出 7，3 对 5 折出 8。如图中 4-26(b)；以 3 对 6 折出 9，1 对 5 折

图 4-25 热过滤

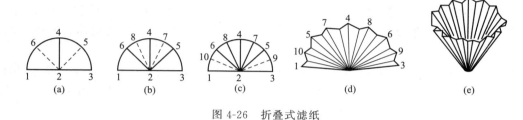

图 4-26 折叠式滤纸

出 10，如图 4-26(c)。然后在 1 和 10，10 和 5，5 和 7……9 和 3 间各反向折叠，如图 4-26(d)。把滤纸打开，在 1 和 3 的地方各向内折叠一个小叠面，最后做成图 4-26(e) 的折叠滤纸。在每次折叠时，在折纹近集中点处切勿对折纹重压，否则在过滤时滤纸中央易破裂。使用前宜将折好的折叠滤纸翻转并作整理后放入漏斗中。

过滤时，把热的饱和溶液逐渐倒入漏斗中。在漏斗中的液体不宜积得太多，以免析出晶体，堵塞漏斗。

也可把玻璃漏斗放在钢质的热滤漏斗内，热滤漏斗内装有热水（水不要太满，以免水加热至沸后流出），以维持溶液的温度。也可以事先把玻璃漏斗在水浴上用蒸气加热，再使用。热过滤选用的玻璃漏斗颈越短越好。

4.3.2.3 离心分离法

离心分离法操作简单而迅速，适用于少量溶液与沉淀的分离。使用的仪器是电动离心机和离心试管。操作时，把盛有混合物的离心管（或小试管）放入离心机的套管内，在此套管相对位置的空套管内放一同样大小的试管，内装与混合物等体积的水，以保持转动平衡。然后将转速从小到大缓慢增加，1～2min 后，再将转速从大到小缓慢减小，使离心机自然停下。在任何情况下启动离心机都不能使转速太大，也不能用外力强制停止，否则，会使离心机损坏，而且易发生危险。

由于离心作用，沉淀紧密地聚集于离心管的尖端，上方的溶液是澄清的。可用滴管小心地吸出上方清液，也可将其倾出。如果沉淀需要洗涤，可以加入少量的洗涤液，用玻璃棒充分搅动，再进行离心分离，如此重复操作 2～3 次即可。

4.3.3 蒸发（浓缩）

为使溶质从溶液中析出晶体，常采用加热的方法使水分不断蒸发，溶液不断浓缩而析出晶体。蒸发通常在蒸发皿中进行，因为它的表面积较大，有利于加速蒸发。注意加入蒸发皿中液体的量不得超过其容量的 2/3，以防液体溅出。如果液体量较多，蒸发皿一次盛不下，可随水分的不断蒸发而继续添加液体。注意不要使瓷蒸发皿骤冷，以免炸裂。根据物质对热的稳定性可以选用煤气灯直接加热或用水浴间接加热。若物质的溶解度随温度变化较小，应加热到溶液表面出现晶膜时，停止加热。若物质的溶解度较小或高温时溶解度虽大，但室温时溶解度较小，降温后容易析出晶体，不必蒸至液面出现晶膜就可以冷却。

4.3.4　结晶（重结晶）和升华

（1）结晶

它是提纯固态物质的重要方法之一。通常有两种方法，一种是蒸发法，即通过蒸发或汽化，减少一部分溶剂使溶液达到饱和而析出晶体，此法主要用于溶解度随温度改变而变化不大的物质（如氯化钠）；另一种是冷却法，即通过降低温度使溶液冷却达到饱和而析出晶体，这种方法主要用于溶解度随温度下降而明显减小的物质（如硝酸钾），有时需将两种方法结合使用。

晶体颗粒的大小与结晶条件有关，如果溶质的溶解度小，或溶液的浓度高，或溶剂的蒸发速度快或溶液冷却得快，析出的晶粒就细小，反之，就可得到较大的晶体颗粒，实际操作中，常根据需要，控制适宜的结晶条件，以得到大小合适的晶体颗粒。

当溶液发生过饱和现象时，可以振荡容器，用玻璃棒搅动或轻轻地摩擦器壁，或投入几粒晶体（晶种），促使晶体析出。

（2）重结晶

假如第一次得到的晶体纯度不合乎要求，可将所得晶体溶于少量溶剂中，然后进行蒸发（或冷却）、结晶、分离，如此反复的操作称为重结晶，有些物质的纯化，需经过几次重结晶才能完成。由于每次母液中都含有一些溶质，所以应收集起来，加以适当处理，以提高产率。

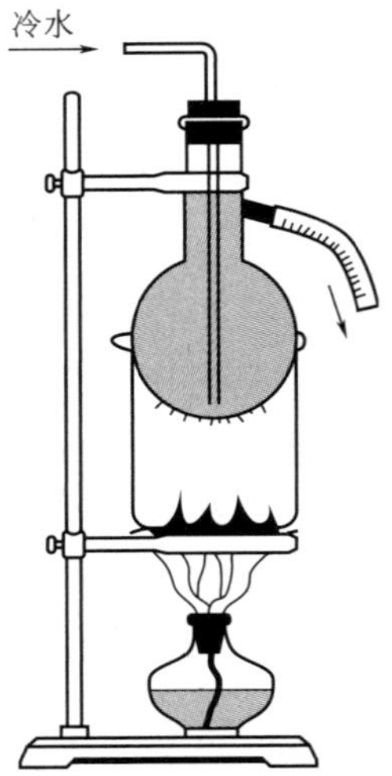

（3）升华

若易升华的物质中含有不挥发性杂质，或分离挥发性明显不同的固体混合物时，可以采用升华进行纯化。要纯化的固体物质，必须在低于其熔点的温度下，具有高于 2665.6Pa（20mmHg）的蒸气压。升华可以在常压或减压下操作，也可以根据物质的性质在大气气氛或惰性气氛中操作。

在制备实验中，一般较大量物质在实验室中的升华可在烧杯中进行。如图 4-27 所示，烧杯上放置一个通冷水的圆底烧瓶，使蒸气在烧瓶底部凝结成晶体，并附着在瓶底上。

图 4-27　碘升华装置

4.3.5　重量分析法的基本操作

重量分析法主要用于硅、硫、磷、钼、钨等元素含量较高试样的分析，准确度较高。一般需要将待测组分转化为难溶化合物，经过滤、洗涤、干燥恒重后得到其质量，从而求出待测组分的含量。

重量分析法的操作过程较长，试样的称取及溶解等操作与其他方法相同，只是应该注意，称取试样的量应使得到的沉淀不能过多或过少，一般晶形沉淀不超过 0.5g，非晶形沉淀不超过 0.2g。

4.3.5.1 沉淀的生成

准备好干净的烧杯，烧杯的底部与内壁不应有纹痕，配上合适的玻璃棒与表面皿，按下列步骤进行沉淀操作：

① 准确称取一定量的试样，按要求处理成溶液。

② 准备好沉淀所需的沉淀剂溶液。沉淀剂的用量可按照被测组分的含量和性质，计算出理论值，实际使用量可过量 20%～50%。

③ 沉淀时，左手拿滴管慢慢滴加沉淀剂，滴管口要接近液面，勿使溶液溅出；右手拿玻璃棒边滴边充分搅拌，以避免沉淀剂局部过浓。搅拌时玻璃棒勿碰击杯壁或杯底，以免划伤烧杯而使沉淀黏附在烧杯上。沉淀剂溶液应连续一次加完。

④ 加完沉淀剂后，必须检查是否已经沉淀完全。为此，将溶液放置片刻使沉淀下沉，待溶液完全清澈透明时，用滴管滴加一滴沉淀剂，观察洒落处溶液是否出现浑浊。如出现浑浊，应再补加沉淀剂，直到再加一滴沉淀剂时不出现浑浊为止。然后盖上表面皿，玻璃棒要一直放在烧杯内，直至沉淀、过滤、洗涤结束后才能取出。

⑤ 如果生成的是胶状沉淀，最好用浓的沉淀剂，快速加入热的试液中，同时进行搅拌，这样容易得到紧密的沉淀。

⑥ 沉淀操作结束后，晶形沉淀可放置过夜陈化，或将沉淀连同溶液加热一定时间进行陈化后，再进行过滤。非晶形沉淀只需把溶液静置数分钟，让沉淀下沉后即可过滤，不必放置陈化。

⑦ 定量分析中进行沉淀时，所用烧杯必须配备玻璃搅拌棒和表面皿。三者一套，不许分离，直到沉淀完全转移出烧杯为止。

定量分析中为获得粗大纯净的晶形沉淀，有时采用均相沉淀法，具体方法可参见有关实验内容。

4.3.5.2 沉淀的过滤和洗涤

对于需要灼烧称量的沉淀，应使用无灰定量滤纸（灼烧后灰分质量可忽略不计）过滤；需要烘干称量的沉淀，应采用微孔玻璃坩埚过滤。

沉淀的过滤和洗涤采用倾析法（参见"固液分离的方法"部分）。用洗瓶或滴管加水或洗涤液，从上到下旋转冲洗杯壁上的沉淀，每次用 15mL 左右，然后用玻璃棒搅起沉淀以充分洗涤，再将烧杯斜放，待沉淀下沉后按上述方法过滤上层清液。洗涤次数要视沉淀的性质及杂质的含量而定。一般晶形沉淀洗 2～3 次，非晶形沉淀洗 5～6 次。

为使沉淀全部转移到滤纸上，先用少量洗涤液（滤纸上一次能容纳）将沉淀搅起，然后立即将悬浮液转移到滤纸上（此时大部分沉淀转移到滤纸上）。残留的少量沉淀，按图 4-28(a) 所示的方法可将沉淀全部转移干净。左手持烧杯倾斜着拿在漏斗上方，烧杯嘴向漏斗。用食指将玻璃棒横架在烧杯口上，玻璃棒的下端向着滤纸的三层处，用洗瓶吹出洗液，冲洗烧杯内壁，沉淀连同溶液沿玻璃棒流入漏斗中。如还有少量沉淀沾在烧杯壁上，则可用淀帚将其刷下，或用前面撕下的一小块洁净无灰的滤纸将其擦下，玻璃棒上沾着的沉淀亦可用前面撕下的滤纸擦净，与沉淀合并。沉淀全部转移到滤纸上后，仍需在滤纸上洗涤沉淀，以除去沉淀表面吸附的杂质和残留的母液。洗涤的方法是从滤纸边沿稍下部位开始，用洗瓶吹出的水流，按螺旋形向下移动，如图 4-28(b) 所示。并借此将沉淀集中到滤纸锥体的下部。洗涤时应注意，切勿使洗涤液突然冲在沉淀上，这样容易溅失。

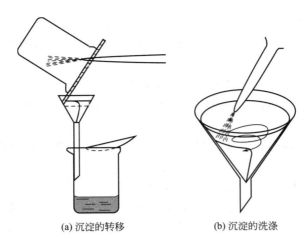

(a) 沉淀的转移　　　　　　　　(b) 沉淀的洗涤

图 4-28　沉淀的转移与洗涤

为了提高沉淀洗涤的效率，应掌握"少量多次"的洗涤原则。每次使用少量洗涤液，洗后尽量沥干前次的洗涤液，多洗几次。这样既可将沉淀洗净，又尽可能降低了沉淀的溶解损失。

洗涤数次后，用洁净的表面皿接取约 1mL 滤液（注意不要使漏斗下端触及下面的滤液），选择灵敏的定性反应来检验沉淀是否洗净。

4.3.5.3　沉淀的烘干、灼烧和恒重

（1）坩埚的准备

在定量分析中用滤纸过滤的沉淀，须在瓷坩埚（可先用硫酸亚铁或硝酸钴编号）中灼烧至恒重，因此要先准备好已知质量的坩埚。

坩埚用自来水洗净后，置于热盐酸（去除 Al_2O_3、Fe_2O_3）或铬酸洗液（去油污）中浸泡 10min 以上，然后用玻璃棒取出，洗净并烘干、灼烧。灼烧温度和时间应与灼烧沉淀时相同。

空坩埚第一次灼烧约 30min，取出稍冷却，用预热的坩埚钳夹取转入干燥器，干燥器盖先不能盖严，留有一小缝（约 2mm），让膨胀的气体逸出，约 1min 后盖严盖子。坩埚应在天平室内冷却至室温（30～50min），空坩埚与有沉淀的坩埚，每次冷却的条件尽可能相同。灼烧过的坩埚冷却至室温后易吸潮，必须快速称量。第二次再灼烧 15min，冷却、称量，直至恒重（连续两次称得质量之差不超过沉淀质量的 1/1000）。将恒重后的坩埚放在干燥器中备用。

（2）沉淀的包裹

晶形沉淀一般体积较小。如图 4-29 所示，用玻璃棒将滤纸的三层部分挑起，再用洗净的手将带沉淀的滤纸取出，打开成半圆形，自右边 1/3 处向左折叠，再从上向下折，然后自右向左卷成小卷，最后用不接触沉淀的那部分滤纸将漏斗内壁轻轻擦一下，把滤纸包的三层部分朝上放入已恒重的坩埚中。若包裹胶状蓬松的沉淀，可在漏斗中用玻璃棒将滤纸边挑起（三层边先挑），再向内折叠（单层边先折），将锥体开口封住，然后取出，倒过来尖头朝上放入已恒重的坩埚中。

（3）烘干、灼烧及恒重

将装有沉淀的坩埚斜放在泥三角上（其底部放在泥三角的一边），再将坩埚盖半掩地倚

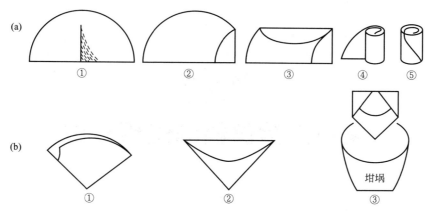

图 4-29　包裹晶形沉淀的两种方法

于坩埚口，如图 4-30 所示，以便利用反射焰将滤纸炭化。

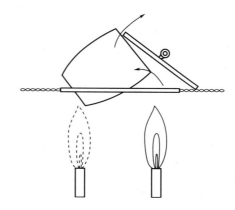

图 4-30　滤纸的炭化与灰化

　　先调节煤气灯（酒精喷灯）火焰，用小火均匀地烘烤坩埚，使滤纸和沉淀慢慢干燥。开始温度不能太高，以防坩埚与水滴接触而炸裂。然后将灯焰移至坩埚盖中心下方，加热后热空气流便反射到坩埚内部，而水蒸气则从上面逸出。待滤纸和沉淀干燥后，将灯移至坩埚底部，稍增大火焰，使滤纸炭化。炭化时如果着火，可用坩埚盖盖上并停止加热，使火焰熄灭（且不可吹灭，以免沉淀飞扬损失）。滤纸完全炭化后，逐渐升高温度，并不断转动坩埚，使滤纸灰化（将碳素烧成二氧化碳而除去的过程）。上述过程也可在温度较高的电炉上进行。滤纸完全灰化后，沉淀在与灼烧空坩埚相同的条件下进行灼烧、冷却，直至恒重。

　　（4）使用玻璃坩埚的过滤、烘干与恒重

　　某些沉淀只需烘干即可达到一定的组成，此时可在玻璃坩埚中进行操作。使用玻璃坩埚前先用稀的盐酸、硝酸或氨水等溶剂浸泡（勿用去污粉），然后接上吸滤瓶和抽气泵，先后用自来水和蒸馏水抽洗，洗净的玻璃坩埚在沉淀烘干的条件下烘干。取出后置于干燥器中冷却至室温（约需 0.5h），称量，重复烘干、冷却、称量，直至恒重。

　　用玻璃坩埚过滤沉淀时，把恒重的坩埚装在吸滤瓶上，先用倾析法过滤。经初步洗涤后，把沉淀全部转移到坩埚内，再将烧杯和沉淀用洗涤剂洗净后，把装有沉淀的坩埚置于烘箱中，在与空坩埚相同的条件下烘干、冷却、称重，直至恒重。

第 5 章
常用实验仪器的使用方法

5.1　酸度计的使用

酸度计也称 pH 计，是一种通过测量电势差的方法测量溶液 pH 的仪器，除测量溶液的酸度外，还可以测量电池电动势及配合电磁搅拌器进行电势滴定等。实验室常用的酸度计型号有 pHS-2C 型、pHS-3C 型、pHS-3D 型等。它们的工作原理相同，只是结构和精密度不同。

5.1.1　基本原理

酸度计测溶液 pH 的方法是电势测定法。酸度计主要由参比电极（饱和甘汞电极）、测量电极（pH 玻璃电极）和精密电位计三部分组成。

饱和甘汞电极由金属汞、氯化亚汞和饱和氯化钾溶液组成（如图 5-1），其电极反应为：

$$Hg_2Cl_2 + 2e^- \rightleftharpoons 2Hg + 2Cl^-$$

饱和甘汞电极的电极电势不随溶液的 pH 变化而变化，当温度及 Cl^- 活度一定时是一定值，在 25℃时为 0.2438V。

图 5-1　饱和甘汞电极　　　　　图 5-2　玻璃电极

pH 玻璃电极的电极电势随溶液 pH 的变化而改变。主要部分是头部的玻璃球泡，它由特殊的敏感玻璃膜构成（如图 5-2）。薄玻璃膜对氢离子有敏感响应，当它浸入被测溶液中，被测溶液中的氢离子与电极玻璃球泡表面水化层中的离子进行交换，玻璃球泡内层也同样产生电极电势。由于内层氢离子浓度不变，而外层氢离子浓度在变化，因此，内外层的电势差也在变化，所以该电极电势随待测溶液的 pH 不同而改变。

$$\varphi_{玻璃} = K + \frac{2.303RT}{F}\lg a(H^+) = K - \frac{2.303RT}{F}pH$$

以 pH 玻璃电极作指示电极，饱和甘汞电极（SCE）作参比电极，与待测溶液组成的原电池可表示为：

$$(-)pH \text{ 玻璃电极} | \text{待测液} \| SCE(+)$$

或 $$(-)Ag, AgCl | HCl | \text{玻璃膜} | \text{试液} \| KCl(饱和) | Hg_2Cl_2, Hg(+)$$

此原电池电动势为：

$$E = \varphi_{SCE} - \varphi_{玻璃} + \varphi_L = \varphi_{SCE} - \left[K + \frac{2.303RT}{F}\lg a(H^+) \right] + \varphi_L$$

$$= K' - \frac{2.303RT}{F}\lg a(H^+) = K' + \frac{2.303RT}{F}pH$$

由上式可见，工作电池的电动势与试液的 pH 呈直线关系。公式中 K' 的影响因素很多（内、外参比电极，不对称电位，液接电位等），实际上难以准确确定。因此实际工作中，用酸度计测定溶液的 pH 时，需要先用 pH 准确已知的标准缓冲溶液来校正酸度计（也称定位），即以标准缓冲溶液作为基准，通过比较待测溶液和标准缓冲溶液两工作电池的电动势测定待测溶液的 pH。

设有两种溶液 x（待测液）和 s（标准缓冲溶液），测量两种工作电池的电动势分别为：

$$E_x = K'_x + \frac{2.303RT}{F}pH_x$$

$$E_s = K'_s + \frac{2.303RT}{F}pH_s$$

当测量条件相同时，可假设 $K'_x = K'_s$，将上两式相减，整理后得：

$$pH_x = pH_s + \frac{E_x - E_s}{2.303RT/F}$$

这就是对溶液的 pH 所给的实用定义（又称 pH 标度），酸度计就是根据这一原理设计的。

为了操作方便，常将 pH 玻璃电极和参比电极组合在一起形成 pH 复合电极，现在的酸度计都配备 pH 复合电极。

5.1.2　pHS-3C 型酸度计的结构与安装

5.1.2.1　pHS-3C 型酸度计的结构

pHS-3C 型酸度计的结构如图 5-3 所示。

仪器有 5 个按键，各按键的基本功能如下。

"pH/mV"：此键为双功能键，在测量状态下，按一次进入"pH"测量状态，再按一次进入"mV"测量状态；在设置温度、定位及斜率时为取消键，按此键退出功能模块，返回测量状态。

"温度"键：此键为温度选择键，按此键上部"△"为调节温度数值上升；按此键下部"▽"为调节温度数值下降。

"斜率"键：此键为斜率选择键，按此键上部"△"为调节斜率数值上升；按此键下部

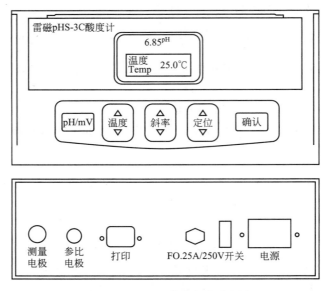

图 5-3　pHS-3C 型酸度计示意图

"▽"为调节斜率数值下降。

"定位"键：此键为定位选择键，按此键上部"△"为调节定位数值上升；按此键下部"▽"为调节定位数值下降。

"确认"键：此键为确认键，按此键为确认上一步操作。

5.1.2.2　pHS-3C 型酸度计的安装

先把电极夹子夹在电极杆上，然后将 pH 玻璃电极夹在夹子上，并接入测量电极接口；饱和甘汞电极夹在另一侧夹子上，饱和甘汞电极接入参比电极接口，使用时应把上面的小橡胶塞和下端橡胶塞拔去，以保持液位压差，不用时要把它们套上。或在测量电极接口接入 pH 复合电极，参比电极接口不接任何电极。将插头接入电源插座，打开电源。

5.1.3　pH 标定

用酸度计测定试液 pH 时，必须先用标准缓冲溶液对仪器进行标定，然后方能测定。仪器一般附有三种标准缓冲溶液（pH 分别为 4.00、6.86、9.18）。

当测量精度不高时可用一点标定法，即只进行定位标定，电极斜率定为 100.0%。选择的标准缓冲溶液与待测试液的 pH 要接近。

采用两点标定法时需要选择两个标准缓冲溶液，一个是 pH=6.86，用于定位；另一个是与被测溶液的 pH 较接近的标准缓冲溶液，一般选用 pH=4.00 或者 pH=9.18，用于定斜率。

仪器安装连接好以后打开电源开关，按"pH/mV"键转换为 pH 挡，预热 20～30min 后进行标定。

测量时需要取下 pH 复合电极的电极保护瓶与上端的小橡胶套。

5.1.3.1　一点标定法

① 用蒸馏水清洗电极并用滤纸吸干（也可用测试溶液润洗），插入标准缓冲溶液（与待测溶液 pH 接近）中。

② 用温度计测量当前标准缓冲溶液的温度，按"温度"键，调节"温度△"或"温度▽"键使温度显示值为当前溶液的温度，按"确认"键，即完成当前温度的设置。如要放弃设置，按"pH/mV"键，返回测量状态。

③ 按"定位"键，仪器显示"Std YES"字样提示是否进行标定，按"确认"键，仪器进入标定状态，否则按任意键退出，返回测量状态。

进入标定状态后，显示屏左上角提示"定位 E0"，仪器会自动识别并显示当前溶液的pH（此时显示数值可能会与当前溶液的 pH 不同），按"确认"键，仪器存储当前的标定结果，并闪烁提示"Std OK""100.0""E0mV 值"字样，返回测量状态，仪器显示为当前缓冲溶液的 pH，一点标定完成（斜率为 100.0%）。

5.1.3.2　两点标定法

（1）定位　用 pH＝6.86 的标准缓冲溶液进行定位，方法同一点标定法。

（2）斜率　用与待测液 pH 接近的另一个标准缓冲溶液定斜率。

将用蒸馏水洗净并擦干的电极插入第二个标准缓冲溶液中，按"斜率"键，显示"Std YES"字样提示是否进行标定，按"确认"键，仪器进入标定状态。此时显示屏左侧提示"斜率 Slope"，仪器会自动识别并显示当前溶液的 pH（此时显示数值可能会与当前溶液的 pH 不同），按"确认"键，仪器存储当前的标定结果，并闪烁提示"Std OK""校正斜率值""E0mV 值"字样，返回测量状态，仪器显示为当前缓冲溶液的 pH，第二点标定完成。

5.1.3.3　手动标定

如果使用其他的标准缓冲溶液，进入标定状态后，即最后一次确认前，需要手动调节"△或▽"键，使显示 pH 与当前溶液的 pH 相同，然后再按"确认"键。

例如用 pH＝4.74 标准缓冲溶液进行定位或斜率标定，按如下操作进行：

按"定位"或"斜率"键，显示"Std YES"字样提示是否进行标定，按"确认"键，仪器进入标定状态，手动调节"△或▽"键使显示 pH 与当前溶液的 pH 相同，再按"确认"键，返回测量状态，仪器显示为当前缓冲溶液的 pH，标定完成。

雷磁 pHS-3C 酸度计操作流程图见图 5-4。

注意：仪器标定好以后，"定位"与"斜率"键不得再动！

5.1.4　pH 的测量

将标定好的电极用蒸馏水清洗，并用滤纸吸干，插入被测溶液中，仪器显示的即被测溶液的 pH。

若待测溶液温度与标定溶液温度不同，需要重新设置温度，然后再测量 pH。

测量完毕，用蒸馏水冲洗电极，将电极保存好。关上电源开关，接上短路插头，套上防尘罩。

5.1.5　电池电动势的测量

pH 酸度计也可用于测量电池电动势，测量时将指示电极与参比电极插入待测溶液中组成原电池，在酸度计上直接测量，无须进行标定操作。

① 按"pH/mV"键使液晶显示屏右上角显示"mV"；

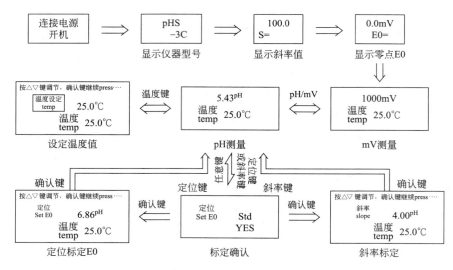

图 5-4 雷磁 pHS-3C 酸度计操作流程图

② 将洗净并擦干的电极插入待测溶液中，搅拌均匀后即可读取电池电动势数值。

5.1.6 仪器的维护

（1）pH 复合电极（或玻璃电极）的维护　pH 复合电极（或玻璃电极）的主要部分是下端的玻璃球泡，球泡极薄，切忌与硬物接触，一旦发生破裂，则完全失效，使用时应特别小心。安装时，玻璃电极球泡下端应略高于饱和甘汞电极的下端，以免电极碰到烧杯底而损坏玻璃膜。

玻璃电极在使用前应在蒸馏水中浸泡 24h 以上，偶尔不用时最好也浸泡在蒸馏水中。pH 复合电极只需活化 2h 以上即可。

在强碱溶液中应尽量避免使用玻璃电极。如果使用应迅速操作，测完后立即用水洗涤，并用蒸馏水浸泡，以免碱液腐蚀玻璃。

玻璃电极球泡有裂纹或老化（久放二年以上），则应调换新电极。否则反应缓慢，甚至造成较大的测量误差。

（2）pH 复合电极的保护

① 为了保护和更好地使用仪器，每次开机前，应检查仪器背面的电极插口，以保证连有电极或短路插头，否则有可能损坏仪器的高阻器件。

② 仪器的输入端（即玻璃电极插口）必须保持清洁，不用时短路插头要接上，以免仪器输入开路而损坏仪器。

5.2　电导率仪的使用

5.2.1　基本原理

导体导电能力的大小，通常用电阻（R）或电导（G）表示。电导是电阻的倒数，关系式为：

$$G = \frac{1}{R}$$

电阻的单位是欧姆（Ω），电导的单位是西门子（S）。

导体的电阻与导体的长度 l 成正比，与面积 A 成反比：

$$R \propto \frac{l}{A} \quad \text{或} \quad R = \rho \frac{l}{A}$$

式中，ρ 为电阻率，表示长度为 1m、截面积为 $1m^2$ 时的电阻，单位为 Ω·m。

和金属导体一样，电解质水溶液体系也符合欧姆定律。当温度一定时，两极间溶液的电阻与两极间距离 l 成正比，与电极面积 A 成反比。对于电解质水溶液体系，常用电导和电导率来表示其导电能力。

$$G = \frac{1}{\rho} \times \frac{A}{l}$$

令

$$\frac{1}{\rho} = \kappa$$

则

$$G = \kappa \times \frac{A}{l}$$

式中，κ 是电阻率的倒数，称为电导率。它表示在相距 1m、面积为 $1m^2$ 的两极之间溶液的电导，其单位为 $S \cdot m^{-1}$（西门子·米$^{-1}$）。

在电导池中，电极距离和面积是一定的，所以对某一电极来说，$\frac{l}{A}$ 是常数，常称其为电极常数或电导池常数。

令

$$K_{cell} = \frac{l}{A}$$

则

$$G = \kappa \times \frac{1}{K_{cell}}$$

即

$$\kappa = K_{cell} G$$

不同的电极，其电极常数 K_{cell} 不同，因此测出同一溶液的电导 G 也就不同。通过上式换算成电导率 κ，由于 κ 值与电极本身无关，因此用电导率可以比较溶液电导的大小。而电解质水溶液导电能力的大小正比于溶液中电解质的含量。通过对电解质水溶液电导率的测量，可以测定水溶液中电解质的含量。

5.2.2 使用方法

DDS-11A 型数字电导率仪是常用的电导率测量仪器。它除能测量一般液体的电导率外，还能测量高纯水的电导率，被广泛用于水质检测、水中含盐量、大气中 SO_2 含量等的测定和电导滴定等方面。

DDS-11A 型数字电导率仪的面板如图 5-5 所示。

① 安装好电导电极，将"校正、测量"开关扳到"校正"位置，打开电源开关，预热 5～10min。需要根据溶液的电导率选用合适的电导电极，如下表所示。

量程	电导率	配用电极	电极常数
1	$0\sim2\mu S\cdot cm^{-1}$	DJS-0.1	0.1
2	$0\sim20\mu S\cdot cm^{-1}$	DJS-1	光亮 1
3	$0\sim200\mu S\cdot cm^{-1}$	DJS-1	铂黑 1
4	$0\sim2mS\cdot cm^{-1}$	DJS-1	铂黑 1
5	$0\sim20mS\cdot cm^{-1}$	DJS-10	10

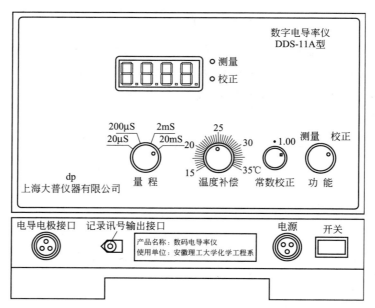

图 5-5　DDS-11A 型数字电导率仪的面板

② 调节"温度补偿"键，使温度与被测液温度相同。

a. 一般放在 25℃，测量溶液当时的电导率；

b. 温度补偿到溶液实际温度时，测得电导率为已换算为 25℃ 时的电导率。

③ 调节"常数校正"键，使仪器显示电导池实际常数值。

注意：电极是否接上，仪器量程开关在何位置，不影响常数校正。新电极出厂时，电导池实际常数标在电极相应位置。经校正后，"常数校正"键不得再动，仪器可直接测量液体电导率。使用一段时间后，电导池实际常数会改变，要重新测定电导池的电导池常数。测定电导池系数 K_{cell} 的方法如下：

恒温槽温度调至 25℃，倾去电导池（烧杯）中的纯水，用少量 $0.0100mol\cdot L^{-1}$ 的 KCl 溶液细心洗涤电导池和铂黑电极，重复润洗 3 次。然后倒入 $0.0100mol\cdot L^{-1}$ KCl 溶液，使液面超过电极 $1\sim2cm$，在已调节好温度的恒温槽中恒温 5min。"常数校正"键指在 1，按照电导率仪使用方法测定。摇动电导池数次，再恒温 3min，重复进行 3 次测定电导（G），取平均值。按下式计算电导池系数 K_{cell}：

$$K_{cell}=\frac{\kappa}{G}$$

式中，K_{cell} 的单位为 m^{-1}。$0.01mol\cdot L^{-1}$ 的 KCl 溶液作为标准溶液在 25℃ 时，其 κ 值为 $0.1413S\cdot m^{-1}$。

④ 将"量程"扳到最大挡，将电极洗净擦干（或用待测液润洗）后放入待测液中，把测量开关置"测量"位置，选择量程由大至小，至读出数值有效数字最多时为宜。

⑤ 将"校正、测量"开关扳到"校正"位置，取出电极，用蒸馏水冲洗后，放回盒中。

⑥ 关闭电源，拔下插头。

5.3　722N 型可见分光光度计的使用

分光光度计是根据物质对光的选择性吸收来测量微量组分浓度的。722N 型分光光度计是数字显示的单光束可见分光光度计。测量波长范围为 330～800nm，吸光度测量范围为 0～1.999，是可见光区进行光度分析的常用仪器。

5.3.1　测量原理

分光光度法进行定量分析的依据是光吸收的基本定理——朗伯-比耳定律。

$$A = \lg \frac{I_0}{I} = -\lg T = abc$$

式中，a 为吸光系数，它与入射光的波长、溶液的性质、温度等有关。当入射光波长一定，溶液的温度和比色皿的厚度均一定时，吸光度 A 值与溶液浓度成正比。

即当一束平行单色光通过单一均匀的吸光物质的溶液时，溶液的吸光度与溶液浓度和液层厚度的乘积成正比。

5.3.2　仪器基本构造

722N 型分光光度计由光源、单色器、吸收池、电子系统和数字显示器等部件组成，其结构示意如图 5-6 所示，外形如图 5-7 所示。

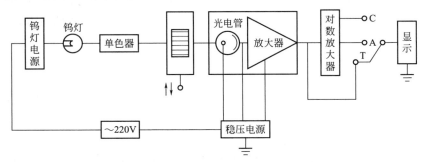

图 5-6　722N 型分光光度计结构示意图

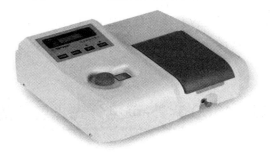

图 5-7　722N 型可见分光光度计外形

5.3.3 仪器的使用

722N 型分光光度计比以前的型号在操作上更智能化，只需按相应的按键，无须调灵敏度。具体操作步骤如下：

（1）开机

将黑块（放第 1 格）置于光路中，盖上暗箱盖，预热 30min。

（2）仪器的校正

① 黑块拉出光路（非第 1 格，即空格），按"MODE"键至 T，盖上暗箱盖，调"100％T"键使读数为 100.0。

② 将黑块置光路中（第 1 格），在"T"处，盖上暗箱盖，调"0％T"键使读数为 000.0。

（3）测定

① 将参比液（放第 2 格）与待测液（放第 3、4 格）放入暗箱槽中。

② 调节波长。

③ 仪器零点的调节：将黑块（第 1 格）置光路中，在"T"处，盖上暗箱盖，调"0％T"键使读数为 000.0。

④ 参比溶液的调节：将参比液（第 2 格）置光路中，盖上暗箱盖。

a. 在"T"处，调"100％T"键使读数为 100.0；b. 按"MODE"键至 A，调"100％T"键使读数为 0.000。

注意：需反复调节③、④两步至基本不变，改变波长更需重新调节。

⑤ 样品的测定：将待测液（第 3、4 格）置光路中（勿开盖），在"A"处，显示屏读数即为待测液的吸光度，按"MODE"键至 T，显示屏读数为待测液的透光度。

（4）关机

测定完毕，关闭仪器电源开关（短时间不用，不必关闭电源，需将黑块置光路中，盖上暗箱盖），将比色皿洗净，擦干，放回比色皿盒中。拔下电源插头，待仪器冷却 10min 后盖上防尘罩。

（5）注意事项

① 测定过程中暗箱盖始终是关闭的，参比皿也不必拿出样品池。

② 为避免光电管长时间受光照射产生疲劳现象，不测定时需将黑块置光路中（放第 1格），盖上暗箱盖。

③ 若无法调节仪器的零点，需重新进行仪器的校正。

④ 比色皿盛放溶液时只需装入比色皿容积的 3/4～4/5 即可，不可盛放太满，避免在拉动拉杆的过程中溅失，使仪器受潮、被腐蚀。

⑤ 比色皿需要配套使用，不能与其他仪器的比色皿单个调换。

⑥ 同一组实验应在同一台仪器上测试。

5.4 UV-1600 紫外-可见分光光度计的使用

UV-1600 紫外-可见分光光度计是目前较新的一种紫外-可见分光光度计，仪器可以进行自动切换光源、自动控制氚灯和钨灯的开关、自动波长校正、自动波长设定、自动切换光源和暗电流校正、自动调 0 和 100%、自动比色皿校正。可实现全波长光谱扫描、多波长测试、直接显示标准曲线和动力学测试曲线。

UV-1600 紫外-可见分光光度计的基本使用方法如下：

① 接通电源，开机，等待 8s 后，按任意键（Reset 键除外），仪器开始自检。

② 自检结束，按任意键进入主菜单，按相应的数字键选择某项功能，进入参数设置菜单（波长或波长范围、样品位置、光度范围等）。

③ 参数设置好后，按 Return 键返回功能操作界面。

④ 放入参比溶液和样品，扫描时样品只能放在 8 号样池，测量时参比溶液只能放在 8 号样池。

⑤ 按 Enter 键，开始执行所选中的操作。

⑥ 如果按错键，可按 CE 键取消或按 Reset 键重来。

5.5　F-4600荧光分光光度计的使用

5.5.1　实验原理

荧光物质分子在吸收特定频率的辐射能量后，由基态跃迁至第一电子激发态（或更高激发态）的任一振动能级，在溶液中这种激发态分子与溶剂分子发生碰撞，以热的形式损失部分能量后，回到第一电子激发态的最低振动能级（无辐射跃迁）。然后再以辐射形式去活化跃迁到电子基态的任一振动能级，便产生荧光。能产生荧光的分子一般具有大的共轭 π 键结构或具有刚性平面结构等特征。

荧光分光光度计的基本功能是完成激发光谱、发射光谱的扫描，进行相对荧光强度的测量。被测的荧光物质在激发光照射下所发出的荧光，经单色器变成单色光后照射到光电倍增管上，由其所发生的光电流经过放大器放大后输出到记录仪；将激发光单色器的光栅，固定在最适当的激发光波长处，而让荧光单色器凸轮转动，将各波长的荧光强度信号输出至记录仪上，所记录的光谱即为发射光谱，简称荧光光谱（图 5-8）。

扫描已知样品的荧光激发光谱和发射光谱时，可先根据参考激发波长来进行。扫描未知样品的荧光光谱，可以将发射波长先每隔一定波长（例如 50nm）扫描一个激发光谱。对比不同位置的激发光谱，从最强的激发光谱中选择最大激发波长，设定该波长为激发波长，扫描发射光谱。再从新得到的发射光谱中找到最大发射波长，在最大发射波长处重新扫描激发光谱。

5.5.2　分光光度计的使用方法

开机时，先开氚灯，然后开仪器主机，最后开与仪器连接的计算机；关机顺序则相反。

测试有两种模式：

（1）光谱模式

对于做发射光谱的样品，在光谱类型中选择发射模式，给定激发波长，设定发射波长的

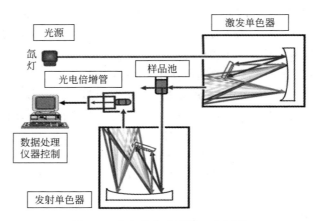

图 5-8　荧光分光光度计工作原理

扫描范围（最大范围 220～900nm）；设定扫描速度、扫描间隔、狭缝宽度，然后测试。对于做激发光谱的样品，在光谱类型中选择激发模式，给定发射波长，设定激发的扫描范围（最大范围 220～900nm），设定扫描速度、扫描间隔、狭缝宽度，然后测试。

（2）定量模式

荧光定量分析多采用工作曲线法，即以已知量的标准物质，按试样相同方法处理后，配成一系列标准溶液，测定其相对荧光强度和空白溶液的相对荧光强度；扣除空白值后，以荧光强度为纵坐标，标准溶液浓度为横坐标，绘制工作曲线；然后将处理后的试样配成一定浓度的溶液，在同一条件下测定其相对荧光强度，扣除空白值后，从工作曲线上求出荧光物质的含量。

5.5.3　样品的荧光光谱测试和影响因素

（1）萘酚荧光光谱的扫描

选择萘酚浓度为 $2.0\mu g \cdot mL^{-1}$ 的标准溶液，分别以 400nm、450nm、500nm 为发射波长，测量样品的激发光谱，初步找到样品发光最强的激发和发射位置，然后以最佳激发波长扫描发射光谱，再从中找到最佳发射波长扫描激发光谱。

（2）狭缝宽度对样品荧光强度和谱峰形状的影响

取萘酚样品，固定激发波长为 332nm，发射范围 350～600nm，调整不同狭缝宽度，观察荧光强度和发射光谱的变化。

（3）灵敏度档次对荧光强度和谱峰形状的影响

取萘酚样品，固定激发波长为 332nm，发射范围 350～600nm，固定激发和发射狭缝宽度均为 5nm，调整不同的灵敏度档次，观察荧光强度和发射光谱的变化。

（4）荧光光谱仪的稳定性

取萘酚样品，固定激发波长为 332nm，发射波长为 460nm，固定激发和发射狭缝宽度均为 5nm，灵敏度档次为 600V，选择动力学扫描时间为 5min，时间间隔为 0.5s，扫描样品荧光强度的变化。

5.5.4　使用荧光光谱仪注意事项

① 样品应盛在四面透光的石英比色皿中，如果是挥发性样品，应使用带塞的比色皿。

② 在荧光分析时，为了得到稳定可靠的数据，一般需要开机预热氙灯约 30min。

③ 温度变化可引起荧光强度的改变，测试温度变化不超过 ±3℃。

④ 当荧光物质是弱酸或弱碱时，溶液的 pH 对荧光强度有较大影响。因为弱酸或弱碱在不同酸度中，分子和离子的电离平衡会发生改变，而荧光物质的荧光强度会因其解离状态发生改变。

⑤ 分子结构中存在 π-π 共轭的荧光物质在极性溶剂中，荧光效率显著增强。溶液表面活性剂的加入能够显著提高荧光强度。

⑥ 注意：测试结束不要急于关闭光谱仪主机电源。务必等到氙灯冷却后，才关光谱仪主机。

⑦ 测试过程中注意不要肉眼盯着氙灯光源看，以防对眼睛造成损伤。

⑧ 仪器房应注意经常通风，避免产生的臭氧在室内聚积。

5.6　ZD-2 电位分析仪的使用

自动电位滴定仪的应用，使得各种滴定操作变得简单，并且可以避免人为的终点判断或操作失误所引起的误差。

5.6.1　自动电位滴定仪的结构

仪器的面板如图 5-9 所示。

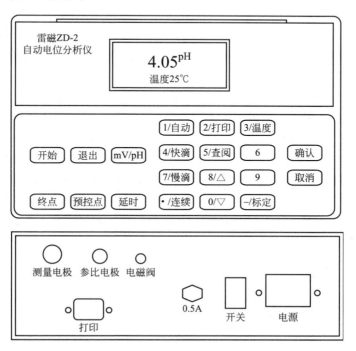

图 5-9　ZD-2 自动电位分析仪面板

仪器共有 20 个按键，其中有 9 个复用键。各按键的基本功能介绍如下。

"开始"：开始滴定。

"退出"：终止滴定，进入测量状态。

"pH/mV"：选择 pH 或电位（mV）的测量。按此键则轮流切换两种状态。在设置"终点"和"预控点"前需要确认 pH 或 mV 状态。

"终点"：设置终点电位或 pH。

"预控点"：设置预控点电位（或 pH），其大小取决于滴定突跃的大小。一般的氧化还原滴定、沉淀滴定、强酸强碱之间的滴定，突跃范围大，预控点值可以小些，而弱酸弱碱之间的滴定，滴定突跃较小，则需要选择大的预控点值。

"延时"：设置到达滴定终点与停止滴定之间的延迟时间。因为化学反应需要一定的时间，当仪器测量到达终点电位或 pH 时，关闭电磁阀后，可能电位或 pH 会有反复，所以在刚测到终点电位或 pH 时不宜立即终止滴定，应延迟一段时间。若有反复则继续滴定，直到电位或 pH 不再反复，再停止滴定。延迟时间通常可设定为 0～200s。若输入大于 200s 的时间，则显示"×××"，表示一直不自动终止滴定。

"1/自动"：在数字输入状态，为数字键"1"；在测量状态，表示准备自动滴定。

"2/打印"：在数字输入状态，为数字键"2"；在测量状态，打印上次滴定过程的电位或 pH，每滴一次，保存一个数据，最多 100 个。

"3/温度"：在数字输入状态，为数字键"3"；在测量状态，输入当前溶液的温度。

"4/快滴"：在数字输入状态，为数字键"4"；在测量状态，表示准备控制滴定（快速）。

"5/查阅"：在数字输入状态，为数字键"5"；在测量状态，查阅上次滴定过程中的电位或 pH，每滴一次，保存一个数据，最多 100 个。

"6"：为数字键"6"。

"7/慢滴"：在数字输入状态，为数字键"7"；在测量状态，表示准备控制滴定（慢速）。

"8/△"：在数字输入状态，为数字键"8"；在查阅数据时，向上翻页。

"9"：为数字键"9"。

"·/连续"：在数字输入状态，为小数点键；在测量状态，按一下此键，电磁阀打开，溶液由滴定管滴入。再按一下此键，电磁阀关闭。

"0/▽"：在数字输入状态，为数字键"0"；在查阅数据时，向下翻页。

"－/标定"：在数字输入状态，为负号键；在测量状态，表示准备进行 pH 标定，显示屏右下角显示"标定"，在标定第一种溶液时，等 pH 显示稳定后，若只需一点标定，则按"确认"键完成标定，若需两点标定，则不按"确认"键，而是再按一次"－/标定"键，显示屏右下角显示斜率，表示要进行两点标定中的第二个溶液的标定，等 pH 显示稳定后，按"确认"键完成两点标定。

"确认"：数据输入完毕或动作完成。

"取消"：取消数字输入。

5.6.2　自动电位滴定装置

（1）滴定装置的安装

按图 5-10 所示安装滴定装置。

① 将电极杆 A 部件（6）旋入支撑座，再将电极杆 B 部件（2）旋入电极杆 A 部件

（6）中；

② 将电磁阀（3）装入电极杆时，保证电磁阀箭头方向向下。

（2）搅拌器和滴定装置

搅拌器和滴定装置如图 5-11 所示。电磁阀的出液口用硅橡胶管与毛细滴管连接，再将毛细滴管插入电极支持件中。

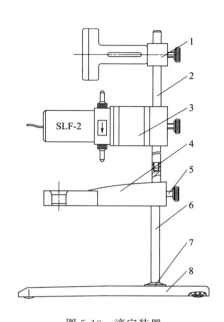

图 5-10　滴定装置

1—夹形件部件；2—电极杆 B 部件；

3—电磁阀部件；4—电极支持件；

5—紧固螺丝；6—电极杆 A 部件；

7—电极杆衬座；8—支撑座部件

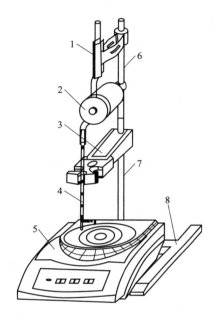

图 5-11　搅拌器和滴定装置

1—夹形件部件；2—电磁阀部件；

3—电极支持件；4—毛细滴管；

5—JB-10 搅拌器；6—电极杆 B；

7—电极杆 A 部件；8—支撑座部件

5.6.3　电池电动势的测量

仪器安装连接好以后，插上电源线，打开电源开关，预热 15min。

① 按"pH/mV"键使液晶显示屏右上角显示"mV"；

② 将电极插入待测溶液中，搅拌均匀后即可读取电池电动势的数值。

5.6.4　pH 标定和 pH 测量

仪器安装连接好以后，插上电源线，打开电源开关，按"pH/mV"键转换为 pH 挡，预热 15min，然后进行 pH 标定。

5.6.4.1　pH 标定

仪器在进行 pH 测量之前先要标定。仪器在连续使用时，每天要标定一次。

当测量精度不高时可用一点标定法，即只进行定位标定，选择的标准缓冲溶液与待测试液的 pH 要接近，一般选用 pH＝4.00 或者 pH＝9.18。

采用两点标定法时需要选择两个标准缓冲溶液，一个是 pH＝6.86，用于定位；另一个是与被测溶液的 pH 较接近的标准缓冲溶液，用于定斜率。

（1）一点标定法

第一步，用温度计测待测溶液的温度，按"温度"键，将温度输入后按"确认"键。

第二步，按"—/标定"键，显示屏右下角显示"标定"，将洗净并擦干（或已经润洗）的电极插入标准缓冲溶液中，仪器自动识别并显示当前温度下标准缓冲溶液的 pH，待读数稳定后，按"确认"键，显示屏右下角将显示"测量"，仪器的左下角显示电极斜率"$K=$ xxx.x"，标定结束。

（2）两点标定法

第一步，用温度计测待测溶液的温度，按"温度"键，将温度输入后按"确认"键。

第二步，按"—/标定"键，显示屏右下角显示"标定"，将洗净并擦干（或已经润洗）的电极插入 pH＝6.86 的标准缓冲溶液中，仪器自动识别并显示当前温度下标准缓冲溶液的 pH，待读数稳定后，取出电极，进行斜率校正。

第三步，再按"—/标定"键，显示屏右下角显示"斜率"，将洗净并擦干的电极（或已经在待测液中润洗）插入与待测液 pH 接近的标准缓冲溶液中，仪器自动识别并显示当前温度下标准缓冲溶液的 pH，待读数稳定后，按"确认"键，显示屏右下角显示"测量"，仪器的左下角显示电极斜率"$K=$ xxx.x"，两点标定结束。

电极斜率约为 100%，如若相差太大，需要查找原因，重新标定。

注意：仪器标定好以后，"—/标定"键不得再动！电极也不能更换，否则需要重新标定。

5.6.4.2 测定

① 按"pH/mV"键使液晶显示屏右上角显示"pH"。

② 用温度计测待测溶液的温度，按"温度"键，将温度输入后按"确认"键。

③ 将洗净并擦干（或用待测液润洗）的电极插入待测液中，小心搅拌均匀，读取 pH。

5.6.5 电位滴定

（1）滴定前的准备工作

安装好滴定装置（如前 5.6.2 滴定装置所述），在烧杯中放入搅拌子，并将烧杯放在 JB-10 搅拌器上。

（2）手动电位滴定

按一下"·/连续"键电磁阀打开，溶液由滴定管滴入。再按一下"·/连续"键，电磁阀关闭。记录加入的标准溶液的体积和溶液的 mV 或 pH。也可以手动控制标准溶液的加入体积。

终点时标准溶液消耗的体积通过对数据进行相关处理得到。

（3）自动电位滴定

进行酸碱滴定时，需要先用标准缓冲溶液对仪器进行定位。定位的方法见 5.6.4 pH 标定。

① 根据滴定要求，按"pH/mV"键使显示屏右上角显示为"mV"或者"pH"。

② 终点电位（或者 pH）设定：按"终点"键，然后按数字键输入终点电位（或者 pH）。

③ 预控点电位（或者 pH）设定：预控点的作用是使仪器自动调节滴定速度。当测得电

位（或者 pH）离终点电位（或者 pH）大于预控点电位（或者 pH）时，滴定速度快；当测得电位（或者 pH）离终点电位（或者 pH）小于预控点电位（或者 pH）时，滴定速度放缓，以便于精确控制滴定终点。

④ 打开搅拌器电源，调整转速，使搅拌从慢逐渐加快至适当转速。

⑤ 按"1/自动"键，按"开始"键，仪器开始自动滴定，达到终点电位（或者 pH）后自动结束。

⑥ 记录滴定管中标准溶液的消耗体积。

（4）终点控制滴定

① 根据滴定要求，按"pH/mV"键使液晶显示屏右上角显示为"mV"或者"pH"。

② 终点电位（或者 pH）设定：按"终点"键，然后按数字键输入终点电位（或者 pH）。

③ 打开搅拌器电源，调整转速，使搅拌从慢逐渐加快至适当转速。

④ 按"4/快滴"键或者"7/慢滴"键，按"开始"键，仪器开始按固定的速度（快滴或者慢滴）滴定，达到终点电位（或者 pH）后自动结束；若电位（或者 pH）回复到偏离终点电位（或者 pH），则自动继续滴定，直到终点。

⑤ 按"退出"键退出控制滴定。

⑥ 记录滴定管中标准溶液的消耗体积。

第6章

基础实验

实验1 分析天平的称量练习

【实验预习】

1. 预习称量仪器的使用——分析天平的构造、使用及注意事项。

2. 称量记录和计算中，如何正确运用有效数字？

3. 什么是天平的零点和平衡点？电光天平的零点应怎样调节？如果偏离太大又应怎样调节？

4. 为什么在使用分析天平时，凡是要触动天平梁的动作都应在架起天平梁后进行？快速开关升降枢会造成什么后果？

5. 减量法称样是怎样进行的，增量法称样是怎样进行的？它们各有什么优缺点？宜在何种情况下采用？

6. 用天平称量的是物体的质量还是重量，为什么？

【实验目的】

1. 了解分析天平的构造、练习正确的称量方法。

2. 初步掌握减量法的称量方法。

3. 了解在称量中如何运用有效数字。

【仪器、药品及材料】

仪器：分析天平，台秤，坩埚 2 只或小烧杯（25mL 或 50mL）2 个，称量瓶 1 只。

药品：Na_2CO_3（A. R.，300℃左右烘干）。

材料：玻璃棒，镁条或铝条。

【实验内容】

1. 直接称量法

（1）玻璃棒的称量

将玻璃棒放在台秤上粗称其质量（准确到 0.1g），记在记录本上。然后直接将玻璃棒放在分析天平秤盘的中央，称出玻璃棒的精确质量，记下玻璃棒号和天平号，交指导教师核对，称量误差不得超过±1mg，否则需重新调零，再进行称量。

（2）镁条或铝条的称量

剪取大小合适的镁条或铝条放在分析天平上直接称量其质量，要求镁条的质量在 0.03～0.04g 之间，铝条的质量在 0.02～0.03g 之间。

2.减量称量法

(1) 准备两只洁净、干燥并编有号码的坩埚或小烧杯，先放在台秤上粗称其质量（准确到 0.1g），记在记录本上。然后进一步在分析天平上精确称量，准确到 0.1mg。

(2) 取 1 只装有 Na_2CO_3 试样的称量瓶，先粗称其质量，再在分析天平上精确称量，记下质量为 m_1(g)。然后自天平中取出称量瓶，将试样慢慢倾入上面已称出质量的第 1 只坩埚或小烧杯中。倾倒试样时，由于初次称量，缺乏经验，很难一次倾倒准确（即在 0.2～0.4g 之间），因此要"试称"，即第 1 次倾倒少一些，粗称此质量，根据此质量估计不足的差量（为倾出量的几倍？），继续倾出此差量，然后再准确称量，设为 m_2(g)，则 m_1-m_2 即为试样的质量。第 1 份试样称好后，再倾倒第 2 份试样于第 2 只坩埚或小烧杯中，然后称出称量瓶加剩余试样的质量，设为 m_3(g)，则 m_2-m_3 即为第 2 份试样的质量。

(3) 分别称出两个"坩埚或小烧杯＋试样"的质量，记为 m_4(g) 和 m_5(g)。

(4) 结果的检验

① 检查两次称量瓶的减量与相应坩埚或小烧杯的增量的差值，其差值的绝对值要求小于 1mg。

② 再检查倒入小烧杯中的两份 Na_2CO_3 试样的质量是否合乎要求（即在 0.2～0.4g 之间）。

③ 如不符合要求，分析原因并继续称量。

(5) 天平称量后检查：每次做完实验后，应检查自己所用天平。内容包括：

① 天平盘内有无残留物，如有则用毛刷刷净；

② 砝码盒内的砝码是否如数归回原位；

③ 检查圈码有无脱落，读数转盘是否回零位；

④ 天平升降枢是否关好，关好天平门；

⑤ 罩上天平罩，切断电源。

【注意事项】

1.放在分析天平上称量的物体如玻璃棒、称量瓶、坩埚或小烧杯等均不得直接用手拿取，必须用纸带包着或戴上手套。

2.为保护天平刀口，必须先关闭天平再改变两称量盘的质量，例如加减砝码、取放物品或粗调零点。

3.微调零点或读数时天平的升降枢必须完全打开，同时应关闭天平的侧门。

4.称量试重时，升降枢只能半开。为了尽快找到平衡点，应该按照某种规则加码试重。

加码规则：先定高位，后定低位。

① 克以上的砝码由粗称结果加；

② 克以下的砝码 $\begin{cases}先定外圈（小数点后第一位）\\后定内圈（小数点后第二位）\end{cases}$；减半规则：5，±2，±1。

5.天平要随开随关，不得长时间处于开启状态。

实验 2　溶液的配制

【实验预习】

1.预习 4.1.1 液体体积度量仪器的使用——容量瓶、移液管的使用。

2. 预习 4.1.2 称量仪器的使用。

3. 预习 3.3.3 化学试剂的使用。

4. 预习 3.3.4 试剂的配制。

5. 用容量瓶配制标准溶液时，是否需要先把容量瓶干燥？可否用台秤称取基准物质？

6. 配制有明显热效应的溶液时，应注意哪些问题？

7. 怎样洗涤移液管？水洗净的移液管为什么还要用待移液润洗？

8. 完成实验内容中的"配制各溶液主要组分的用量及所用仪器一览表"。

【实验目的】

1. 了解和学习实验室常用溶液的配制方法。

2. 学习容量瓶和移液管的使用方法。

【实验原理】

在实验过程中常常因为化学反应的性质和要求的不同，需要配制不同浓度的溶液。当实验对溶液浓度的准确性要求不高时，用台秤（量筒）等准确度较低的仪器称量（移取）配制即可满足要求。但在定量测定实验中，往往需要配制准确浓度的溶液，这时就必须使用比较准确的仪器，如分析天平、移液管、容量瓶等来配制溶液。

1. 一般溶液的配制

对易溶于水而不发生水解的固体试剂，例如 $NaOH$、$H_2C_2O_4$ 等，配制其溶液时，可用台秤称取一定量的固体于烧杯中，加入少量蒸馏水，搅拌溶解后稀释至所需体积，再转移至试剂瓶中。

对易水解的固体试剂（如 $SnCl_2$、$FeCl_3$ 等）或在水中溶解度较小的固体（如固体 I_2），配制其溶液时，称取一定量的固体，加入一定浓度适量的酸（或碱）或合适的溶剂使之溶解，再以蒸馏水稀释，摇匀后转入试剂瓶中。

对于液态试剂，如 HCl、H_2SO_4、HAc 等，配制其稀溶液时，先用量筒量取所需量的浓溶液，然后用适量的蒸馏水稀释。配制 H_2SO_4 溶液时，需特别注意，应在不断搅拌下将浓 H_2SO_4 缓慢倒入盛水的容器中，切不可将操作顺序倒过来。

一些见光易分解或易发生氧化还原反应的溶液，要防止在保存期间失效。如 Sn^{2+} 及 Fe^{2+} 溶液应分别放入一些锡粒或铁屑（钉），$AgNO_3$、$KMnO_4$、KI 等溶液应贮于棕色瓶中。容易发生化学腐蚀的溶液应贮于合适的容器中。

2. 标准溶液的配制

配制标准溶液的方法有两种。

（1）直接法　用分析天平准确称取一定量的基准物或基准试剂于烧杯中，加入适量的蒸馏水溶解后，定量转入容量瓶中，再用蒸馏水稀释至刻度，摇匀。其准确浓度可由称量数据及稀释体积通过计算求得。

（2）标定法　不符合基准试剂条件的物质，不可用直接法配制标准溶液，应先配成近似于所需浓度的溶液，然后用基准试剂或已知准确浓度的另一标准溶液标定其浓度。

当需要通过稀释法配制标准溶液的稀溶液时，可用移液管准确移取一定体积的浓溶液，在容量瓶中定容。

【仪器、药品及材料】

公用部分：分析天平 6～8 台，台秤 3～4 台，（1+1）H_2SO_4，浓 HCl 或浓 HNO_3，$NaOH(s)$，$NaCl(s)$，$FeSO_4·7H_2O(s)$，邻苯二甲酸氢钾（A.R.）或硼砂（A.R.），

$1.000mol\cdot L^{-1}$ NaCl 标准溶液，小铁钉，洗瓶约 20 个，试剂瓶。

学生配套部分：容量瓶（50mL、100mL）各 1 只，5mL 移液管 1 支，100mL 烧杯 1 个，10mL、50mL 量筒各 1 个，玻璃棒 1 根，滴管 1 个。

【实验内容】

配制各溶液前请完成表 2-1，并经实验指导教师检查合格后才能进行。

表 2-1　配制各溶液主要组分的用量及所用仪器一览表

溶液	固体称取或浓溶液量取量的计算	主要仪器型号	定容仪器
$6mol\cdot L^{-1}$ NaOH （50mL）			
$3mol\cdot L^{-1}$ H_2SO_4 $6mol\cdot L^{-1}$ HCl 或 HNO_3（50mL）			
$0.1mol\cdot L^{-1}$ NaCl （50mL）			
$0.1mol\cdot L^{-1}$ $FeSO_4$ （50mL）			
$0.1mol\cdot L^{-1}$ $KHC_8H_4O_4$ 或 $0.05mol\cdot L^{-1}$ 硼砂标准溶液 （100mL）			
$0.1000mol\cdot L^{-1}$ NaCl （50mL）			

1. 酸、碱溶液的配制

（1）配制 50mL $6mol\cdot L^{-1}$ NaOH 溶液，贮于聚乙烯塑料容器中回收。

（2）用（1+1）H_2SO_4、浓 HCl 或浓 HNO_3 分别配制 $3mol\cdot L^{-1}$ H_2SO_4、$6mol\cdot L^{-1}$ HCl 或 HNO_3 溶液各 50mL，分别贮于试剂瓶中回收。

2. 盐溶液的配制

配制 $0.1mol\cdot L^{-1}$ 的 NaCl、$FeSO_4$ 溶液各 50mL，并分别贮于试剂瓶中回收。

3. $0.1mol\cdot L^{-1}$ 邻苯二甲酸氢钾或 $0.05mol\cdot L^{-1}$ 硼砂标准溶液的配制

在分析天平上准确称取约 2.04g $KHC_8H_4O_4$ 或约 1.91g $Na_2B_4O_7\cdot 10H_2O$ 固体于烧杯中，加入少量蒸馏水使其完全溶解后，转移至 100mL 容量瓶中，再用少量蒸馏水淋洗烧杯及玻璃棒数次，并将每次淋洗后的水全部转入容量瓶，最后用蒸馏水稀释至刻度，摇匀，计算其准确浓度。

4. NaCl 标准溶液的稀释

用已知准确浓度为 $1.000mol\cdot L^{-1}$ 的 NaCl 溶液配制 $0.1000mol\cdot L^{-1}$ 的 NaCl 溶液 50mL。

【注意事项】

1. 用待移液润洗移液管时，最好先在小烧杯中进行，以免改变原溶液的浓度。

2. 配制 $FeSO_4$ 溶液时，为了防止 Fe^{2+} 的水解，需要将 $FeSO_4$ 溶解在 $0.1mol\cdot L^{-1}$ 稀硫酸溶液中。

3. 配制好的溶液请倒入试剂瓶中回收。

实验 3　二氧化碳分子量的测定

【实验预习】

1.测定 CO_2 分子量的原理是什么，查找测定 CO_2 分子量所需实验数据。

2.导入 CO_2 气体的管子，应插入锥形瓶的哪个部位才能把瓶内的空气赶净？怎样判断瓶内已充满 CO_2 气体？

3.为什么启普发生器产生的 CO_2 气体要经过净化？用 $NaHCO_3$ 溶液、浓 H_2SO_4 等净化 CO_2 气体时各起什么作用？

4.为什么充满 CO_2 气体的锥形瓶和塞子的质量要在分析天平上称量，而充满水的锥形瓶和塞子的质量要在台秤上称量？

5.为什么在计算锥形瓶的容积时不考虑空气的质量，而在计算二氧化碳质量时却要考虑空气的质量？

【实验目的】

1.学习相对密度法测定气态物质分子量的原理。

2.熟悉有效数字及其运算规则。

3.练习使用启普发生器和熟悉洗涤、干燥气体的装置。

4.进一步掌握电子天平的使用方法。

【实验原理】

由理想气体状态方程很容易推得：在同温同压下，同体积的不同气体的质量与摩尔质量之比（m/M）相等。本实验就是在同温同压下，比较同体积的二氧化碳气体与空气（平均分子量为 28.96）的质量。所以只要测得二氧化碳气体与空气在相同条件下的质量，便可根据下式求得二氧化碳的分子量

$$M(CO_2) = \frac{m(CO_2)}{m(空气)} \times 28.96 \tag{3-1}$$

式中，$m(CO_2)$、$m(空气)$ 分别为同体积 CO_2 和空气的质量；$m(CO_2)/m(空气)$ 可视为 $[m(CO_2)/V]:[m(空气)/V]$，即 CO_2 密度与空气密度之比，通常称为 CO_2 对空气的相对密度，此测定气体分子量的方法就称为相对密度法。

式（3-1）中体积为 V 的二氧化碳质量 $m(CO_2)$ 可直接由分析天平称出，同体积空气的质量可根据实验时测得的大气压（p）和温度（T），利用理想气体状态方程求得。

需指出的是，由于理想气体方程只适用于理想气体，实际气体并不严格遵守理想气体方程，因此用理想气体方程只能得到二氧化碳分子量的近似值。

【仪器、药品及材料】

仪器：启普发生器，分析天平，气压计，洗气瓶，干燥管，具塞锥形瓶。

药品：石灰石（碳酸钙），$6mol \cdot L^{-1}$ HCl，浓 H_2SO_4，$NaHCO_3$ 饱和溶液。

材料：干燥剂。

【实验内容】

1.安装实验装置

按图 3-1 连接好启普发生器及 CO_2 净化干燥装置。在启普发生器中放入石灰石（碳酸

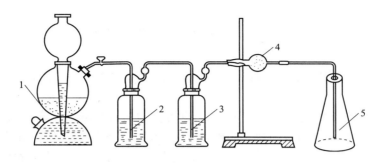

图 3-1 二氧化碳气体的发生和净化装置

1—启普发生器；2—洗气瓶(NaHCO$_3$ 溶液)；3—洗气瓶(浓 H$_2$SO$_4$)；4—干燥管；5—收集器

钙)，加入 6mol·L^{-1} HCl，打开活塞，HCl 即从底部上升与石灰石作用，产生二氧化碳，产生的气体经过两个洗瓶。瓶 2 内装有 NaHCO$_3$ 饱和溶液，用于除去二氧化碳气体中的氯化氢和其他可溶性杂质。瓶 3 内装有浓 H$_2$SO$_4$，用于除去水蒸气。经干燥管，导出干燥纯净的 CO$_2$ 气体（CO$_2$ 气体也可直接由钢瓶取用）。

2.准备实验用的锥形瓶

取一洁净而干燥的具塞锥形瓶，在分析天平上称出空气、瓶、瓶塞的质量 m_1(g)（准确到 0.001g）。

3.称量实验用 CO$_2$ 气体

把经过净化的 CO$_2$ 气体通过导管导入具塞锥形瓶内（由于 CO$_2$ 气体略重于空气，所以必须把导管插入瓶底），通气 4～5min 后，慢慢取出导管、盖上塞子，再在分析天平上称出二氧化碳、瓶、塞的总质量 m_2(g)。重复通入 CO$_2$ 气体并称量，直到前后两次称量的结果相差不超过 1mg 为止。这时可以认为瓶内的空气已完全被 CO$_2$ 气体所取代。

4.称量充满水的锥形瓶

在锥形瓶内装满水，盖上塞子，将溢出的水吸干，称其质量 m_3(g)。

【数据记录与处理】

项目	数据记录及处理
实验室的室温 T/K	
实验室的大气压 p/Pa	
充满空气的锥形瓶和塞的质量 m_1/g	
充满 CO$_2$ 的锥形瓶和塞的质量 m_2/g	$m_{2(1)}$
	$m_{2(2)}$
	$m_{2(3)}$
	$\overline{m}_2$
充满水的锥形瓶和塞的质量 m_3/g	
锥形瓶的容积 $V[=(m_3-m_1)/\rho]$	
锥形瓶内空气的质量 m(空气)/g$[=pVM$(空气)$/RT]$	
锥形瓶内 CO$_2$(g)的质量 m(CO$_2$)/g$[=(m_2-m_1)+m$(空气)$]$	
CO$_2$ 分子量 M(CO$_2$)$[=\dfrac{m(\mathrm{CO_2})}{m(空气)}\times 28.96]$	
百分误差/%[文献值 M(CO$_2$)$=44.01$g·mol^{-1}]	

【注意事项】

1. 本法测定中不对蒸气压进行校正，因此气体收集容器要充分干燥，需要用浓 H_2SO_4 对气体进行干燥。

2. 称量气体时，需用纸条裹住瓶颈处，不要拿瓶身，也不能用手托瓶底，以免手温加热气体。

3. 若实验室备有 CO_2 气体钢瓶，则 CO_2 也可由钢瓶直接取得。由钢瓶出来的 CO_2 气体需先经过一只 10000mL 的缓冲瓶，再经浓 H_2SO_4 洗气瓶干燥，然后分成几路导出，同时可供多名学生使用。CO_2 的流速不宜太大，否则钢瓶内的 CO_2 迅速蒸发而产生低温，从而造成称量误差。钢瓶的阀门应由教师根据浓 H_2SO_4 洗气瓶中冒泡的快慢控制。

实验4　化学反应速率及活化能的测定

【实验预习】

1. 预习 2.2.3 实验数据的作图处理。

2. 实验中向 KI、$Na_2S_2O_3$、淀粉混合溶液中加入 $(NH_4)_2S_2O_8$ 时为什么要迅速？加 $Na_2S_2O_3$ 的目的是什么？$Na_2S_2O_3$ 的用量过多或过少，对实验结果有何影响？

3. 实验中先加 $(NH_4)_2S_2O_8$ 溶液，最后加 KI 溶液以及量取 6 种溶液的量筒未分开专筒专用会分别对实验结果产生什么影响？

4. 为什么可以由反应溶液出现蓝色的时间长短来计算反应速率，溶液出现蓝色后，反应是否终止了？

5. 若不用 $S_2O_8^{2-}$，而用 I^- 的浓度变化来表示反应的速率，两者是否相同？

6. 温度、浓度、正催化剂对反应速率的影响如何？

【实验目的】

1. 掌握浓度、温度及催化剂对化学反应速率的影响。

2. 测定过二硫酸铵与碘化钾反应的反应速率，并计算反应级数、反应速率常数及反应的活化能。

3. 练习恒温操作。

【实验原理】

在水溶液中，$(NH_4)_2S_2O_8$ 和 KI 发生以下反应：

$$S_2O_8^{2-} + 2I^- \longrightarrow 2SO_4^{2-} + I_2 \tag{4-1}$$

根据反应速率的定义，此反应的速率为：$v = v_{S_2O_8^{2-}} = \dfrac{1}{2}v_{I^-}$。

其反应速率方程为：$v = kc_{S_2O_8^{2-}}^a c_{I^-}^b$。

其中，a 为反应物 $S_2O_8^{2-}$ 的反应级数；b 为反应物 I^- 的反应级数；$(a+b)$ 为反应总级数；k 为反应的速率常数。

测定时在反应系统中加入一定量的 $Na_2S_2O_3$ 溶液和淀粉溶液。$S_2O_8^{2-}$ 与 I^- 反应产生的 I_2 立即与 $S_2O_3^{2-}$ 发生如下反应：

$$2S_2O_3^{2-} + I_2 \longrightarrow S_4O_6^{2-} + 2I^- \tag{4-2}$$

一旦 $S_2O_3^{2-}$ 消耗完毕，反应系统中将有 I_2 产生，I_2 与淀粉作用使溶液呈蓝色。蓝色出现即表明反应系统中的 $S_2O_3^{2-}$ 被完全消耗。由 $S_2O_3^{2-}$ 的加入量及溶液变为蓝色的反应时间可求得 $S_2O_3^{2-}$ 的平均反应速率。

由反应式(4-1)、式(4-2) 可得，$S_2O_8^{2-}$ 浓度的改变量为 $S_2O_3^{2-}$ 浓度变化的一半，即

$$\Delta c(S_2O_8^{2-}) = \frac{1}{2}\Delta c(S_2O_3^{2-})$$

因此

$$\overline{v}_{S_2O_8^{2-}} = \frac{\Delta c_{S_2O_8^{2-}}}{\Delta t} = \frac{1}{2} \times \frac{\Delta c_{Na_2S_2O_3}}{\Delta t}$$

以测得的平均反应速率作为反应的瞬时速率近似处理。

（1）反应级数的确定

$$v = k c_{S_2O_8^{2-}}^a c_{I^-}^b$$

$$\lg v = a \lg c_{S_2O_8^{2-}} + b \lg c_{I^-} + \lg k$$

① a 的确定　取表 4-1 中第 Ⅰ、Ⅱ、Ⅲ 三组（I^- 浓度相同）数据进行处理。

计算法：

$$\lg v = a \lg c_{S_2O_8^{2-}} + b \lg c_{I^-} + \lg k = a \lg c_{S_2O_8^{2-}} + A$$

三组数据两两组合，按照下列公式可分别求得 a_1、a_2、a_3。

$$a_i = \frac{\lg v_2 - \lg v_1}{\lg c_2 - \lg c_1} = \frac{\lg(v_2/v_1)}{\lg(c_2/c_1)}$$

取它们的平均值作为反应物 $S_2O_8^{2-}$ 的反应级数，求得的反应级数需要修约为整数。

作图法：$\lg v$-$\lg c_{S_2O_8^{2-}}$ 作图，直线的斜率即为 a。

② b 的确定　取表 4-1 中第 Ⅰ、Ⅳ、Ⅴ 三组数据（$S_2O_8^{2-}$ 浓度一定）进行处理。

计算法：

$$\lg v = a \lg c_{S_2O_8^{2-}} + b \lg c_{I^-} + \lg k = b \lg c_{I^-} + B$$

同 a 的处理方法相似可得：

$$b_i = \frac{\lg v_2 - \lg v_1}{\lg c_2 - \lg c_1} = \frac{\lg(v_2/v_1)}{\lg(c_2/c_1)}$$

取它们的平均值作为反应物 I^- 的反应级数。

作图法：$\lg v$-$\lg c_{I^-}$ 作图，直线的斜率即为 b。

（2）速率常数 k 的计算

将上述测得的反应级数 a、b 代入速率方程，按下述计算公式可求得速率常数。

$$k = \frac{v}{c_{S_2O_8^{2-}}^a \cdot c_{I^-}^b}$$

分别将5组不同组成的溶液的实验数据代入上述公式，即可求得速率常数 k，取它们的平均值作为反应速率常数。

（3）活化能的计算

根据 Arrhenius 公式：

$$k = A e^{-\frac{E_a}{RT}}$$

式中，A 为指前因子（又称频率因子）；E_a 为活化能，它们都是与反应系统物质本性有关的经验常数。

两边取对数得：

$$\ln k = -\frac{E_a}{RT} + \ln A$$

若测出不同温度时的 k 值，以 $\ln k$ 对 $1/T$ 作图，所得直线的斜率等于 $-E_a/R$，由此求出活化能 E_a。

【仪器、药品及材料】

公用部分：恒温水浴锅 6～8 台，$0.20 mol \cdot L^{-1} (NH_4)_2S_2O_8$，$0.20 mol \cdot L^{-1} KI$，$0.010 mol \cdot L^{-1}$ $Na_2S_2O_3$，$0.20 mol \cdot L^{-1} KNO_3$，$0.20 mol \cdot L^{-1} (NH_4)_2SO_4$，$0.02 mol \cdot L^{-1} Cu(NO_3)_2$，$0.4\%$ 淀粉溶液，温度计 3～4 支，滤纸条。

学生配套部分：50mL 烧杯 2 个，10mL 量筒 2 个（贴标签），20mL 量筒 4 个（贴标签），玻璃棒 1 根。

【实验内容】

1. 浓度对化学反应速率的影响

按照表 4-1 中的体积分别量取 $0.20 mol \cdot L^{-1} KI$ 溶液、$0.010 mol \cdot L^{-1} Na_2S_2O_3$ 溶液、0.4% 淀粉溶液、$0.20 mol \cdot L^{-1} KNO_3$ 溶液和 $0.20 mol \cdot L^{-1} (NH_4)_2SO_4$ 溶液，置于洁净、干燥的 50mL 烧杯中，搅拌均匀。用另一个量筒取一定体积的 $0.20 mol \cdot L^{-1} (NH_4)_2S_2O_8$ 溶液，快速加到烧杯中，同时开动秒表，并不断搅拌。当溶液刚出现蓝色时，立即停秒表，记下时间及室温。

表 4-1　不同浓度时平均反应速率

实验编号		I	II	III	IV	V
试剂用量/mL	$0.20 mol \cdot L^{-1} (NH_4)_2S_2O_8$	10.0	5.0	2.5	10.0	10.0
	$0.20 mol \cdot L^{-1} KI$	10.0	10.0	10.0	5.0	2.5
	$0.010 mol \cdot L^{-1} Na_2S_2O_3$	4.0	4.0	4.0	4.0	4.0
	0.4% 淀粉溶液	2.0	2.0	2.0	2.0	2.0
	$0.20 mol \cdot L^{-1} KNO_3$	0	0	0	5.0	7.5
	$0.20 mol \cdot L^{-1} (NH_4)_2SO_4$	0	5.0	7.5	0	0
混合液中各反应物起始浓度/$mol \cdot L^{-1}$	$(NH_4)_2S_2O_8$					
	KI					
	$Na_2S_2O_3$					
反应时间 $\Delta t/s$						
$S_2O_3^{2-}$ 的浓度变化 $\Delta c(S_2O_3^{2-})/mol \cdot L^{-1}$						
反应速率 $\bar{v}/mol \cdot L^{-1} \cdot s^{-1}$						

用表 4-1 中实验 I、II、III 的数据求出 a，用实验 I、IV、V 的数据求出 b，然后再求出反应速率常数 k，并给出反应在室温下的速率方程。

2. 温度对化学反应速率的影响

按照表 4-1 中第 IV 组的用量，分别量取 KI、$Na_2S_2O_3$、KNO_3 和淀粉溶液于 50mL 烧杯中，把 $(NH_4)_2S_2O_8$ 溶液加到另一个烧杯中，并将两个烧杯放入水浴中恒温。恒温后在水浴锅中把 $(NH_4)_2S_2O_8$ 溶液加到 KI 混合溶液中，同时开动秒表，并不断搅拌，当溶液刚出现蓝色时，记下反应时间。

在高于室温 10℃ 和 20℃ 的条件下，进行上述实验。将结果填于表 4-2 中。用表 4-2 的数据，以 $\ln k$ 对 $1/T$ 作图，即可求出活化能 E_a。

表 4-2　不同温度时平均反应速率

实验编号	Ⅳ	Ⅵ	Ⅶ
反应温度 T/K			
反应时间 $\Delta t/s$			
反应速率 $\bar{v}/\text{mol} \cdot \text{L}^{-1} \cdot \text{s}^{-1}$			

3. 催化剂对反应速率的影响

按表 4-1 中第 Ⅳ 组的用量，分别量取 KI、$Na_2S_2O_3$、KNO_3 和淀粉溶液，再加入 2 滴 $0.02\text{mol} \cdot \text{L}^{-1} Cu(NO_3)_2$ 溶液，置于 50mL 烧杯中，搅拌均匀，然后迅速加入 20.0mL $0.20\text{mol} \cdot \text{L}^{-1}$ $(NH_4)_2S_2O_8$ 溶液，搅拌，记下反应时间，并与前面不加催化剂的实验进行比较。

【注意事项】

1. 量筒应分开专筒专用，不得混用。

2. 溶液加入量要准，尤其是 $Na_2S_2O_3$ 溶液。

3. 计时之前要练习启动和停止操作，计时操作要迅速、准确。

4. 每次测量时搅拌强度等条件要尽可能一致。

5. 水浴锅的温度需要用温度计测量，较少采用水浴锅显示的温度。

6. 本实验对试剂有一定的要求。碘化钾溶液应为无色透明溶液，不宜使用有碘析出的浅黄色溶液。过二硫酸铵溶液要用新配制的，因为时间长了过二硫酸铵易分解。如所配制的过二硫酸铵溶液的 pH 小于 3，说明该试剂已有分解，不适合本实验使用。所用试剂中如混有少量 Cu^{2+}、Fe^{3+} 等杂质，对反应会有催化作用，必要时需滴入几滴 $0.10\text{mol} \cdot \text{L}^{-1}$ EDTA 溶液。

7. 本反应的活化能文献数据为 $51.8\text{kJ} \cdot \text{mol}^{-1}$，将实验值与文献值作比较，分析产生误差的原因。

实验 5　醋酸解离度与解离平衡常数的测定

Ⅰ. pH 法

【实验预习】

1. 预习 4.1.1 液体体积度量仪器的使用——滴定管、容量瓶或比色管的使用。

2. 预习 5.1 酸度计的使用。

3. 实验中 [HAc] 和 [Ac⁻] 是怎样测定的？

4. 如果以烧杯代替比色管，烧杯是否需要烘干处理？

5. 改变所测 HAc 溶液的浓度或温度，解离度和解离平衡常数有无变化？若有变化，会有怎样的变化？

【实验目的】

1. 掌握测定醋酸解离度和解离平衡常数的方法。

2. 了解酸度计的工作原理，学习使用 pH 计。

3. 学习滴定管的洗涤、装液、排泡、读数等基本操作。

【实验原理】

已知醋酸（CH_3COOH，HAc）是弱电解质，在水溶液中存在以下解离平衡：

$$HAc \rightleftharpoons H^+ + Ac^-$$

起始浓度：　　　　　c　　　　　0　　　　0

平衡浓度：　　$c-[H^+]$　　　$[H^+]$　　　$[H^+]$

$$K_a = \frac{[H^+][Ac^-]}{[HAc]} = \frac{[H^+]^2}{c-[H^+]}$$

平衡时的 $[H^+]$ 由酸度计测得的 pH 求得，计算公式为：$[H^+] = 10^{-pH}$。

解离度 α 的计算公式为：$\alpha = \dfrac{[H^+]}{c} \times 100\%$。

在一定温度下，用酸度计测定一系列已知浓度的醋酸溶液的 pH，即可求得一系列的解离度 α 和解离平衡常数 K_a，取其平均值作为该温度下 HAc 溶液的解离度和解离平衡常数。

【仪器、药品及材料】

公用部分：酸度计与 pH 复合电极 12～14 套，50mL 烧杯或小试剂瓶 6～8 套（用于存放标准缓冲溶液），标准缓冲溶液（pH = 4.00、pH = 6.86），$0.1mol \cdot L^{-1}$ HAc 溶液，NaOH 标准溶液（$0.1mol \cdot L^{-1}$，4 位有效数字），1% 酚酞溶液，温度计 3～4 支，洗瓶 16～18 个，滤纸条。

学生配套部分：50mL 酸式滴定管、碱式滴定管各 1 支，250mL 锥形瓶 2 只，50mL 容量瓶或比色管 5 个，滴管 1 个。

【实验内容】

1. HAc 溶液浓度的标定

由滴定管将 $0.1mol \cdot L^{-1}$ HAc 溶液 25.00mL 放入 250mL 锥形瓶中，加 2 滴酚酞指示剂，用 NaOH 标准溶液滴定至溶液呈微红色，30s 内不褪色即为终点。

平行测定两次，计算 HAc 溶液的准确浓度。

2. 配制不同浓度的 HAc 溶液

按照下列表格中溶液的配制方法由酸式滴定管准确加入一定体积的 HAc 溶液于 50mL 容量瓶或比色管中，以蒸馏水稀释至刻度线，摇匀，并计算出这五个 HAc 溶液的准确浓度。

HAc 溶液编号	HAc 溶液的体积/mL	HAc 溶液的浓度/mol·L^{-1}
1	10.00	
2	20.00	
3	30.00	
4	40.00	
5	50.00	

3. 测定 HAc 溶液的 pH，计算 HAc 的解离度和解离平衡常数

　　按由稀到浓的次序在已经校正好的酸度计上分别测定上述各溶液的 pH，并记录数据和室温。计算解离度和解离平衡常数，并与 25℃时醋酸解离平衡常数的文献值（1.76×10^{-5}）比较，计算其相对偏差。

【数据记录与处理】

编号	$V(HAc)$ /mL	$c(HAc)$ /mol·L^{-1}	pH	$[H^+]$ /mol·L^{-1}	解离度/%	解离平衡常数 K_a	
						测定值	平均值
1	10.00						
2	20.00						
3	30.00						
4	40.00						
5	50.00						

【注意事项】

　　1. 滴定管用水洗净后，需用待装液润洗 2～3 次。

　　2. 酸度计用标准缓冲溶液校正后，测定过程中定位旋钮不再变动，溶液 pH 测定要按照从稀至浓的次序进行。

　　3. pH 玻璃电极插入待测溶液前需用待测液润洗，或者用蒸馏水润洗干净后用滤纸条擦干。

Ⅱ. 电导率法

【实验预习】

　　1. 预习 4.1.1 液体体积度量仪器的使用——滴定管、容量瓶或比色管的使用。

　　2. 预习 5.2 电导率仪的使用。

　　3. 弱电解质溶液的解离度与溶液的导电性有什么关系？

　　4. 为什么要按溶液浓度从稀到浓的次序来测定溶液的电导率？

【实验目的】

　　1. 掌握测定醋酸解离度和解离平衡常数的方法。

　　2. 了解电导率仪的工作原理，学习电导率仪的使用。

　　3. 熟悉滴定管的洗涤、装液、排泡、读数等基本操作。

【实验原理】

　　已知醋酸（CH_3COOH，HAc）是弱电解质，其解离平衡常数 K_a 与解离度 α 有如下关系：

$$HAc \rightleftharpoons H^+ + Ac^-$$

起始浓度：　　　　　c　　　　　0　　　　0

平衡浓度：　　　$c(1-\alpha)$　　　$c\alpha$　　　$c\alpha$

$$K_a = \frac{[H^+][Ac^-]}{[HAc]} = \frac{c\alpha \cdot c\alpha}{c(1-\alpha)} = \frac{c\alpha^2}{1-\alpha}$$

解离度可通过测定溶液的电导来求得，从而求得解离平衡常数。

导体的导电能力可以用电阻 R 或电导 G 来表示，电导为电阻的倒数：

$$G = \frac{1}{R} \quad [\text{电导的单位为西门子}(S)]$$

将电解质溶液置于两平行的电极之间，若电极面积为 A、两电极间距离为 l，则电解质溶液的电阻也符合欧姆定律：

$$R \propto \frac{l}{A} \quad 或 \quad R = \rho \frac{l}{A}$$

式中，ρ 称为电阻率，其倒数为电导率，以 κ 表示，单位为 $S \cdot m^{-1}$。

$$\kappa = \frac{1}{\rho} = \frac{1}{R} \times \frac{l}{A} = G \times \frac{l}{A} = G \cdot K_{cell}$$

式中，K_{cell} 为电导池系数，单位为 m^{-1}。

在一定温度下，相距 1m 的两平行电极间所容纳的含有 1mol 电解质溶液的电导为摩尔电导，用 Λ_m 表示，其单位为 $S \cdot m^2 \cdot mol^{-1}$，溶液的摩尔电导率 Λ_m 与电导率 κ 之间的关系为：

$$\Lambda_m = \frac{\kappa}{c}$$

对于弱电解质，在无限稀释时，可视为完全解离，此时溶液的摩尔电导称为极限摩尔电导 Λ_m^{∞}。在一定温度下，弱电解质的极限摩尔电导为一定值。下表列出了无限稀释的 HAc 溶液不同温度下的极限摩尔电导 Λ_m^{∞}。

温度/℃	0	18	25	30
$\Lambda_m^{\infty}/S \cdot m^2 \cdot mol^{-1}$	245×10^{-4}	349×10^{-4}	390.7×10^{-4}	421.8×10^{-4}

对于弱电解质来说，某浓度时的解离度 α 等于该浓度下的摩尔电导率与极限摩尔电导之比，即

$$\alpha = \frac{\Lambda_m}{\Lambda_m^{\infty}}$$

将此式代入平衡常数的表达式，整理得：

$$K_a^{\ominus} = \frac{c\alpha^2}{1-\alpha} = \frac{c(\Lambda_m)^2}{\Lambda_m^{\infty}(\Lambda_m^{\infty} - \Lambda_m)}$$

【仪器、药品及材料】

公用部分：DDS-11A 型电导率仪与铂黑电极 12～14 套，$0.1mol \cdot L^{-1}$ HAc 溶液，NaOH 标准溶液（$0.1mol \cdot L^{-1}$，4 位有效数字），1%酚酞溶液，温度计 3～4 支，洗瓶 16～18 个，滤纸条。

学生配套部分：50mL 酸式滴定管、碱式滴定管各 1 支，250mL 锥形瓶 2 只，50mL 容量瓶或比色管 5 个，滴管 1 个。

【实验内容】

1. HAc 溶液浓度的标定（同Ⅰ. pH 法中实验内容 1）。

2. 配制不同浓度的 HAc 溶液（同Ⅰ. pH 法中实验内容 2）。

3. 测定醋酸溶液的电导率 κ(HAc)，按由稀到浓的次序依次测定各醋酸溶液的电导率。

【数据记录与处理】

编号	$V(HAc)$ /mL	$c(HAc)$ /mol·L^{-1}	κ/S·m^{-1}	Λ_m /S·m^2·mol^{-1}	解离度/%	解离平衡常数 $K_a^{\ominus}$ 测定值	平均值
1	10.00						
2	20.00						
3	30.00						
4	40.00						
5	50.00						

测定时温度_____℃，Λ_m^{∞}（HAc）_____S·m^2·mol^{-1}。

【注意事项】

1. 应选择合适的量程测定各 HAc 溶液的电导率。量程的选择由大至小，至可读出数值，且读出的数值位数最多的量程为最佳。若已超出量程，仪器显示屏左侧第一位显示 1（溢出显示），此时，需选高一挡测量。

2. 采用温度补偿时，测得的电导率已换算为 25℃时的电导率。

3. 测定按照浓度由小到大的顺序。

4. 每次洗涤铂电极时，务必小心，切不可损伤铂黑而使之脱落。

5. 电极的引线不能潮湿，否则将导致测量误差。

6. DDS-11A 电导率仪读出 κ 的单位为 μS·cm^{-1}，1μS·cm$^{-1}=1\times10^{-4}$ S·m^{-1}。

7. 物质的量的浓度 c 的单位为 mol·L^{-1}，1 mol·L$^{-1}=1\times10^3$ mol·m^{-3}。

实验 6　食盐的提纯与检验

【实验预习】

1. 预习 4.3 无机及分析化学实验中的分离与提纯。

2. 预习 3.5.1 pH 试纸的使用。

3. 除去粗盐水溶液中 Ca^{2+}、Mg^{2+}、SO_4^{2-} 时为何先加 $BaCl_2$ 溶液，再加 Na_2CO_3 溶液？

4. 能否用 $CaCl_2$ 代替毒性大的 $BaCl_2$ 来除去食盐中的 SO_4^{2-}？

5. 在除 Ca^{2+}、Mg^{2+}、SO_4^{2-} 等杂质离子时，能否用其他可溶性碳酸盐代替 Na_2CO_3？

6. 在提纯粗食盐过程中，K^+ 将在哪一步操作中除去？

【实验目的】

1. 掌握提纯 NaCl 的原理和方法。

2. 学习溶解、加热、沉淀、过滤、蒸发和结晶等基本操作。

3. 了解 Ca^{2+}、Mg^{2+}、SO_4^{2-} 等的定性鉴定方法。

【实验原理】

化学试剂或医药用的 NaCl 都是以粗食盐为原料提纯的，粗盐水溶液中的主要杂质有 K^+、Ca^{2+}、Mg^{2+}、Fe^{3+}、SO_4^{2-}、CO_3^{2-} 等，用 Na_2CO_3、$BaCl_2$ 和盐酸等试剂就可以使

Ca^{2+}、Mg^{2+}、Fe^{3+}、SO_4^{2-} 等生成难溶化合物，以沉淀形式滤除。首先，在食盐溶液中加入 $BaCl_2$ 溶液，除去 SO_4^{2-}。

$$Ba^{2+}+SO_4^{2-}\Longrightarrow BaSO_4\downarrow$$

再往溶液中加入 Na_2CO_3 溶液，可除去 Ca^{2+}、Mg^{2+} 和引入过量的 Ba^{2+}。

$$Ca^{2+}+CO_3^{2-}\Longrightarrow CaCO_3\downarrow$$

$$4Mg^{2+}+5CO_3^{2-}+2H_2O\Longrightarrow Mg(OH)_2\cdot 3MgCO_3\downarrow+2HCO_3^{-}$$

$$Ba^{2+}+CO_3^{2-}\Longrightarrow BaCO_3\downarrow$$

过量的 Na_2CO_3 溶液用 HCl 中和。粗盐溶液中的 K^+ 和上述沉淀剂都不起作用，仍留在溶液中。由于 KCl 的溶解度大于 NaCl 的溶解度，而且在粗盐中的含量较少，所以在蒸发和浓缩食盐溶液时，NaCl 先结晶出来。而 KCl 则留在溶液中，从而达到提纯 NaCl 的目的。

【仪器、药品及材料】

公用部分：台秤 3～4 台，循环水式真空泵 4～6 台，配有安全瓶的减压抽滤瓶 8～12 个，布氏漏斗 12～14 个，定性滤纸，粗食盐，研钵 4～6 个，$6mol\cdot L^{-1}$ HCl，$2mol\cdot L^{-1}$ H_2SO_4，$6mol\cdot L^{-1}$ NaOH，$2mol\cdot L^{-1}$ HAc，$1mol\cdot L^{-1}$ $BaCl_2$，饱和 Na_2CO_3，饱和 $(NH_4)_2C_2O_4$，镁试剂（对硝基偶氮间苯二酚），精密 pH 试纸（pH0.5～5.0），洗瓶约 20 个。

学生配套部分：蒸发皿 1 个，酒精灯 1 个，三脚架，石棉网，100mL 烧杯 1 个，10mL、50mL 量筒各 1 个，试管 10 支，玻璃棒 1 根。

【实验内容】

1.粗食盐的提纯

（1）粗食盐的溶解

称取 10g 粗食盐于 100mL 烧杯中，加入 25～30mL 水，用酒精灯加热搅拌，使其溶解。

（2）除去 SO_4^{2-}

加热溶液至沸，边搅拌边滴加 $1mol\cdot L^{-1}$ $BaCl_2$ 溶液 5～6mL，继续加热 5min，使沉淀颗粒长大易于沉降。将酒精灯移开，待沉降后取少量上清液加几滴 $1mol\cdot L^{-1}$ $BaCl_2$ 溶液，如出现浑浊，表示 SO_4^{2-} 尚未除尽，需再加 $BaCl_2$ 溶液直至完全除尽 SO_4^{2-}。如不浑浊，表示 SO_4^{2-} 已除尽。减压抽滤，弃去沉淀。

（3）除去 Ca^{2+}、Mg^{2+}、Fe^{3+} 和过量的 Ba^{2+} 等阳离子

将所得的滤液加热至近沸，边搅拌边滴加 Na_2CO_3 饱和溶液，至不再生成沉淀为止。再多加 0.5mL Na_2CO_3 溶液，静置。待沉淀沉降后，在上层清液中滴加几滴 Na_2CO_3 饱和溶液，如出现浑浊，表示 Ba^{2+} 等离子尚未除尽，需再加 Na_2CO_3 溶液直至完全除尽为止。减压抽滤，弃去沉淀。

（4）除去过量的 CO_3^{2-}

往滤液中滴加 $6mol\cdot L^{-1}$ HCl，加热搅拌，中和至溶液 pH 为 3.0～4.0（用精密 pH 试纸检验）。

（5）浓缩和结晶

将滤液转移至蒸发皿中蒸发浓缩，当液面出现晶膜时，改用小火加热并不断搅拌，直至浓缩至有大量 NaCl 晶体出现（溶液浓缩至原体积的 1/4 左右）。冷却，减压抽滤，用少量 2：1（体积比）的酒精水溶液洗涤晶体，减压抽滤至布氏漏斗下端无水滴。

将 NaCl 转移到蒸发皿中小火烘干。烘干时应不断用玻璃棒搅动，以免结块，一直烘干至晶体不沾玻璃棒为止。

冷却后称重，计算产率。

2. 产品纯度的检验

取粗食盐和提纯后的产品 NaCl 各 1g，分别溶于约 5mL 蒸馏水中，然后用下列方法对离子进行定性检验并比较两者的纯度。

（1）SO_4^{2-} 的检验

在两支试管中分别加入上述粗、纯 NaCl 溶液约 1mL，分别加入 2 滴 $6mol \cdot L^{-1}$ HCl 和 $3 \sim 4$ 滴 $0.2mol \cdot L^{-1}$ $BaCl_2$ 溶液，观察其现象。

（2）Ca^{2+} 的检验

在两支试管中分别加入粗、纯 NaCl 溶液约 1mL，加 $2mol \cdot L^{-1}$ HAc 使呈酸性，再分别加入 $3 \sim 4$ 滴草酸铵饱和溶液，观察现象。

（3）Mg^{2+} 的检验

在两支试管中分别加入粗、纯 NaCl 溶液约 1mL，先各加入 $4 \sim 5$ 滴 $6mol \cdot L^{-1}$ NaOH 溶液，摇匀，再分别加 $3 \sim 4$ 滴镁试剂溶液，溶液有天蓝色絮状沉淀时，表示有镁离子存在。反之，若溶液仍为紫色，表示无镁离子存在。

【注意事项】

1. 粗盐提纯的整个过程中，应随时补充蒸馏水，维持原体积，以免 NaCl 析出。

2. 加 HCl 除去 CO_3^{2-} 时，要把溶液的 pH 调至 $3.0 \sim 4.0$。

实验 7　硫酸铜的提纯

【实验预习】

1. 预习 4.3 无机及分析化学实验中的分离与提纯。

2. 预习 3.5.1 pH 试纸的使用。

3. 为什么要先将 Fe^{2+} 氧化为 Fe^{3+}，而后再转化为 $Fe(OH)_3$ 沉淀去除 Fe^{2+}？

4. 将 Fe^{2+} 氧化为 Fe^{3+} 时为何选择 H_2O_2 为氧化剂，而不用 $KMnO_4$、$K_2Cr_2O_7$ 等氧化剂？

5. 调节溶液 pH 为什么常选用稀酸、稀碱，而不用浓酸、浓碱？除酸、碱外，还可选用哪些物质来调节溶液的 pH，选用的原则是什么？

6. 精制后的硫酸铜溶液为什么要滴几滴稀 H_2SO_4 调节 pH 至 $1.0 \sim 2.0$，然后再加热蒸发？

7. 减压抽滤时蒸发皿中的少量晶体，怎样转移到漏斗中？能否用蒸馏水冲洗？

8. 如何检验 $CuSO_4$ 溶液中少量的 Fe^{3+}？

【实验目的】

1. 了解提纯硫酸铜的原理和方法。

2. 熟悉台秤的使用及溶解、过滤、蒸发浓缩、结晶等基本操作。

3. 学习粗略检验产品中杂质铁含量的方法。

【实验原理】

粗硫酸铜中含有不溶性杂质和可溶性杂质离子 Fe^{2+}、Fe^{3+} 等，不溶性杂质可通过过滤法除去。可溶性杂质离子 Fe^{2+} 常用氧化剂 H_2O_2 或 Br_2 水氧化成 Fe^{3+}，然后调节溶液 pH（一般控制在 pH＝3.5～4.0），使 Fe^{3+} 水解成为 $Fe(OH)_3$ 沉淀而除去，反应如下：

$$2Fe^{2+}+H_2O_2+2H^+ \Longrightarrow 2Fe^{3+}+2H_2O$$
$$Fe^{3+}+3H_2O \Longrightarrow Fe(OH)_3 \downarrow +3H^+$$

除去铁离子后的滤液经蒸发、浓缩，即可制得五水合硫酸铜结晶。其他微量杂质在硫酸铜结晶时，留在母液中，通过减压抽滤与硫酸铜晶体分开。

【仪器、药品及材料】

公用部分：台秤 3～4 台，循环水式真空泵 4～6 台，配有安全瓶的减压抽滤瓶 8～12 只，布氏漏斗 12～14 只，定性滤纸（大、小），粗硫酸铜试样，$1mol \cdot L^{-1}$ H_2SO_4，$2mol \cdot L^{-1}$ HCl，$2mol \cdot L^{-1}$ NaOH，3% H_2O_2，$6mol \cdot L^{-1}$ $NH_3 \cdot H_2O$，$0.1mol \cdot L^{-1}$ KSCN，研钵 4～6 个，精密 pH 试纸（pH0.5～5.0），洗瓶约 20 个。

学生配套部分：蒸发皿 1 个，酒精灯 1 个，三脚架 1 个，石棉网 1 个。漏斗和漏斗架各 1 个，100mL 烧杯 2 个，10mL 量筒 1 个，试管 10 支，表面皿 1 个，玻璃棒 1 根。

【实验内容】

1. 粗 $CuSO_4$ 的提纯

称取 5g 研细的粗 $CuSO_4$ 于 100mL 烧杯中，加入 15mL 蒸馏水，搅拌，溶解。滴加 2mL 3% H_2O_2，将溶液加热片刻（若无小气泡产生，即可认为 H_2O_2 分解完全），同时在不断搅拌下，逐滴加入 $0.5～1mol \cdot L^{-1}$ NaOH（自己稀释）。直到 pH＝3.5～4.0（用精密 pH 试纸试验），再煮沸 5～10min，使 $Fe(OH)_3$ 加速沉淀。取下，静置，待 $Fe(OH)_3$ 沉淀沉降（切记不要用玻璃棒去搅动！）后用倾析法过滤。

在精制后的硫酸铜滤液中滴加 $1mol \cdot L^{-1}$ H_2SO_4 酸化，调节 pH＝1.0～2.0，然后加热蒸发，浓缩至液面出现一层晶膜时，即停止加热，冷却至室温，减压抽滤，取出 $CuSO_4$ 晶体，用滤纸把硫酸铜晶体表面的水分吸干，称量并计算产率。

2. $CuSO_4$ 纯度的检定

称取 0.5g 精制过的硫酸铜晶体，放入小烧杯中，用 5mL 蒸馏水溶解，加入 0.5mL $1mol \cdot L^{-1}$ H_2SO_4 酸化，然后加入 1mL 3% H_2O_2，煮沸 5～10min，使其中 Fe^{2+} 氧化成 Fe^{3+}。待溶液冷却后，在搅拌下逐滴加入 $6mol \cdot L^{-1}$ 氨水，直至最初生成蓝色沉淀完全溶解，溶液呈深蓝色为止，此时 Fe^{3+} 成为 $Fe(OH)_3$ 沉淀，而 Cu^{2+} 则成为配离子 $[Cu(NH_3)_4]^{2+}$，反应如下：

$$Fe^{3+}+3NH_3 \cdot H_2O \Longrightarrow Fe(OH)_3 \downarrow +3NH_4^+$$
$$2Cu^{2+}+SO_4^{2-}+2NH_3 \cdot H_2O \Longrightarrow Cu_2(OH)_2SO_4 \downarrow +2NH_4^+$$
浅蓝色

$$Cu_2(OH)_2SO_4+2NH_4^+ +6NH_3 \cdot H_2O \Longrightarrow 2[Cu(NH_3)_4]^{2+}+8H_2O+SO_4^{2-}$$
深蓝色

常压过滤，并用滴管将 $1mol \cdot L^{-1}$ 氨水（自己稀释）洗涤滤纸，直到蓝色洗去为止（弃去滤液），此时 $Fe(OH)_3$ 黄色沉淀留在滤纸上。用滴管把 1.5mL 热的 $2mol \cdot L^{-1}$ HCl 滴在滤纸上，以溶解沉淀。如一次不能完全溶解，可将滤下的滤液再滴到滤纸上，直到全部溶解为止。在滤液中滴加 2 滴 $0.1mol \cdot L^{-1}$ KSCN，观察溶液的颜色。

$$Fe^{3+} + nSCN^- \Longrightarrow [Fe(SCN)_n]^{3-n} \quad (n=1\sim6)$$

血红色

Fe^{3+} 越多，血红色越深。因此根据血红色的深浅可以比较 Fe^{3+} 的多少，评定产品的纯度。

【注意事项】

1. 调节溶液 pH 时，pH 不能调得太大，否则会生成 $Cu(OH)_2$ 沉淀，影响产量；也不能调得太小，否则杂质 Fe^{3+} 除不尽。

2. 调节好 pH 再煮沸，使 $Fe(OH)_3$ 杂质颗粒变大，方便过滤，不得省略。

3. 要得到较大颗粒的结晶，蒸发浓缩时不可用搅拌棒搅动，冷却时亦不可骤冷。

4. 蒸发浓缩至溶液表面出现晶膜即需停止加热，切不可将水蒸干。

实验 8 硫酸亚铁铵的制备

【实验预习】

1. 预习 4.3 无机及分析化学实验中的分离与提纯。

2. 预习 3.5.1 pH 试纸的使用。

3. 铁屑净化及混合硫酸亚铁和硫酸铵溶液以制备复盐时均需加热，加热时应注意哪些问题？

4. 怎样确定所需的硫酸铵用量？

5. 减压抽滤得到硫酸亚铁铵晶体后，如何除去晶体表面上附着的水分？

【实验目的】

1. 了解复盐制备的一般方法。

2. 掌握水浴加热、溶解、过滤、蒸发、结晶等基本操作。

3. 了解检验产品中杂质含量的一种方法——目视比色法。

【实验原理】

$FeSO_4 \cdot (NH_4)_2SO_4 \cdot 6H_2O$ 又称摩尔盐，是浅蓝绿色单斜晶体，能溶于水，难溶于乙醇。在空气中较硫酸亚铁稳定，所以在化学分析中常作为 Fe^{2+} 的基准物质使用。

由硫酸铵、硫酸亚铁和硫酸亚铁铵在水中的溶解度数据（表 8-1）可知，在一定温度范围内，硫酸亚铁铵的溶解度比组成它的每一组分的溶解度都小。因此，很容易从浓的硫酸亚铁和硫酸铵混合溶液中制得结晶状的摩尔盐。在制备过程中，为了使 Fe^{2+} 不被氧化和水解，溶液需保持足够的酸度。

表 8-1 几种盐的溶解度 单位：g/100gH_2O

盐及分子量		$t/°C$			
		10	20	30	40
$(NH_4)_2SO_4$	132.1	73.0	75.4	78.0	81.0
$FeSO_4 \cdot 7H_2O$	277.9	37.0	48.0	60.0	73.3
$FeSO_4 \cdot (NH_4)_2SO_4 \cdot 6H_2O$	392.1		36.5	45.0	53.0

本实验是先将金属铁屑溶于稀硫酸制得硫酸亚铁溶液：

$$Fe + H_2SO_4 \longrightarrow FeSO_4 + H_2 \uparrow$$

然后加入等物质的量的硫酸铵制得混合溶液，加热浓缩，冷却室温，便析出硫酸亚铁铵晶体。

$$FeSO_4 + (NH_4)_2SO_4 + 6H_2O \longrightarrow FeSO_4 \cdot (NH_4)_2SO_4 \cdot 6H_2O$$

目视比色法是确定杂质含量的一种常用方法，在确定杂质含量后便能定出产品的级别。将产品配成溶液，与各标准溶液进行比色，如果产品溶液的颜色比某一标准溶液的颜色深，就可确定杂质含量低于该标准溶液中的含量，即低于某一规定的限度，所以这种方法又称为限量分析。本实验只做摩尔盐中 Fe^{3+} 的限量分析。

【仪器、药品及材料】

公用部分：台秤 3～4 台，循环水式真空泵 4～6 台，配有安全瓶的减压抽滤瓶 8～12 只，布氏漏斗 12～14 只，定性滤纸，滤纸，洗瓶约 20 个，铁屑，10% Na_2CO_3，3mol·L^{-1} H_2SO_4，$(NH_4)_2SO_4$。

学生配套部分：蒸发皿 1 个，酒精灯 1 个，三脚架 1 个，石棉网 1 个，100mL 烧杯 1 个，50mL 量筒 1 个，玻璃棒 1 根。

【实验内容】

1. 铁屑的预处理

称取 4g 较纯净的铁屑于小烧杯中，加入 15mL 10% Na_2CO_3 溶液，酒精灯加热 10min。倾去溶液，并用水冲洗铁屑至中性。若为废白铁屑，则加 10mL 3mol·L^{-1} H_2SO_4 溶液（代替 Na_2CO_3 溶液）浸泡，直至铁屑由银白色变成灰色，以除去铁表面的锌层，然后倾去溶液，用水洗净铁屑。

2. 硫酸亚铁的制备

将铁屑转入锥形瓶中，并向其中加入 30mL 3mol·L^{-1} H_2SO_4 溶液，置于水浴上加热，使铁屑与 H_2SO_4 反应至气泡冒出速度很慢为止。反应过程中注意补充水分，保持溶液原有体积，以避免硫酸亚铁析出。停止反应，趁热减压过滤，用少量热水洗涤锥形瓶及铁屑残渣，及时将滤液转入蒸发皿中。收集铁屑残渣，用水洗净，用滤纸吸干后称重。根据已反应的铁屑量计算理论产量。

3. 硫酸亚铁铵的制备

根据上述反应消耗的铁的质量，按 Fe 与 $(NH_4)_2SO_4$ 1∶2 的质量比，称取适量 $(NH_4)_2SO_4$ 固体，将其配成饱和溶液后加到上述 $FeSO_4$ 溶液中。在水浴上蒸发浓缩至表面出现晶体薄膜为止。放置，让其自然冷却，然后减压过滤除去母液，将晶体转移至表面皿上，晾干，称重，计算产率。

4. Fe^{3+} 标准溶液的配制（实验室配制）

先配制 10μg·mL^{-1} 的 Fe^{3+} 标准贮备溶液，然后用移液管吸取该标准溶液 5.00mL、10.00mL 和 20.00mL，分别放入 3 只 25mL 比色管中，各加入 2.00mL 2.0mol·L^{-1} HCl 溶液和 0.50mL 1.0mol·L^{-1} KSCN 溶液。用备用的含氧较少的去离子水将溶液稀释至 25.00mL，摇匀，得到 25mL 溶液中含 Fe^{3+} 0.05mg、0.10mg 和 0.20mg 三个级别的 Fe^{3+} 标准溶液，它们分别为 Ⅰ 级、Ⅱ 级和 Ⅲ 级试剂中 Fe^{3+} 的最高允许含量。

5.杂质离子的检验

用上述相似方法配制 25mL 含 1.00g 摩尔盐的溶液，若溶液颜色与Ⅰ级试剂的标准溶液的颜色相同或略浅，便可确定为Ⅰ级产品。

$$Fe^{3+}\text{的质量分数} = \frac{0.05 \times 10^{-3}\text{g}}{1.00\text{g}} \times 100\% = 0.005\%$$

Ⅱ级和Ⅲ级产品以此类推。

【注意事项】

1.在铁屑与硫酸作用的过程中，会产生大量 H_2 及少量有毒气体（如 H_2S 和 PH_3 等），应注意通风，避免发生事故。

2.为防止蒸发浓缩过程中 Fe^{2+} 水解及氧化，混合溶液需保持较强的酸性（pH＝1.0～2.0），蒸发时应小火或水浴加热，勿搅拌。

3.进行 Fe^{3+} 的限量分析时，应使用新煮沸并冷却的去离子水配制硫酸亚铁铵溶液。

实验 9　磺基水杨酸合铁(Ⅲ)配合物的组成及稳定常数的测定

【实验预习】

1.预习 4.1.1 液体体积度量仪器的使用——容量瓶、吸量管及比色管的使用。

2.预习 5.3 722N 型可见分光光度计的使用。

3.如果溶液中同时有几种不同的有色配合物存在，能否用本实验的方法测定它们的组成和稳定常数？为什么？

4.使用分光光度计要注意哪些操作？

5.等摩尔系列法测定配合物组成时，为什么说只有当金属离子与配位体浓度之比恰好与配合物组成相同时，配合物的浓度最大？

6.本实验中，如果各溶液的 pH 不相同，对结果有什么影响？

【实验目的】

1.掌握分光光度法测定溶液中配合物的组成及稳定常数的原理和方法。

2.学习分光光度计的使用及有关实验数据的处理方法。

【仪器、药品及材料】

公用部分：722N 型分光光度计，$0.01mol \cdot L^{-1}$ $HClO_4$ 溶液（将 4.4mL 70% $HClO_4$ 加到 50mL 水中，再稀释至 5000mL），$0.0200mol \cdot L^{-1}$ Fe^{3+} 溶液（用 9.60g 分析纯 $NH_4Fe(SO_4)_2 \cdot 12H_2O$ 晶体溶于 1L $0.01mol \cdot L^{-1}$ $HClO_4$ 溶液中），$0.0200mol \cdot L^{-1}$ 磺基水杨酸溶液（用 5.08g 分析纯磺基水杨酸溶于 1L $0.01mol \cdot L^{-1}$ $HClO_4$ 溶液中）。

学生配套部分：100mL 容量瓶 2 个，10mL 吸量管 2 支（贴标签），25mL 比色管 7 只（编号），1cm 比色皿 2 只，50mL 烧杯 1 个，滴管 1 只。

【实验原理】

磺基水杨酸（ HO—〈COOH benzene ring SO₃H〉 ）与 Fe^{3+} 可以形成稳定的配位化合物，其组成随溶液

pH 的不同而改变。在 pH＝2～3、4～9、9～11 时，磺基水杨酸与 Fe^{3+} 能分别形成三种不同颜色、不同组成的配合物[1]。本实验测定在 pH＝2～3 时形成的紫红色磺基水杨酸合铁（Ⅲ）配离子的组成及其稳定常数。溶液的 pH 通过加入 $HClO_4$ 溶液来调节。

根据朗伯-比耳定律，有色物质对某一定波长光的吸收能力与溶液的浓度 c、液层厚度 b 成正比。当液层厚度不变时，吸光度只与溶液浓度成正比。溶液对光吸收能力的大小，常用吸光度 A 和透光率 T 两种方法表示，它们之间的关系如下：

$$A = -\lg T = \lg \frac{I_0}{I} = \varepsilon b c$$

式中，ε 为摩尔吸光系数。当波长一定时，它是有色物质的一个特征常数。I_0 为入射光的强度；I 为透射光的强度。若 A 值大，表示该有色溶液对此波长光的吸收能力强；反之，若 A 值小，则表示该有色溶液对此波长光的吸收能力弱。

由于所测溶液中，磺基水杨酸是无色的，同时 Fe^{3+} 溶液的浓度很稀，也可认为是无色的，只有磺基水杨酸合铁（Ⅲ）配离子（MR_n）是有色的。因此，溶液的吸光度只与配离子的浓度成正比。通过对溶液吸光度的测定，可以求出该配离子的组成。

本实验用等摩尔系列法进行测定。即用一定波长的单色光，测定一系列组分变化的溶液的吸光度（金属离子 M 和配位剂 R 物质的量之和保持不变，改变 M 和 R 的摩尔分数）。显然，在这一系列溶液中，有的金属离子过量，有的配位剂过量，配合物的浓度都不可能达到最大值；只有当溶液中金属离子与配位剂的摩尔比与配离子的组成一致时，配离子的浓度才能最大。因此在特定波长下，测定一系列组成变化的溶液的吸光度 A，作 A-$[R]/([M]+[R])$ 的曲线图，曲线上极大值所对应有色物质组成和配离子的组成一致，如图 9-1 所示。

但是，当金属离子 M（或配位剂 R）实际存在着一定程度的吸收时，吸光度 A 就并不全由配合物 MR_n 的吸收所引起，此时需要加以校正，其校正方法如下。

分别测定金属离子溶液和配体溶液的吸光度 P 和 N。在 A-$[R]/([M]+[R])$ 的曲线图上，过 $[R]/([M]+[R])$ 等于 0 和 1.0 的两点作直线 PN，则直线上所表示的不同组成的吸光度数值，可以认为是由于 ［M］ 及 ［R］ 的吸收所引起的。因此，校正后的吸光度 A' 应等于曲线上的吸光度 A 值减去相应组成下直线上的吸光度 A_0 值，即 $A'＝A-A_0$，如图 9-2 所示。

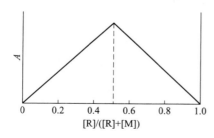

图 9-1　A-$[R]/([M]+[R])$ 曲线（1）

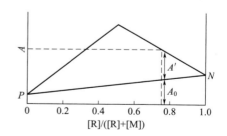

图 9-2　A-$[R]/([M]+[R])$ 曲线（2）

最后作 A'-$[R]/([M]+[R])$ 的曲线，该曲线极大值所对应的组成才是配合物的实际组成。如图 9-3 所示。

设 $x(R)$ 为曲线极大值所对应的配位剂的摩尔分数：

$$x(R) = \frac{[R]}{[M]+[R]}$$

则配合物的配位数为

$$n = \frac{[R]}{[M]} = \frac{x(R)}{1-x(R)}$$

由图 9-4 可看出，最大吸光度 B 点可被认为 M 和 R 全部形成配合物时的吸光度，其值为 A_B。由于配离子有一部分解离，其浓度要稍小一些，所以实验测得的最大吸光度在 E 点，其值为 A_E，因此配离子的解离度 α 可表示为

$$\alpha = \frac{A_B - A_E}{A_B}$$

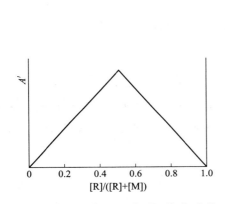

图 9-3　校正 A'-[R]/([M]+[R]) 曲线

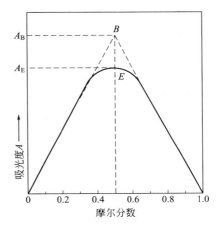

图 9-4　等摩尔系列法

对于组成为 1∶1 的配合物，根据下面关系式即可导出稳定常数 K_f。

$$MR \rightleftharpoons M + R$$

平衡浓度：　　　　　　　　$c-c\alpha$　　　　$c\alpha$　　　$c\alpha$

$$K_f = \frac{[MR]}{[M][R]} = \frac{c(1-\alpha)}{c\alpha \cdot c\alpha} = \frac{1-\alpha}{c\alpha^2}$$

式中，c 为 B 点所对应的金属离子的浓度；α 为解离度[2]。

【实验内容】

1. 配制 $0.00200 \text{mol} \cdot \text{L}^{-1}$ Fe^{3+} 溶液

准确移取 10.00mL $0.0200 \text{mol} \cdot \text{L}^{-1}$ Fe^{3+} 溶液于 100mL 容量瓶中，用 $0.01 \text{mol} \cdot \text{L}^{-1}$ $HClO_4$ 溶液稀释至刻度，摇匀。

2. 配制 $0.00200 \text{mol} \cdot \text{L}^{-1}$ 磺基水杨酸溶液

准确移取 10.00mL $0.0200 \text{mol} \cdot \text{L}^{-1}$ 磺基水杨酸溶液于 100mL 容量瓶中，用 $0.01 \text{mol} \cdot \text{L}^{-1}$ $HClO_4$ 溶液稀释至刻度，摇匀。

3. 配制系列溶液

按下表所列的体积分别移取上述所配制的两种溶液于比色管中，用 $0.01 \text{mol} \cdot \text{L}^{-1}$ $HClO_4$ 溶液稀释至刻度，摇匀。

溶液序号	0.00200mol·L⁻¹ Fe³⁺/mL	0.00200mol·L⁻¹ H₃L/mL	H₃L 摩尔分数	吸光度 A
1	10.00	0.00	0.00	
2	8.00	2.00	0.20	
3	6.00	4.00	0.40	
4	5.00	5.00	0.50	
5	4.00	6.00	0.60	
6	2.00	8.00	0.80	
7	0.00	10.00	1.00	

4. 测定溶液的吸光度（室温下）

用 1cm 比色皿，在波长 $\lambda = 500nm$ [3] 的条件下，以蒸馏水为空白，用 722N 型分光光度计测定上述溶液的吸光度 A。

以吸光度 A 对摩尔分数 $x(R)$ 作图，求出磺基水杨酸合铁（Ⅲ）配合物的组成，并计算出室温下该配合物的稳定常数。

【注意事项】

1. 比色皿使用前要先用去离子水润洗，再用待测溶液润洗 2~3 次。

2. 取放比色皿时，只能用手拿毛玻璃面，润洗后先用滤纸条吸水，然后用擦镜纸擦拭比色皿透光玻璃面。比色皿内盛放的溶液以 3/4 高度为宜，不能超过其高度的 4/5。比色皿放入暗箱槽中时，应使透光玻璃面通过光路。

3. 移取溶液的准确度对实验结果的影响较大。

【注释】

[1] Fe^{3+} 与磺基水杨酸在溶液 pH 为 2~3 时生成紫红色的 1∶1 型配合物，在 pH 为 4~9 时生成红色的 1∶2 型配合物，在 pH 为 9~11.5 时生成黄色的 1∶3 型配合物。

[2] 磺基水杨酸在溶液中存在解离平衡，实验测得的稳定常数为表观值，还应作如下校正：$K_f = K_{f,表观} \cdot \alpha(H)$。一般文献和手册上查得数据为 K_f，而不是 $K_{f,表观}$。$\alpha(H)$ 称为加质子常数，与溶液的 pH 有关。

[3] 为了选择适当的波长，可让待测溶液置于光路中，改变入射光波长，测定在不同波长下溶液的吸光度值，而最大吸光度所对应的波长称为最大吸收波波长。如果没有其他干扰，在实验中应以此波长作为入射光光源。

实验 10 配合物的生成与性质

【实验预习】

1. 预习 4.2.1 加热装置——酒精灯的使用。

2. 预习 4.3.2 固液分离的方法——离心分离法及离心机的使用。

3. 试设计一个利用配位反应分离混合溶液中 Ag^+、Fe^{3+}、Cu^{2+} 的实验方案。

4. 衣服上沾有铁锈时，常用草酸洗涤，试说明草酸除锈的原理。

5. Cu^{2+}、Ag^+、Zn^{2+}、Cd^{2+}、Hg^{2+} 中分别加入过量的氨水后会发生什么反应？

6.可用哪些不同类型的反应，使 $\left[Fe(NCS)_n\right]^{(3-n)+}$ 的红色褪去？

7.总结 Fe^{3+}、Fe^{2+}、Co^{2+}、Ni^{2+} 的颜色及鉴定方法。

【实验目的】

1.了解有关配合物的性质，比较相关配离子的稳定性。

2.了解配位平衡与沉淀反应、氧化还原反应及溶液酸度的关系。

3.了解 Fe^{3+}、Fe^{2+}、Co^{2+}、Ni^{2+} 的鉴定方法。

4.练习性质实验的操作技能。

【仪器、药品及材料】

公用部分：离心机 4 台；$NiSO_4$，$CoCl_2$，$BaCl_2$，$AgNO_3$，$NaCl$，KI，$(NH_4)_2Fe(SO_4)_2$，KBr，$CuSO_4$（以上溶液均为 $0.1mol \cdot L^{-1}$）；$FeCl_3$（$0.1mol \cdot L^{-1}$，$0.5mol \cdot L^{-1}$），$KSCN$（$0.1mol \cdot L^{-1}$，饱和），饱和 $(NH_4)_2C_2O_4$，$1mol \cdot L^{-1}Na_2S_2O_3$，$0.5mol \cdot L^{-1}$ $K_4[Fe(CN)_6]$，$0.5mol \cdot L^{-1}$ $K_3[Fe(CN)_6]$，$4mol \cdot L^{-1}$ NH_4F，碘水，3% H_2O_2，$6mol \cdot L^{-1}$ H_2SO_4，$6mol \cdot L^{-1}$ HCl，$NaOH$（$0.1mol \cdot L^{-1}$，$2mol \cdot L^{-1}$），$6mol \cdot L^{-1}NH_3 \cdot H_2O$，$1\%$二乙酰二肟（丁二酮肟），丙酮，锌粉，火柴。

学生配套部分：试管 10 个，离心试管 4 个，试管架，试管夹，酒精灯 1 个。

【实验原理】

配合物通常由内界和外界两部分组成，内界和外界之间以离子键相结合，在水溶液中，配合物的外界离子可全部解离，而内界离子（配离子）则以比较稳定的结构单元存在，其在水溶液中只有部分可解离为简单离子。如

$$[Ni(NH_3)_4]SO_4 \Longrightarrow [Ni(NH_3)_4]^{2+} + SO_4^{2-}$$

$$[Ni(NH_3)_4]^{2+} \Longrightarrow Ni^{2+} + 4NH_3$$

配合物的稳定性可用 K_f（稳定常数）或 K_d（不稳定常数）表征。

$$ML_n \Longrightarrow M + nL \qquad K_d = \frac{1}{K_f} = \frac{[M^{n+}][L]^n}{[ML_n]}$$

K_f 越大，K_d 越小，配离子的稳定性越大。

由于配离子在水溶液中有一定程度的解离，因此可利用沉淀反应、氧化还原反应或酸碱反应改变金属离子或配体的浓度，使配位平衡发生移动。如

$$[Ag(NH_3)_2]^+ + Br^- \Longrightarrow AgBr + 2NH_3$$

$$AgBr + 2S_2O_3^{2-} \Longrightarrow [Ag(S_2O_3)_2]^{3-} + Br^-$$

$$[Cu(NH_3)_4]^{2+} + Zn \Longrightarrow [Zn(NH_3)_4]^{2+} + Cu$$

$$4[Co(NH_3)_6]^{2+} + O_2 + 2H_2O \Longrightarrow 4[Co(NH_3)_6]^{3+} + 4OH^-$$

$$[Fe(C_2O_4)_3]^{3-} + 6H^+ \Longrightarrow Fe^{3+} + 3H_2C_2O_4$$

由于配合物的稳定性高，且许多性质如颜色、溶解度等往往与原物质有很大不同，因此可以利用生成有色配合物定性鉴定某些离子，或是利用生成配合物掩蔽干扰离子，也可以用于混合离子的分离等。如

$$Fe^{3+} + [Fe(CN)_6]^{4-} + K^+ + H_2O \Longrightarrow KFe[Fe(CN)_6] \cdot H_2O \downarrow （铁蓝）$$

$$Fe^{2+} + [Fe(CN)_6]^{3-} + K^+ + H_2O \Longrightarrow KFe[Fe(CN)_6] \cdot H_2O \downarrow （铁蓝）$$

$$Fe^{3+} + nSCN^- \Longrightarrow [Fe(NCS)_n]^{(3-n)+} （n=1\sim6）（血红色）$$

$$Co^{2+} + 4SCN^- \Longrightarrow [Co(NCS)_4]^{2-} （有机相中呈宝石蓝色）$$

【实验内容】

1.配离子的生成及其稳定性的比较

（1）在盛有 2 滴 $0.1mol \cdot L^{-1}$ $NiSO_4$ 溶液的两支试管中分别加入 2 滴 $0.1mol \cdot L^{-1}$ $BaCl_2$ 和 2 滴 $0.1mol \cdot L^{-1}$ NaOH，各有何现象发生？写出反应方程式。

在盛有 5 滴 $0.1mol \cdot L^{-1}$ $NiSO_4$ 溶液的试管中逐滴加入 $6mol \cdot L^{-1}$ 氨水至生成的沉淀完全溶解后，再适当多加些氨水。将此溶液分成三份，一份加入 2 滴 $0.1mol \cdot L^{-1}$ $BaCl_2$，一份加入 2 滴 $0.1mol \cdot L^{-1}$ NaOH，一份加热，现象有何不同？

（2）在盛有 2 滴 $0.1mol \cdot L^{-1}$ $FeCl_3$ 的试管中加入 1 滴 $0.1mol \cdot L^{-1}$ KSCN，有何现象？然后逐滴加入饱和 $(NH_4)_2C_2O_4$ 溶液，观察溶液的颜色有何变化？写出相关反应方程式，并比较 Fe^{3+} 的两种配合物的稳定性的大小。

（3）取 5 滴 $0.1mol \cdot L^{-1}$ $CoCl_2$，加入 $6mol \cdot L^{-1}$ 氨水至生成的沉淀完全溶解后，在空气中放置或加入 1～2 滴 3％ H_2O_2，观察溶液颜色变化。写出相关反应方程式，并比较 Co^{2+} 与 Co^{3+} 的配合物的稳定性大小。

2.配位平衡的移动

（1）配位平衡与沉淀反应

在盛有 2 滴 $0.1mol \cdot L^{-1}$ $AgNO_3$ 溶液的离心试管中加入 2 滴 $0.1mol \cdot L^{-1}$ NaCl，离心分离后倾去上层清液，然后在该试管中按下列顺序进行试验：

① 滴加 $6mol \cdot L^{-1}$ 氨水（不断摇动试管）至沉淀刚好溶解；

② 加 2 滴 $0.1mol \cdot L^{-1}$ KBr，有何沉淀生成？

③ 离心分离后倾去上层清液，滴加 $1mol \cdot L^{-1}$ $Na_2S_2O_3$ 溶液至沉淀溶解；

④ 滴加 $0.1mol \cdot L^{-1}$ KI 溶液，又有何沉淀生成？

写出以上各反应的方程式，并根据实验现象比较：

① $[Ag(NH_3)_2]^+$、$[Ag(S_2O_3)_2]^{3-}$ 的稳定性大小。

② AgCl、AgBr、AgI 的 $K_{sp}^{\ominus}$ 的大小。

（2）配位平衡与氧化还原反应

① 在盛有 2 滴 $0.1mol \cdot L^{-1}$ $CuSO_4$ 溶液的试管中滴加 $6mol \cdot L^{-1}$ 氨水至生成的沉淀完全溶解后加入适量的锌粉。观察实验现象并写出反应方程式。

② 在盛有 5 滴碘水的试管中，加入 10 滴 $0.5mol \cdot L^{-1}$ $K_4[Fe(CN)_6]$ 溶液，振荡后滴加数滴 $(NH_4)_2Fe(SO_4)_2$ 溶液，有何现象？写出反应式。

结合实验（Fe^{3+} 可把 I^- 氧化为 I_2），试比较 $E^{\ominus}(Fe^{3+}/Fe^{2+})$ 与 $E^{\ominus}([Fe(CN)_6^{3-}]/[Fe(CN)_6^{4-}])$ 的大小，并判断 $[Fe(CN)_6]^{3-}$ 和 $[Fe(CN)_6]^{4-}$ 稳定性的大小。

（3）配位平衡与溶液酸碱度的关系

① 在盛有 2 滴 $0.1mol \cdot L^{-1}$ $FeCl_3$ 的试管中逐滴加入饱和 $(NH_4)_2C_2O_4$ 溶液至溶液呈无色，然后加入 2 滴 $0.1mol \cdot L^{-1}$ KSCN，有何现象？为什么？然后逐滴加入 $6mol \cdot L^{-1}$ HCl 溶液，又有何现象？写出反应方程式。

② 在盛有 2 滴 $0.5mol \cdot L^{-1}$ $FeCl_3$ 的试管中逐滴加入 $4mol \cdot L^{-1}$ NH_4F 溶液至溶液呈无色，然后将溶液分成两份，分别滴加 $2mol \cdot L^{-1}$ NaOH 和 $6mol \cdot L^{-1}$ H_2SO_4 溶液，观察现象，并写出反应方程式。

3.配合物的应用

（1）利用生成有色配离子来定性鉴定某些离子

① Fe^{3+} 的鉴定　　在盛有 2 滴 $0.1mol \cdot L^{-1}$ $FeCl_3$ 的试管中加入 2 滴 $0.5mol \cdot L^{-1}$ $K_4[Fe(CN)_6]$ 溶液，观察沉淀的颜色。

② Fe^{2+} 的鉴定　　在盛有 2 滴 $0.1mol \cdot L^{-1}$ $(NH_4)_2Fe(SO_4)_2$ 的试管中加入 2 滴 $0.5mol \cdot L^{-1}$ $K_3[Fe(CN)_6]$ 溶液，观察沉淀的颜色。

③ Co^{2+} 的鉴定　　在盛有 2 滴 $0.1mol \cdot L^{-1}$ $CoCl_2$ 的试管中滴加饱和 KSCN 溶液，再加入 10 滴丙酮，观察水相和有机相的颜色变化，写出反应方程式。

④ Ni^{2+} 的鉴定　　在盛有 2 滴 $0.1mol \cdot L^{-1}$ $NiSO_4$ 的试管中加入 1 滴 $6mol \cdot L^{-1}$ $NH_3 \cdot H_2O$，然后加入 1 滴 1% 丁二酮肟试剂，观察沉淀的颜色。

（2）利用生成配合物掩蔽干扰离子

取 $0.1mol \cdot L^{-1}$ $FeCl_3$ 和 $0.1mol \cdot L^{-1}$ $CoCl_2$ 各 2 滴于试管中，加入 3～4 滴饱和 KSCN 溶液，有何现象产生？逐滴加入 $4mol \cdot L^{-1}$ NH_4F，并摇动试管，有何现象？继续滴加至溶液变为淡红色（$[Co(NCS)_4]^{2-}$ 的颜色）后加 6 滴丙酮，摇匀后静置，观察丙酮层的颜色。

实验 11　氧化还原平衡与电化学

【实验预习】

1.预习 5.1　酸度计的使用。

2.预习 4.2.1 加热装置——酒精灯的使用。

3.氧化还原反应进行的方向由什么判断，其影响因素又有哪些？

4.从 $KMnO_4$、$K_2Cr_2O_7$、HNO_3（浓）、H_2O_2、Cl_2 水中选一个最佳试剂，实现 $PbS \rightarrow PbSO_4$ 的转化，并说明理由。

5.说明 $K_2Cr_2O_7$ 和 K_2CrO_4 在溶液中的相互转化，比较它们的氧化能力。

6.如何确定原电池的正负极？Cu-Zn 原电池的两溶液间为什么必须加盐桥？应如何选用盐桥以适应不同的原电池？

【实验目的】

1.掌握一些常见氧化剂、还原剂的氧化还原性质。

2.掌握氧化还原反应与电极电势的关系及影响氧化还原反应的因素。

3.了解原电池装置及电极电势的影响因素。

【仪器、药品及材料】

公用部分：酸度计 6～8 台；KBr，KI，K_2CrO_4，$Cr_2(SO_4)_3$，$MnSO_4$，Na_2SO_3，KIO_3，$FeCl_3$，$Fe_2(SO_4)_3$，$ZnSO_4$（以上溶液均为 $0.1mol \cdot L^{-1}$）；$0.002mol \cdot L^{-1}$ $KMnO_4$，$FeSO_4$（$1mol \cdot L^{-1}$，$0.1mol \cdot L^{-1}$），$CuSO_4$（$0.1mol \cdot L^{-1}$，$0.01mol \cdot L^{-1}$），$1mol \cdot L^{-1}Na_2SO_4$，$H_2SO_4$（$1mol \cdot L^{-1}$，$3mol \cdot L^{-1}$），$6mol \cdot L^{-1}NaOH$，$NH_3 \cdot H_2O$，$3\%H_2O_2$，$CCl_4$，溴水，碘水，$5g \cdot L^{-1}$ 淀粉溶液，0.5% 酚酞，$MnO_2(s)$，$NH_4F(s)$，Zn 片，Cu 片，导线，细砂纸，盐桥。

学生配套部分：试管 10 个，酒精灯 1 个，50mL 烧杯 2 个，玻璃棒 1 根。

【实验原理】

1. 氧化还原反应的方向

电极电势的相对大小可以定量地衡量氧化态或还原态物质在水溶液中的氧化或还原能力的相对强弱。电对的电极电势代数值越大，氧化态物质的氧化能力越强，对应的还原态物质的还原能力越弱；反之亦然。

由氧化剂与还原剂的电极电势数值可判断氧化还原反应的方向。

对于氧化还原反应：

若 φ(氧化剂)$>\varphi$(还原剂)，反应正向进行；

φ(氧化剂)$=\varphi$(还原剂)，反应处于平衡状态；

φ(氧化剂)$<\varphi$(还原剂)，反应逆向进行。

通常情况下，可直接用标准电极电势 $\varphi^{\ominus}$ 判断反应的方向。若两电对的标准电极电势相差不太大，则可能需要用能斯特方程计算其实际的电极电势，然后再进行判断。

2. 介质对氧化还原反应的影响

有些氧化还原反应受反应介质的影响很大。例如 $KMnO_4$ 与 Na_2SO_3 的反应在不同介质条件下有明显不同。

酸性介质中：$2MnO_4^- + 5SO_3^{2-} + 6H^+ \rightleftharpoons 2Mn^{2+}$（浅肉色）$+ 5SO_4^{2-} + 3H_2O$

中性溶液中：$2MnO_4^- + 3SO_3^{2-} + H_2O \rightleftharpoons 2MnO_2$（棕色）$+ 3SO_4^{2-} + 2OH^-$

强碱性溶液中：$2MnO_4^- + SO_3^{2-} + 2OH^- \rightleftharpoons 2MnO_4^{2-}$（墨绿色）$+ SO_4^{2-} + H_2O$

碘单质在强碱性介质中可发生歧化反应，而在酸性介质中却可以发生反歧化反应：

$$3I_2 + 6OH^- \rightleftharpoons 5I^- + IO_3^- + 3H_2O$$

$$5I^- + IO_3^- + 6H^+ \rightleftharpoons 3I_2 + 3H_2O$$

3. 中间价态化合物的氧化、还原性

这类化合物一般既可作氧化剂，又可作还原剂。

例如 H_2O_2 的元素电势图：

$$\varphi_A: \quad O_2 \xrightarrow{0.682V} H_2O_2 \xrightarrow{1.763V} H_2O$$

$$\varphi_B: \quad O_2 \xrightarrow{-0.076V} HO_2^- \xrightarrow{0.867V} OH^-$$

由元素电势图可见，H_2O_2 在酸性介质中是一种强氧化剂，而在碱性介质中是一种中等强度的还原剂。

$$H_2O_2 + 2H^+ + 2I^- \rightleftharpoons I_2 + 2H_2O$$

$$3H_2O_2 + 2[Cr(OH)_4]^- + 2OH^- \rightleftharpoons 2CrO_4^{2-} + 8H_2O$$

$$H_2O_2 + Mn(OH)_2 \rightleftharpoons MnO_2 \downarrow + 2H_2O$$

$$H_2O_2 + MnO_2 + 2H^+ \rightleftharpoons Mn^{2+} + O_2 \uparrow + 2H_2O$$

$$5H_2O_2 + 2MnO_4^- + 6H^+ \rightleftharpoons 2Mn^{2+} + 5O_2 \uparrow + 8H_2O$$

4. 原电池与电极电势

利用氧化还原反应产生电流的装置叫作原电池。电极电势小的电对构成的电极叫作负极，电极电势大的电对构成的电极叫作正极。组成的原电池的电动势

$$E = \varphi(+) - \varphi(-)$$

电极电势的大小，不仅取决于电对的本性，还与反应温度、参与反应物质的浓度或压力等有关，电极电势可用能斯特方程计算。

电极反应：$a\,\mathrm{Ox} + n\,e^- \Longrightarrow b\,\mathrm{Red}$

$$\varphi(\mathrm{Ox/Red}) = \varphi^{\ominus}(\mathrm{Ox/Red}) + \frac{0.0592\mathrm{V}}{n}\lg\frac{\left[c(\mathrm{Ox})\right]^a}{\left[c(\mathrm{Red})\right]^b}$$

$$= \varphi^{\ominus}(\mathrm{Ox/Red}) + \frac{0.0592\mathrm{V}}{n}\lg\frac{1}{J}$$

当改变条件使电极反应中某组分的浓度变化时，如使氧化态或还原态生成配合物或沉淀或改变反应介质等，都可使电极的电势发生改变，从而引起原电池电动势发生变化。

【实验内容】

1.几种常见的氧化还原反应

（1）$Cr(Ⅵ)$ 和 $Cr(Ⅲ)$ 之间的相互转化

① 取 3 滴 $0.1\mathrm{mol\cdot L^{-1}}$ K_2CrO_4，加入 10 滴还原剂（自选），观察溶液颜色有无变化，若加入 $1\mathrm{mol\cdot L^{-1}}$ H_2SO_4 酸化之，现象又如何？说明 $Cr(Ⅵ)$ 转化为 $Cr(Ⅲ)$ 的反应介质条件。

② 取 3 滴 $0.1\mathrm{mol\cdot L^{-1}}$ $Cr_2(SO_4)_3$，加入 2 滴 3% H_2O_2，微热，观察溶液颜色有无变化，若先在 $Cr_2(SO_4)_3$ 中加入过量 $6\mathrm{mol\cdot L^{-1}}$ $NaOH$，再加 3% H_2O_2 并微热，现象又如何？说明 $Cr(Ⅲ)$ 转化为 $Cr(Ⅵ)$ 的反应介质条件。

（2）H_2O_2 的氧化、还原性

① 氧化性　在试管中加入 1 滴 $0.1\mathrm{mol\cdot L^{-1}}$ KI 溶液和 3 滴 $3\mathrm{mol\cdot L^{-1}}$ H_2SO_4 溶液，然后加入 2～3 滴 3% H_2O_2 溶液，观察溶液颜色的变化。写出离子方程式。

② 还原性　在试管中加入 2 滴 $0.002\mathrm{mol\cdot L^{-1}}$ $KMnO_4$ 溶液和 3 滴 $3\mathrm{mol\cdot L^{-1}}$ H_2SO_4 溶液，然后逐滴加入 3% H_2O_2，直至紫色消失。有气泡放出吗？为什么？写出离子方程式。

③ 选用适当介质用 H_2O_2 实现 MnO_2 与 Mn^{2+} 之间的相互转化。观察现象并写出反应方程式。

2.氧化还原反应与电极电势

（1）将 1 滴 $0.1\mathrm{mol\cdot L^{-1}}$ KI 与 1 滴 $0.1\mathrm{mol\cdot L^{-1}}$ $FeCl_3$ 在试管中混匀，然后加入 4 滴 CCl_4，振荡后观察 CCl_4 层的颜色变化。

（2）用 $0.1\mathrm{mol\cdot L^{-1}}$ KBr 代替 $0.1\mathrm{mol\cdot L^{-1}}$ KI 溶液进行同样实验，KBr 和 $FeCl_3$ 是否发生反应？

（3）向试管中加入 1 滴溴水及 5 滴 $0.1\mathrm{mol\cdot L^{-1}}$ $FeSO_4$ 溶液，混匀后加入 10 滴 CCl_4，振荡后观察 CCl_4 层的颜色变化。

（4）以碘水代替溴水进行同样实验，观察现象。

根据以上实验结果，比较 Br_2/Br^-、I_2/I^- 及 Fe^{3+}/Fe^{2+} 三个电对的电极电势的相对高低，说明电极电势与氧化还原反应方向的关系。

3.介质对氧化还原反应的影响

（1）介质对 $KMnO_4$ 还原产物的影响

在第一支试管中加入 1 滴 $0.002\mathrm{mol\cdot L^{-1}}$ $KMnO_4$ 溶液和 5 滴 $3\mathrm{mol\cdot L^{-1}}$ H_2SO_4 溶液，摇匀，滴加 $0.1\mathrm{mol\cdot L^{-1}}$ Na_2SO_3 溶液，观察溶液颜色有何变化。

在第二支试管中加入 2 滴 $0.002\mathrm{mol\cdot L^{-1}}$ $KMnO_4$ 溶液，滴加 $0.1\mathrm{mol\cdot L^{-1}}$ Na_2SO_3 溶液，观察溶液有何变化。

第三支试管中加入 5 滴 $0.1\mathrm{mol\cdot L^{-1}}$ Na_2SO_3 溶液和 5 滴 $6\mathrm{mol\cdot L^{-1}}$ $NaOH$ 溶液，摇匀，

滴加 $0.002mol\cdot L^{-1}$ $KMnO_4$ 溶液，观察溶液有何变化。

由实验得出介质对 $KMnO_4$ 还原产物的影响，并写出离子反应方程式。

（2）在试管中加入 1 滴 $0.1mol\cdot L^{-1}$ KI 与 1 滴 $0.1mol\cdot L^{-1}$ KIO_3 溶液，再加入几滴淀粉溶液，混合后观察溶液颜色有无变化。然后再滴加 $3mol\cdot L^{-1}$ H_2SO_4 溶液，观察溶液颜色变化，最后再滴加 $6mol\cdot L^{-1}$ NaOH 使溶液呈碱性，继续观察溶液颜色变化。写出相关反应方程式。

4. 浓度对氧化还原反应的影响

（1）往盛有 H_2O、CCl_4 和 $0.1mol\cdot L^{-1}$ $Fe_2(SO_4)_3$ 各 5 滴的试管中加入 2 滴的 $0.1mol\cdot L^{-1}$ KI，振荡后观察 CCl_4 层的颜色。

（2）以 $1mol\cdot L^{-1}$ $FeSO_4$ 代替 H_2O 进行同样实验，观察 CCl_4 层的颜色。

（3）以少量 NH_4F 固体代替 H_2O 进行同样实验，观察 CCl_4 层的颜色。

比较上述三支试管中 CCl_4 层颜色的深浅，说明反应物（Fe^{3+}）或生成物（Fe^{2+}）浓度对氧化还原反应的影响。

5. 原电池的组成与电池电动势的测定

（1）铜锌原电池电动势的测定

用细砂纸除去金属片表面的氧化层及其他物质，洗净，擦干。在一个 50mL 烧杯中加入 20mL $0.1mol\cdot L^{-1}$ $CuSO_4$ 溶液，并插入铜电极，组成一个半电池，在另一个 50mL 烧杯中加入 20mL $0.1mol\cdot L^{-1}$ $ZnSO_4$ 溶液，并插入锌电极，组成另一个半电池，以盐桥[1] 连接两半电池。用酸度计测出原电池[2] $Zn\,|\,ZnSO_4(0.1mol\cdot L^{-1})\,\|\,CuSO_4(0.1mol\cdot L^{-1})\,|\,Cu$ 的电动势。

（2）配合物的形成对电极电势的影响

① 在 $CuSO_4(0.1mol\cdot L^{-1})\,|\,Cu$ 半电池中滴加浓氨水并搅拌至沉淀完全溶解后，与半电池 $ZnSO_4(0.1mol\cdot L^{-1})\,|\,Zn$ 组成原电池，测定 $Zn\,|\,ZnSO_4(0.1mol\cdot L^{-1})\,\|\,[Cu(NH_3)_4]SO_4\,|\,Cu$ 的电动势，讨论形成配合物对 $\varphi(Cu^{2+}/Cu)$ 有何影响？

② 在 $ZnSO_4(0.1mol\cdot L^{-1})\,|\,Zn$ 半电池中滴加浓氨水并搅拌至沉淀完全溶解后，测定 $Zn\,|\,[Zn(NH_3)_4]SO_4\,\|\,[Cu(NH_3)_4]SO_4\,|\,Cu$ 的电动势，讨论形成配合物对 $\varphi(Zn^{2+}/Zn)$ 及原电池电动势有何影响？

（3）浓度对电极电势的影响

① 测出原电池 $Zn\,|\,ZnSO_4(0.1mol\cdot L^{-1})\,\|\,CuSO_4(0.01mol\cdot L^{-1})\,|\,Cu$ 的电动势，并与实验（1）的电动势值比较，试说明 Cu^{2+} 浓度的降低对 $\varphi(Cu^{2+}/Cu)$ 有何影响？

② 方法同上，测出下列浓差电池的电动势：

$$Cu\,|\,CuSO_4(0.01mol\cdot L^{-1})\,\|\,CuSO_4(0.1mol\cdot L^{-1})\,|\,Cu$$

【注意事项】

1. 注意某些反应介质的条件控制。

2. $KMnO_4 + NaOH + Na_2SO_3$ 实验时，Na_2SO_3 用量不可过多，否则，多余的 Na_2SO_3 会与产物 Na_2MnO_4 生成 MnO_2。

3. $KMnO_4 + H_2SO_4 + Na_2SO_3$ 实验时，$KMnO_4$ 用量不可过多，否则，多余的 $KMnO_4$ 会与产物 $MnSO_4$ 生成 MnO_2。

【注释】

[1] 盐桥的制作：把 1g 琼脂放入 100mL KCl 饱和溶液中浸泡一会儿，在不断搅拌下，加热至糊状，趁热倒入 U 形管中（管内不能留有气泡，否则会增加电阻），放入冷水中冷却

后就可以使用。不用时应放在 KCl 饱和溶液中。

[2] 原电池的制作：为了减少和节约药品的用量，实验中作原电池用的小烧杯，可以用大试管来代替，这样每种溶液用数毫升就够了。

实验 12　标准缓冲溶液的配制与缓冲性能的测试

【实验预习】

1. 预习 4.1.1 液体体积度量仪器的使用——量筒或量杯、容量瓶、移液管或吸量管的使用。

2. 预习 4.1.2 称量仪器的使用。

3. 预习 5.1 酸度计的使用。

4. pH 的实用定义（pH 标度）是什么？

5. 哪些溶液具有缓冲性能？

6. 用标准缓冲溶液定位时，选用标准缓冲溶液的原则是什么？

7. 影响缓冲溶液缓冲性能的主要因素有哪些？

【实验目的】

1. 学习和掌握缓冲溶液的配制方法。

2. 了解缓冲溶液的缓冲性能及其影响因素。

3. 了解酸度计的工作原理，掌握酸度计的使用方法。

【仪器、药品及材料】

公用部分：分析天平，酸度计与 pH 复合电极 12～14 套，50mL 烧杯或小试剂瓶（用于盛放 pH＝4.00 标准缓冲溶液、pH＝6.86 标准缓冲溶液）6～8 套，温度计 3～4 支，标准缓冲溶液（pH＝4.00，pH＝6.86），1.0mol·L^{-1} HCl，0.50mol·L^{-1} HAc，0.50mol·L^{-1} NaAc，邻苯二甲酸氢钾（A.R.，105～110℃ 干燥 1h），洗瓶 16～18 个，称量纸、滤纸条若干。

学生配套部分：50mL 容量瓶或比色管 4 个（编号），100mL 小烧杯（编号，也可用 50mL 比色管替代）6 个，1mL 吸量管 1 支、10mL 吸量管 2 支，10mL、50mL 量筒各 1 个，玻璃棒 1 根，滴管 1 只。

【实验原理】

能够抵御少量外加酸、碱或适当倍数稀释的影响而保持 pH 基本不变的性能称为缓冲性能，具有缓冲性能的溶液为缓冲溶液，缓冲溶液一般是由弱酸及其共轭碱组成。如弱酸（HA）与弱酸盐（A^-）、弱碱（B）与弱碱盐（BH^+）等。缓冲溶液的 pH 计算可采用如下公式近似计算。

HA-A^- 组成的缓冲溶液：$[H^+]=K_a\dfrac{c(HA)}{c(A^-)}$ 或 $pH=pK_a-lg\dfrac{c(HA)}{c(A^-)}$

B-BH^+ 组成的缓冲溶液：$[OH^-]=K_b\dfrac{c(B)}{c(BH^+)}$ 或 $pOH=pK_b-lg\dfrac{c(B)}{c(BH^+)}$

多元酸的酸式盐因为具有两性，其水溶液也具有缓冲性能，如 $NaHCO_3$、酒石酸氢钾、邻苯二甲酸氢钾等。不同强度的酸式盐也可组成缓冲溶液，如在人体细胞中起作用的缓冲系统主要是磷酸盐（$H_2PO_4^-$-HPO_4^{2-}）缓冲系统。

由上述计算公式可以看出，缓冲溶液 pH 的改变是由缓冲对的浓度比值改变引起的。缓冲对的浓度比值改变小，其 pH 的变化就小。因此缓冲溶液的缓冲性能主要取决于缓冲对浓度比值的改变。显然，当缓冲对组分浓度较大，缓冲组分的浓度比值接近于 1 时，缓冲溶液的缓冲性能较好。因此为了有较大的缓冲性能，选择缓冲溶液时应注意，使弱酸的 $pK_a^{\ominus}$ 与 pH 尽可能接近或使弱碱的 $pK_b^{\ominus}$ 与 pOH 尽可能接近。

溶液 pH 的测定采用 pH 玻璃电极作指示电极，饱和甘汞电极（SCE）作参比电极，与待测溶液组成工作电池，此电池可表示为：

$$(-)\text{pH 玻璃电极}|\text{试液}(a_{H^+})\|\text{SCE}(+)$$

$$(-)Ag,AgCl|HCl|\text{玻璃膜}|\text{试液}\|KCl(\text{饱和})|Hg_2Cl_2,Hg(+)$$

此原电池的电动势为：

$$E = \varphi_{SCE} - \varphi_{\text{玻璃}} + \varphi_L = \varphi_{SCE} - (\varphi_{AgCl/Ag} + K + \frac{2.303RT}{F}\lg a_{H^+}) + \varphi_L$$

$$= K' - \frac{2.303RT}{F}\lg a_{H^+} = K' + \frac{2.303RT}{F}\text{pH}$$

由上式可见，工作电池的电动势与试液的 pH 呈直线关系。公式中 K' 的影响因素很多（内、外参比电极，不对称电位，液接电位等），实际上难以准确确定。因此实际工作中，用酸度计测定溶液的 pH 时，需要先用一个 pH 准确已知的标准缓冲溶液来校正酸度计（也称定位），即以一标准缓冲溶液作为基准，通过比较待测溶液和标准缓冲溶液两工作电池的电动势测定待测溶液的 pH。

设有两种溶液 x（待测液）和 s（标准缓冲溶液），测量两种工作电池的电动势分别为：

$$E_x = K'_x + \frac{2.303RT}{F}\text{pH}_x$$

$$E_s = K'_s + \frac{2.303RT}{F}\text{pH}_s$$

当测量条件相同时，可假设 $K'_x = K'_s$。将上两式相减可得：

$$\text{pH}_x = \text{pH}_s + \frac{E_x - E_s}{2.303RT/F}$$

这就是对溶液的 pH 所给的实用定义，pH 酸度计就是根据这一原理设计的。

【实验内容】

1.各缓冲溶液的配制（总体积 50.0mL）

配制下述缓冲溶液前请完成此表中各组分用量的计算，经实验指导教师检查合格后才能进行。

编号	缓冲溶液	pH	各组分	各组分用量	pH
1	HAc+NaAc	4.7	$0.50mol\cdot L^{-1}$ HAc	20.00mL	
			$0.50mol\cdot L^{-1}$ NaAc		
2	HAc+NaAc	4.7	$0.50mol\cdot L^{-1}$ HAc	5.00mL	
			$0.50mol\cdot L^{-1}$ NaAc		

续表

编号	缓冲溶液	pH	各组分	各组分用量	pH
3	HAc＋NaAc	4.0	0.50mol·L^{-1} HAc		
			0.50mol·L^{-1} NaAc	3.00mL	
4	0.050mol·L^{-1} 邻苯二甲酸氢钾	4.00	邻苯二甲酸氢钾(s)		

2.缓冲溶液的缓冲性能

(1) 适当倍数稀释的影响

分别取上述 4 个缓冲溶液、1.0mol·L^{-1} HCl（其 pH 也需用酸度计测得）、1.0mol·L^{-1} HAc（其 pH 也需用酸度计测得）各 5mL 于小烧杯中，加水 45mL，搅拌均匀后测定各溶液的 pH 并完成下表。适当倍数稀释对缓冲溶液、弱酸、强酸 pH 的影响有何不同？

编号	缓冲溶液	稀释前的 pH	稀释后的 pH
1	HAc＋NaAc		
2	HAc＋NaAc		
3	HAc＋NaAc		
4	0.050mol·L^{-1}邻苯二甲酸氢钾		
5	1.0mol·L^{-1} HAc		
6	1.0mol·L^{-1} HCl		

(2) 组分浓度和浓度比值的影响

分别取上述第 1、2、3 号缓冲溶液 25mL 于小烧杯中，加 1.00mL 1.0mol·L^{-1} HCl，搅拌均匀后测定各溶液的 pH 并完成下表。由实验结果给出缓冲溶液的组分浓度和浓度比值对缓冲性能的影响。

编号	缓冲溶液	加酸前的 pH	加酸后的 pH
1	HAc＋NaAc		
2	HAc＋NaAc		
3	HAc＋NaAc		

【注意事项】

1. pH 复合电极在使用前需用去离子水或稀酸浸泡完全。

2. pH＝4.00 的标准缓冲溶液配制时，浓度必须要准确。

3. 缓冲溶液配制后，如 pH 有差异，可用共轭酸或共轭碱调节。

4. pH 复合电极插入待测溶液前为了避免引起待测溶液浓度的变化需要进行预处理。处理的方法有两种：一是用少量的待测液润洗；二是用去离子水洗净后用滤纸条擦干。

实验 13　常见阴离子的鉴定

【实验预习】

1.预习 4.2.1 加热装置——酒精灯的使用。

2.预习 4.3.2 固液分离的方法——离心分离法和离心机的使用。

3.用 $AgNO_3$ 法鉴定 $S_2O_3^{2-}$ 时，应在什么条件下进行？为什么？

4.利用 S^{2-} 什么性质与 SO_3^{2-}、$S_2O_3^{2-}$ 进行分离？

5.在 Br^- 和 I^- 混合液加入氯水时，足量的氯最终能把 I^- 氧化成什么物质？

【实验目的】

1.熟悉常见阴离子的性质和分离方法。

2.初步了解混合阴离子的鉴定方案。

3.进一步培养观察实验现象和分析现象中所遇到的问题的能力。

【实验原理】

1.定性分析基础知识

（1）反应进行的条件

反应必须具有如溶液颜色的改变、沉淀的生成或溶解、有气体的产生等明显的外观特征，为了保证鉴定反应得到正确的实验结果，常需严格控制鉴定反应条件，如溶液的酸度、温度、有关离子的浓度、催化剂和溶剂等。

（2）鉴定反应的灵敏度

鉴定反应的灵敏度常用"检出限量"和"最低浓度"表示。检出限量是指在一定条件下，利用某反应能检出的某离子的最小质量，单位用 μg 表示。最低浓度是指在一定条件下，被检离子能得到肯定结果的最低浓度，单位用 $\mu g \cdot mL^{-1}$ 表示。

（3）分别分析法　有其他离子共存时，不需要分离，直接检出待检离子的方法称为分别分析法。

（4）系统分析法　对于复杂的待检试样，首先用几种试剂将溶液中几种性质相近的离子分为若干组，然后在每一组中用适当的反应鉴定待检离子是否存在。这种方法称为系统分析法。

（5）对照试验　用已知溶液代替试液，用同样的方法在同样条件下进行的试验。其目的是检验试剂是否失效或反应条件是否控制正确。

（6）空白试验　用蒸馏水代替试液，在同样条件下进行的试验，称为空白试验。其目的是检验试剂或蒸馏水中是否含有被检验离子。

2.阴离子的鉴定特点

在阴离子中，有的遇酸易分解，有的彼此氧化还原而不能共存，故阴离子的分析具有以下两个特点：

① 阴离子在分析过程中容易起变化，不宜进行手续繁多的系统分析。

② 在阴离子的分析中，由于阴离子间的相互干扰较少，实际上许多离子共存的机会也较少，因此大多数阴离子分析一般采用分别分析法，如体系 SO_4^{2-}、NO_3^-、Cl^-、CO_3^{2-}。只有在鉴定时，当某些阴离子发生相互干扰的情况下，才适当采取分离手段，即系统分析

法，如 S^{2-}、SO_3^{2-}、$S_2O_3^{2-}$、Cl^-、Br^-、I^- 等。分别分析法并不是要针对所研究的全部离子逐一进行检验，而是先通过初步实验，用消除法排除肯定不存在的阴离子，然后对可能存在的阴离子逐个加以确定。

3.阴离子分析试样的制备

在酸性溶液中，部分阴离子可生成气体或改变价态相互反应，同时一些阳离子对阴离子的鉴定反应有干扰，因此，阴离子分析试样常制成碱性溶液而且不加入氧化剂或还原剂，并设法除去金属离子。通常将阴离子分析试样与饱和碳酸钠溶液共煮，使阴离子进入溶液，过滤除去阳离子的碳酸盐沉淀。

4.常见阴离子的鉴定

阴离子的种类较多，常见阴离子有以下 13 种：SO_4^{2-}、SiO_3^{2-}、PO_4^{3-}、CO_3^{2-}、SO_3^{2-}、$S_2O_3^{2-}$、S^{2-}、Cl^-、Br^-、I^-、NO_3^-、NO_2^-、Ac^-。

【仪器、药品及材料】

公共部分：离心机 4 台，常见阴离子试液的浓度均为 $0.1mol\cdot L^{-1}$，$6mol\cdot L^{-1}$ HCl，HNO_3（$6mol\cdot L^{-1}$、浓），H_2SO_4（$2mol\cdot L^{-1}$、浓），$6mol\cdot L^{-1}$ HAc，$2mol\cdot L^{-1}$ NaOH，氨水（$2mol\cdot L^{-1}$，$6mol\cdot L^{-1}$），$Ba(OH)_2$ 饱和溶液，$0.1mol\cdot L^{-1}$ $AgNO_3$，$0.2mol\cdot L^{-1}$ $BaCl_2$，$ZnSO_4$ 饱和溶液，$10g\cdot L^{-1}$ $FeCl_3$，3%钼酸铵溶液，对氨基苯磺酸，a-萘胺，1% $Na_2[Fe(CN)_5NO]$，1%I_2-淀粉溶液，$0.1mol\cdot L^{-1}$ $K_4[Fe(CN)_6]$，$2mol\cdot L^{-1}$ $(NH_4)_2CO_3$ 或 $AgNO_3$-NH_3 溶液，氯水，CCl_4，戊醇，$FeSO_4\cdot 7H_2O(s)$，锌粉，$PbCO_3(s)$，$KNO_3(s)$。

学生配套部分：酒精灯 1 个，离心试管 4 支，试管 10 支，点滴板 1 个，滴管 1 个，玻璃棒 1 根。

【实验内容】

1.单一离子的鉴定

（1）CO_3^{2-} 的鉴定

取 10 滴 CO_3^{2-} 试液于试管中，加 5 滴 $6mol\cdot L^{-1}$ HCl，并立即将事先蘸 1 滴 $Ba(OH)_2$ 饱和溶液的玻璃棒置于试管口，仔细观察，如玻璃棒上溶液立即变为浑浊（白色），结合溶液的 pH，可判断有 CO_3^{2-} 存在。

（2）Cl^- 的鉴定

在离心试管中加入 2 滴 Cl^- 试液和 1 滴 $6mol\cdot L^{-1}$ HNO_3，再滴加 $0.1mol\cdot L^{-1}$ $AgNO_3$，如有白色沉淀生成，初步判断有 Cl^- 存在。在离心分离后的沉淀上加入 3～5 滴 $6mol\cdot L^{-1}$ 氨水使其溶解，再滴加 $6mol\cdot L^{-1}$ HNO_3，如白色沉淀又重新出现，示有 Cl^- 存在。

（3）Br^- 的鉴定

在试管中加入 5 滴 Br^- 试液，加入 2 滴 $2mol\cdot L^{-1}$ H_2SO_4、3～5 滴 CCl_4，再滴加氯水，边加边振荡，若 CCl_4 层有黄色或橙红色出现，示有 Br^- 存在。

（4）I^- 的鉴定

在试管中加入 5 滴 I^- 试液，加入 2 滴 $2mol\cdot L^{-1}$ H_2SO_4 及 3～5 滴 CCl_4，并逐滴滴加氯水，并不断振荡试管，若 CCl_4 层呈紫红色（I_2），然后褪为无色（IO_3^-），示有 I^- 存在。

（5）S^{2-} 的鉴定

在点滴板上加 1 滴 S^{2-} 试液，加 1 滴 $2mol\cdot L^{-1}$ NaOH，再加 1 滴 1% $Na_2[Fe(CN)_5NO]$，

若有紫色出现，示有 S^{2-}。

(6) SO_3^{2-} 的鉴定[1]

① 在点滴板上滴加 5 滴 SO_3^{2-} 试液和 1 滴 $2mol \cdot L^{-1}$ H_2SO_4 与 1 滴 1% I_2-淀粉溶液，蓝色消失，示有 SO_3^{2-} 存在。

② 在点滴板上滴入 2 滴 $ZnSO_4$ 饱和溶液、1 滴 $0.1mol \cdot L^{-1}$ 亚铁氰化钾和 1 滴 1% Na_2 $[Fe(CN)_5NO]$，几滴 $2mol \cdot L^{-1}$ 氨水调节溶液呈中性，再滴入 SO_3^{2-} 试液，出现红色沉淀，示有 SO_3^{2-} 存在。

(7) $S_2O_3^{2-}$ 的鉴定[2]

在试管中加入 2 滴 $S_2O_3^{2-}$ 试液和 10 滴 $0.1mol \cdot L^{-1}$ $AgNO_3$ 溶液，振荡，生成白色沉淀，并迅速变黄色、棕色，最后变为黑色沉淀。这是 $S_2O_3^{2-}$ 最特殊的反应之一，可用来鉴定 $S_2O_3^{2-}$ 的存在。

(8) SO_4^{2-} 的鉴定

取分析试液 3～4 滴，加入 1 滴 $0.2mol \cdot L^{-1}$ $BaCl_2$，观察是否有沉淀生成。如有沉淀生成，再加入 $6mol \cdot L^{-1}$ HCl 数滴，沉淀不溶解，则表示有 SO_4^{2-} 存在。

(9) PO_4^{3-} 的鉴定

在离心试管中加入 2 滴 PO_4^{3-} 试液和 3 滴浓 HNO_3 溶液，再滴加 8 滴 3% 钼酸铵溶液，在水浴中温热几分钟，生成黄色沉淀，示有 PO_4^{3-} 存在。

(10) NO_2^- 的鉴定[3]

在点滴板上滴加 1 滴 NO_2^- 试液，用 $6mol \cdot L^{-1}$ HAc 酸化，再加入对氨基苯磺酸和 α-萘胺各 1 滴，立刻有红色出现，有 NO_2^- 存在。

(11) NO_3^- 的鉴定[3]

在试管中加入 2 滴 NO_3^- 试液和少量 $FeSO_4 \cdot 7H_2O$ 晶体，沿管壁滴加浓 H_2SO_4，在浓 H_2SO_4 和液面交界处棕色环的生成表示有 NO_3^- 的存在。

(12) Ac^- 的鉴定

① 在试管中加入 5 滴试液、5 滴戊醇、20 滴浓 H_2SO_4，微热，出现乙酸戊酯的香气。示有 Ac^- 存在。

② 在试管中加入 10 滴试液，加入 $10g \cdot L^{-1}$ $FeCl_3$ 至溶液出现红色，再置于沸水浴中加热，生成红棕色沉淀，示有 Ac^- 存在。

2. 混合离子的鉴定

(1) Cl^-、Br^- 和 I^- 混合液的鉴定

在离心试管中加入 Cl^-、Br^- 和 I^- 试液各 2 滴，摇匀后加 1 滴 $6mol \cdot L^{-1}$ HNO_3 溶液，滴加 $0.1mol \cdot L^{-1}$ $AgNO_3$ 至沉淀完全生成，离心分离，弃去离心液，沉淀用含 KNO_3 的蒸馏水洗涤 2 次，再向沉淀中加入 10 滴 $2mol \cdot L^{-1}$ $(NH_4)_2CO_3$ 溶液或 6～8 滴 $AgNO_3$-NH_3 溶液，振荡后水浴加热片刻，离心分离，保留沉淀。把离心液转入另一离心管，滴加 $6mol \cdot L^{-1}$ HNO_3 溶液酸化，生成白色沉淀，示有 Cl^- 存在。

把保留的沉淀用少量蒸馏水洗涤 2 次，在沉淀中加入 5 滴水和少量锌粉，振荡、微热后离心分离，弃去沉淀。离心液用 2 滴 $2mol \cdot L^{-1}$ H_2SO_4 酸化，再加入 5 滴 CCl_4，滴加氯水并振荡。CCl_4 层有紫色出现，示有 I^- 存在。继续滴加氯水并振荡，CCl_4 层紫色逐渐消失，

有棕黄色出现，示有 Br^- 存在。

（2）SO_3^{2-}、S^{2-}、$S_2O_3^{2-}$ 混合液的鉴定

在离心试管中加入上述试液各 3 滴，摇匀后配成混合溶液。取一滴混合溶液，鉴定 S^{2-}。

在余下的混合液中加几毫克 $PbCO_3$，充分搅拌，离心分离，并检验 S^{2-} 是否除尽[1]。除去 S^{2-} 的试液分为两份，一份用 $Na_2[Fe(CN)_5NO]$ 法鉴定 SO_3^{2-}，另一份用 $AgNO_3$ 鉴定 $S_2O_3^{2-}$。

【注意事项】

1.溶液酸度及反应条件的控制。

2.排除干扰离子的影响。

【注释】

[1] 在碱性溶液中 S^{2-} 能与亚硝酰铁氰酸钠作用呈紫色，对 SO_3^{2-} 的鉴定有干扰。避免干扰的方法是在混合液中加入 $PbCO_3$ 固体，使 $PbCO_3$ 转化为溶解度更小的 PbS 沉淀，离心分离后，在清液中再分别鉴定 SO_3^{2-} 和 $S_2O_3^{2-}$。

[2] S^{2-} 有干扰，应先除去，方法同 [1]。

[3] NO_2^- 也有类似反应，检验前应除去 NO_2^-。方法是在混合液中加饱和 NH_4Cl，并一起加热：

$$NH_4^+ + NO_2^- \stackrel{}{=\!=\!=} N_2\uparrow + 2H_2O$$

实验 14　常见阳离子的分离与鉴定

【实验预习】

1.预习 4.2.1 加热装置——酒精灯的使用。

2.预习 4.3.2 固液分离的方法——离心分离法及离心机的使用。

3.用醋酸铀酰锌鉴定 Na^+，加入乙醇的作用是什么？

4. Fe^{2+}、Fe^{3+} 之间如何相互转换？

【实验目的】

1.熟悉定性分析基本操作技能（如萃取、离心分离、沉淀的洗涤等）和有关仪器的使用。

2.掌握常见阳离子的基本性质及其鉴定方法。

3.通过观察实验现象和分析现象中所遇到的问题，培养综合应用基础知识的能力。

【实验原理】

1.阳离子分析方法

（1）观察样品　接到样品后，首先根据样品的来源，分析其可能组成，然后对样品进行观察（样品为溶液时需观察其颜色、气味、酸碱性、是否混有固态颗粒等，若为固体，观察其颜色、光泽和均匀程度等），确定其可能组成。

（2）预备试验　对样品进行灼烧试验、焰色试验和溶解试验，进一步确定其可能的组成。

（3）试液的制备　根据溶解试验，选择合适的溶剂，制成阳离子分析试液。

（4）选择鉴定方法　根据试样的实际情况，选择合适的鉴定方法。

（5）分析结果的判断　根据各步骤的分析结果，作出总的结论。总的结论必须能解释每一个步骤的实验现象。

2.常见阳离子的鉴定反应

阳离子的数目很多，现仅对常见的 NH_4^+、Ag^+、Pb^{2+}、Cu^{2+}、Hg^{2+}、Al^{3+}、Fe^{3+}、Fe^{2+}、Zn^{2+}、Ba^{2+}、Ca^{2+}、Mg^{2+}、Mn^{2+}、Na^+、K^+ 等阳离子进行鉴定试验。

【仪器、药品及材料】

公共部分：离心机4台，常见的待鉴定阳离子试液的浓度均为 $0.1mol \cdot L^{-1}$，HCl（$2mol \cdot L^{-1}$、$6mol \cdot L^{-1}$），$6mol \cdot L^{-1}$ HNO_3，$6mol \cdot L^{-1}$ H_2SO_4，HAc（$2mol \cdot L^{-1}$、$6mol \cdot L^{-1}$），$2mol \cdot L^{-1}$ NaAc，$6mol \cdot L^{-1}$ 氨水，NaOH（$2mol \cdot L^{-1}$、$6mol \cdot L^{-1}$），6% H_2O_2，$1mol \cdot L^{-1}$ K_2CrO_4，$1mol \cdot L^{-1}$ 酒石酸钾钠，0.02% $CoCl_2$，$(NH_4)_2[Hg(SCN)_4]$ 试液，饱和 $(NH_4)_2C_2O_4$，饱和硫氰酸铵，饱和碳酸钠，奈斯勒试剂，$0.1mol \cdot L^{-1}$ 亚硝酸钴钠，0.3% 四苯硼化钠，10% 醋酸铀酰锌溶液，0.2% 镁试剂，0.1% 铝试剂，0.01% 二苯硫腙的四氯化碳溶液，0.2% 玫瑰红酸钠，$0.2mol \cdot L^{-1}$ 铁氰化钾，$0.2mol \cdot L^{-1}$ 亚铁氰化钾，0.2% 邻二氮菲，95% 乙醇，乙醚，铋酸钠（s），pH 试纸。

学生配套部分：酒精灯1个，试管10支，离心试管4支，点滴板1个，表面皿2个，滴管1个，玻璃棒1根。

【实验内容】

1.单一离子的鉴定

（1）NH_4^+ 的鉴定

① 气室法　把一块湿润的 pH 试纸贴在一表面皿的中央，再在另一表面皿中加入2滴 NH_4^+ 试液和2滴 $2mol \cdot L^{-1}$ NaOH 溶液，然后迅速将两个表面皿扣在一起做成气室，并放在水浴中加热，若 pH 试纸变为碱色（pH>10），示有 NH_4^+ 存在。

② 奈斯勒法　取 NH_4^+ 试液1滴，滴入点滴板中，加入2滴奈斯勒试剂，若有红棕色沉淀，示有 NH_4^+ 存在。

（2）K^+ 的鉴定

① $Na_3[Co(NO_2)_6]$ 法　取 K^+ 试液3~4滴于试管中，加入4~5滴 $Na_3[Co(NO_2)_6]$ 溶液，用玻璃棒搅拌并摩擦试管内壁一段时间后，如有黄色沉淀生成，示有 K^+ 存在。由于 NH_4^+ 也能与 $Na_3[Co(NO_2)_6]$ 作用生成黄色沉淀，干扰 K^+ 的鉴定，应预先用灼烧法除去。

② 四苯硼化钠法　在离心试管中加入1滴 K^+ 试剂和3滴 0.3% 四苯硼化钠溶液，若有白色沉淀生成，示有 K^+ 存在。

（3）Na^+ 的鉴定　取 Na^+ 试液2~3滴，加1滴 $6mol \cdot L^{-1}$ HAc，5滴 95% 乙醇及7~8滴醋酸铀酰锌溶液于试管中，用玻璃棒在试管内壁摩擦，如有黄色晶体沉淀，示有 Na^+ 存在。

（4）Mg^{2+} 的鉴定

取试液2滴于点滴板上，加入 $6mol \cdot L^{-1}$ NaOH 2滴，然后加入1~2滴 0.2% 镁试剂，搅拌，如有天蓝色沉淀生成，示有 Mg^{2+} 存在。

（5）Pb^{2+} 的鉴定

① K_2CrO_4 法　在离心试管中滴加2滴 Pb^{2+} 试液，再加入 $6mol \cdot L^{-1}$ HAc 和 $1mol \cdot L^{-1}$

K_2CrO_4 各 2 滴，若生成黄色沉淀，离心分离后，在沉淀上滴加数滴 $2mol \cdot L^{-1}$ NaOH，沉淀溶解，示有 Pb^{2+} 存在。

② 二苯硫腙法　在试管中依次加入 1 滴 Pb^{2+} 试液和 2 滴 $1mol \cdot L^{-1}$ 酒石酸钾钠，再滴加 $6mol \cdot L^{-1}$ $NH_3 \cdot H_2O$ 至溶液 pH 为 9～11，加入 5 滴 0.01% 二苯硫腙的四氯化碳溶液，用力振荡，若下层（四氯化碳层）呈红色，示有 Pb^{2+} 存在。

（6）Ag^+ 的鉴定

在离心试管中滴加 5 滴 Ag^+ 试液和 3 滴 $2mol \cdot L^{-1}$ HCl 溶液，生成白色沉淀，将沉淀离心分离，在沉淀上滴加 $6mol \cdot L^{-1}$ $NH_3 \cdot H_2O$，使沉淀完全溶解，在沉淀溶解后的溶液中滴加 $6mol \cdot L^{-1}$ HNO_3 溶液，如有白色沉淀，示有 Ag^+ 存在。

（7）Ca^{2+} 的鉴定

在离心试管中滴加 5 滴 Ca^{2+} 试液和 10 滴饱和 $(NH_4)_2C_2O_4$ 溶液，有白色沉淀产生，离心分离，弃去清液，若白色沉淀不溶于 $6mol \cdot L^{-1}$ HAc 而溶于 $2mol \cdot L^{-1}$ HCl，示有 Ca^{2+} 存在。

（8）Ba^{2+} 的鉴定

① K_2CrO_4 法　在离心试管中滴加 2 滴 Ba^{2+} 试液，$2mol \cdot L^{-1}$ HAc 和 $2mol \cdot L^{-1}$ NaAc 各 2 滴，2 滴 $1mol \cdot L^{-1}$ K_2CrO_4 溶液，生成黄色沉淀，将沉淀离心分离，再在沉淀上滴加 4 滴 $2mol \cdot L^{-1}$ NaOH，沉淀不溶解，示有 Ba^{2+} 存在。

② 玫瑰红酸钠法　滴加 1 滴 Ba^{2+} 试液于滤纸上，再加 2 滴 0.2% 玫瑰红酸钠生成红棕色斑点，滴加 $2mol \cdot L^{-1}$ HCl 溶液 1 滴，斑点变为桃红色，示有 Ba^{2+} 存在。

（9）Cu^{2+} 的鉴定

在点滴板上滴加 1 滴 Cu^{2+} 试液，用 1 滴 $6mol \cdot L^{-1}$ HAc 酸化，再加入 1 滴 $0.2mol \cdot L^{-1}$ 亚铁氰化钾溶液，若生成红棕色沉淀，示有 Cu^{2+} 存在。

（10）Al^{3+} 的鉴定

取 1 滴 Al^{3+} 试液于试管中，加 2 滴 $2mol \cdot L^{-1}$ HAc 及 2 滴 0.1% 铝试剂，振荡后置水浴中加热片刻，再滴加 1～2 滴 $6mol \cdot L^{-1}$ $NH_3 \cdot H_2O$，若红色絮状沉淀生成，示有 Al^{3+} 存在。

（11）Zn^{2+} 的鉴定

在点滴板上滴加 2 滴 0.02% $CoCl_2$ 试液和 2 滴 $(NH_4)_2[Hg(SCN)_4]$ 试液[1]，用玻璃棒搅动溶液，此时溶液颜色无变化，滴加 1 滴 Zn^{2+} 试液，若立即生成深蓝色沉淀，示有 Zn^{2+} 存在。

（12）Cr^{3+} 的鉴定

取 Cr^{3+} 试液 2～3 滴于试管中，加入 $6mol \cdot L^{-1}$ NaOH 使 Cr^{3+} 转化为 $[Cr(OH)_4]^-$ 后，再过量 2 滴，然后加 6% H_2O_2 2～3 滴，煮沸至溶液呈浅黄色。待试管冷却后，加入乙醚 5 滴，慢慢滴入 $6mol \cdot L^{-1}$ HNO_3 酸化，振荡，乙醚层出现蓝色，示有 Cr^{3+} 存在。

（13）Mn^{2+} 的鉴定

在离心试管中滴加 2～3 滴 Mn^{2+} 试液于离心试管中，加入 $6mol \cdot L^{-1}$ HNO_3 和少量铋酸钠固体，振荡后离心分离，若上层清液呈紫红色，示有 Mn^{2+} 存在。

（14）Fe^{3+} 的鉴定

① 亚铁氰化钾法　在点滴板上滴加 1 滴 Fe^{3+} 试液和 1 滴 $0.2mol \cdot L^{-1}$ 亚铁氰化钾溶液

生成深蓝色沉淀，示有 Fe^{3+} 存在。

② 硫氰酸铵法　在点滴板上滴加 1 滴 Fe^{3+} 试液和 2 滴饱和硫氰酸铵试液，生成血红色溶液，示有 Fe^{3+} 存在。

（15）Fe^{2+} 的鉴定

① 铁氰化钾法　在点滴板上滴加 1 滴新配制的 Fe^{2+} 试液和 3 滴 $0.2mol \cdot L^{-1}$ 铁氰化钾溶液，生成深蓝色沉淀，示有 Fe^{2+} 存在。

② 邻二氮菲法　在点滴板上滴加 1 滴新配制的 Fe^{2+} 试液和 3 滴 0.2％邻二氮菲（反应的 pH 为 2～9），若溶液变为橘红色，示有 Fe^{2+} 存在。

2. 部分混合离子[2] 的分离与鉴定

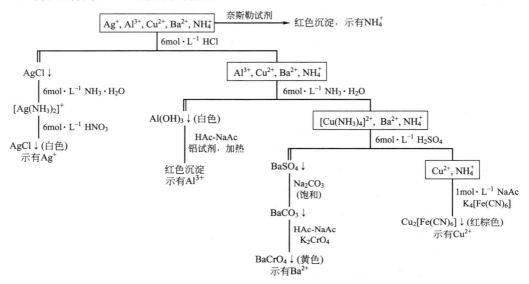

此实验需在离心试管中进行，分离后的沉淀需用稀的沉淀剂洗涤，洗涤液可并入上层清液中，离子经分离后再鉴定，鉴定方法与前述相同。

【注意事项】

1. 鉴定反应条件的控制和实验现象的观察。

2. 干扰离子的分离。

【注释】

[1] Co^{2+} 与 $(NH_4)_2[Hg(SCN)_4]$ 试液反应的灵敏度较差，但 Zn^{2+} 的存在促使反应进行生成蓝色沉淀，从而鉴定 Zn^{2+} 的存在。

[2] 混合离子由相应的硝酸盐溶液配制。

实验 15　容量器皿的使用与校准练习

【实验预习】

1. 预习 4.1.1 液体体积度量仪器的使用——滴定管、容量瓶和移液管的使用。

2. 预习 4.1.2 称量仪器的使用。

3.预习 2.2.3 实验数据的作图处理。

4.在进行滴定管的绝对校准以及移液管和容量瓶的相对校准时，所用的锥形瓶、滴定管、移液管和容量瓶是否都需要事先干燥？

5.称量用的锥形瓶为何要"具塞"的？

6.滴定管中存在气泡对校准有什么影响？

7.某一 250mL 容量瓶，其实际容量比标示值小 1.0mL，若称取试样约 0.5g，溶解后转入此容量瓶中定容，并移取 25mL 进行滴定，则由试样引入的相对误差为多少？

【实验目的】

1.初步学习滴定管、移液管与容量瓶的使用方法。

2.了解容量仪器校准的意义并掌握其校准方法。

【实验原理】

滴定管、移液管和容量瓶是滴定分析法常用的容量器皿。容量器皿的容积与其所标示的体积并非完全相符合。因此，在准确度要求较高的分析工作中，必须对容量器皿进行校准。

由于玻璃具有热胀冷缩的特性，在不同的温度下容量器皿的体积也有所不同。因此，校准玻璃容量器皿时，必须规定一个共同的温度值，这一规定温度值为标准温度。国际上规定玻璃容量器皿的标准温度为 20℃。即在校准时都将玻璃容量器皿的容积校准到 20℃时的实际容积。容量器皿常采用两种校准方法。

1.相对校准

只要求两种容器之间有一定的比例关系，而无需知道它们各自的准确体积时，用相对校准法。配套使用的移液管和容量瓶可用相对校准法进行仪器校准，如 25mL 移液管量取液体的体积应等于 250mL 容量瓶量取体积的 1/10。相对校准时用 25mL 移液管移取蒸馏水于洁净且干燥的 250mL 容量瓶中，到第 10 次重复操作后，观察瓶颈处液面最低点是否与刻度线相切。若不相切，应重新作一记号为标线。经过相对校准后的移液管和容量瓶配套使用时，它们的仪器误差可完全消除。

2.绝对校准

绝对校准是测定容量器皿的实际容积，常采用称量法进行校准。即用天平称得容量器皿容纳或放出纯水的质量，然后根据该温度时水的密度，计算出该容量器皿同温时的实际体积。例如：25℃时由滴定管放出 10.00mL 水，其质量为 10.08g，算出这一段滴定管的实际体积为：

$$V = \frac{10.08g}{0.9961g \cdot mL^{-1}} = 10.12mL$$

故滴定管这段容积的校准值为 10.12mL － 10.00mL ＝ ＋0.12mL。

由质量换算成容积时，需考虑三方面的影响：

① 水的密度随温度的变化；

② 温度对玻璃器皿容积胀缩的影响；

③ 在空气中称量时空气浮力的影响。

把上述三种因素综合考虑，得到一个总校准值。经总校准后的纯水密度列于表 15-1。

表 15-1　不同温度下纯水的密度值[1]

（空气密度为 $0.0012g \cdot mL^{-1}$，钠钙玻璃体胀系数为 $2.6 \times 10^{-5} ℃^{-1}$）

温度/℃	密度/$g \cdot mL^{-1}$	温度/℃	密度/$g \cdot mL^{-1}$
10	0.9984	21	0.9970
11	0.9983	22	0.9968
12	0.9982	23	0.9966
13	0.9981	24	0.9964
14	0.9980	25	0.9961
15	0.9979	26	0.9959
16	0.9978	27	0.9956
17	0.9976	28	0.9954
18	0.9975	29	0.9951
19	0.9973	30	0.9948
20	0.9972		

实际应用时，只要称出被校准的容量器皿容纳和放出纯水的质量，再除以该温度时纯水的密度值，便可得到该容量器皿在测试温度时的实际容积。

【仪器、药品及材料】

公共部分：台秤（准确至 0.01g）8～10 台，普通温度计（0～50℃）3～4 支，透明胶带。

学生配套部分：50mL 酸式滴定管 1 支，250mL 容量瓶 1 个，25mL 移液管 1 支，洗耳球 1 个，100mL 具塞比重瓶 1 只，烧杯 1 个。

【实验内容】

1.酸式滴定管的校准

先将干净并且外部干燥的 50mL 具塞锥形瓶，在台秤上称得其质量，准确称至小数点后第二位（0.01g）。将纯水装满欲校准的酸式滴定管，调节液面至 0.00 刻度处，记录水温，然后按每分钟约 10mL 的流速（约 3～4 滴/秒），放出 10mL（要求在 10mL±0.1mL 范围内，最好恰为 10.00mL）水于已称过质量的 50mL 具塞锥形瓶中，盖上瓶塞，再称出它的质量，两次质量之差即为滴定管放出水的质量。用同样的方法称量滴定管中 10～20mL、20～30mL、30～40mL、40～50mL 等刻度间水的质量。用每次得到的水的质量除以实验温度时水的密度，即可得到滴定管各部分的实际容积。将待校准滴定管的实验数据列入表 15-2 中。

表 15-2　滴定管的校准

（水的温度为_____℃，水的密度为_____$g \cdot mL^{-1}$）

滴定管读数/mL	瓶＋水的质量/g	读出的总容积/mL	总水质量/g	总实际容积/mL	总校准容积数/mL
0.00	（空瓶）				
10.00					
20.00					
30.00					
40.00					
50.00					

平行测定两次，以滴定管的读数（mL）为横坐标，平均总校准容积（mL）为纵坐标绘制校准曲线。

2. 容量瓶与移液管的相对校准

用 25mL 移液管吸取纯水注入洁净并干燥的 250mL 容量瓶中（操作时切勿让水碰到容量瓶的磨口），重复 10 次，然后观察容量瓶中溶液弯月面最低点是否与刻度线相切。若不相切，用透明胶纸另做新标记。经相互校准后的容量瓶与移液管配套使用可消除两者的仪器误差。

【注意事项】

1. 校正时务必要正确、仔细，尽量减小校正误差。

2. 准确读取滴定管的读数和遵循有效数字的运算规则。

3. 做校准曲线时以滴定管的总容积进行校准。

4. 做校准曲线时横、纵坐标的标尺刻度要恰当，应与使用仪器的准确度基本一致，如纵坐标（总校正容积）一大格不应小于 0.1mL。

【注释】

[1] 摘录于中华人民共和国计量器具检定规程《基本玻璃量器》，国家计量局，1980。

实验 16　滴定分析基本操作练习

【实验预习】

1. 预习 4.1.1 液体体积度量仪器的使用——滴定管的使用。

2. 在滴定分析实验中，滴定管和移液管为何需用滴定剂和待移取的溶液润洗？锥形瓶是否也要用滴定剂润洗？

3. 在每次滴定完成后，为什么要将标准溶液加至滴定管零点或近零点，然后进行第二次滴定？

4. HCl 和 NaOH 溶液定量反应完全后，生成 NaCl 和水，为什么用 HCl 滴定 NaOH 时，采用甲基橙指示剂，而用 NaOH 滴定 HCl 时，使用酚酞或其他合适的指示剂？

【实验目的】

1. 学习、掌握滴定分析常用仪器的洗涤和使用方法。

2. 熟悉甲基橙、酚酞指示剂滴定终点颜色变化的正确判断。

3. 学习有效数字的记录及数据处理。

【实验原理】

当指示剂一定时，用一定浓度的 HCl 和 NaOH 相互滴定，指示剂变色时，所消耗的体积比 V_{NaOH}/V_{HCl} 不变，与被滴定溶液的体积无关。借此可检验滴定操作技术和判断终点的能力。

$0.1mol \cdot L^{-1}$ HCl 和 $0.1mol \cdot L^{-1}$ NaOH 相互滴定时，pH 突跃范围为 4.3～9.7，只要在此 pH 突跃范围内变色的指示剂，均可用来确定滴定终点且保证测定有足够的准确度。

甲基橙（简写为 MO）的 pH 变色范围是 3.1（红）～4.4（黄），pH4.0 左右为橙色。酚酞（简写为 PP）的 pH 变色范围是 8.0（无色）～10.0（红）。二者均可作为本实验的指示剂，一般应遵循指示剂的变色由浅变深。

【仪器、药品及材料】

公共部分：$0.1mol \cdot L^{-1}$ NaOH 溶液，$0.1mol \cdot L^{-1}$ HCl 溶液，$1g \cdot L^{-1}$ 甲基橙溶液，$2g \cdot L^{-1}$ 酚酞溶液。

学生配套部分：50mL 酸式滴定管、碱式滴定管各 1 支，250mL 锥形瓶 2 只。

【实验内容】

1. 酸碱滴定溶液的准备

按照第 4 章 4.1.1 节"液体体积的度量仪器"中介绍的方法准备好酸、碱滴定管各一支，检查是否漏水，依次用自来水冲洗，用去离子水和操作液润洗后，装入操作液至滴定管"0"刻度线以上，气泡排尽后，调整液面至"0.00"刻度或稍下处，静置 $0.5 \sim 1min$ 后，记录初始读数（起始读数的小数点后第二位调节为 0），并立即将读数记录在实验原始记录本上。

2. 滴定终点的操作练习

由碱式滴定管中放出约 20mL NaOH 于 250mL 洗净的锥形瓶中，加入 1 滴甲基橙指示剂，用 $0.1mol \cdot L^{-1}$ HCl 滴定至溶液由黄色变为橙色。返滴 NaOH 使之变为黄色，再用 HCl 标准溶液滴定至由黄色变为橙色。反复数次，练习一滴及半滴操作，直至基本掌握为止。

3. HCl 溶液滴定 NaOH 溶液

按实验内容 1 准备酸、碱滴定溶液。由碱式滴定管准确放出 25.00mL NaOH 溶液（速率约 $10mL \cdot min^{-1}$，即 $3 \sim 4$ 滴/s）于 250mL 锥形瓶，加入 1 滴甲基橙指示剂，用 $0.1mol \cdot L^{-1}$ HCl 滴定至由黄色变为橙色即为终点（不允许反复滴定）。记录酸式滴定管中 HCl 的读数。

平行测定 3 次，要求体积比测定的相对平均偏差不大于 0.3%。

4. NaOH 溶液滴定 HCl 溶液

按实验内容 1 准备酸、碱滴定溶液。由酸式滴定管准确放出 25.00mL HCl 溶液于 250mL 锥形瓶中，加入 $1 \sim 2$ 滴酚酞指示剂，用 $0.1mol \cdot L^{-1}$ NaOH 滴定至由无色变为微红色，30s 内不褪色即为终点（不允许反复滴定）。记录消耗 NaOH 溶液的体积。

平行滴定 3 次，要求 3 次所消耗 NaOH 溶液体积的绝对差值（最大和最小体积差）不超过 0.20mL。

5. 数据记录示例

HCl 溶液滴定 NaOH 溶液（指示剂：甲基橙）

记录项目　　　　　　　平行测定次数	Ⅰ	Ⅱ	Ⅲ
NaOH 终读数/mL			
NaOH 初读数/mL			
V_{NaOH}/mL			
HCl 终读数/mL			
HCl 初读数/mL			
V_{HCl}/mL			
V_{NaOH}/V_{HCl}			
$\overline{V_{NaOH}/V_{HCl}}$ 平均值			
个别测定的绝对偏差			
相对平均偏差			

【注意事项】

1. 滴定管体积读数要读至小数点后两位，小数点后第二位应尽可能估计准确。

2. 滴定管操作要规范，一滴或半滴前后溶液颜色（不是颜色深浅，是指基本色调）发生突变即为终点。

实验 17　酸碱标准溶液的配制及浓度的标定

【实验预习】

1. 预习 4.1.1 液体体积度量仪器的使用——滴定管的使用。

2. 预习 4.1.2 称量仪器的使用。

3. 预习 3.3.3 化学试剂的使用。

4. 预习 3.3.4 试剂的配制。

5. 称取基准物质的锥形瓶，内壁是否要预先干燥？为什么？

6. 用邻苯二甲酸氢钾标定 NaOH 溶液浓度时，为什么选用酚酞而不用甲基橙作指示剂？

7. 基准物的称量范围估算的原则是什么？本实验中的邻苯二甲酸氢钾固体 $0.4 \sim 0.6g$ 是如何得到的？

8. 如果氢氧化钠标准溶液吸收了二氧化碳，对标定结果有何影响？标定盐酸的两种基准物质无水 Na_2CO_3 和硼砂，各有什么优缺点？

【实验目的】

1. 进一步熟悉和掌握滴定操作。

2. 掌握 NaOH、HCl 标准溶液的配制及保存方法。

3. 掌握酸碱标准溶液浓度标定的基本原理。

4. 了解基准物质邻苯二甲酸氢钾（$KHC_8H_4O_4$）和无水 Na_2CO_3 的性质及其应用。

【实验原理】

标准溶液是指已知准确浓度的溶液。由于 NaOH 固体易吸收空气中的 CO_2 和水分，浓盐酸易挥发，故两者的标准溶液都必须用间接法配制，即先配制成近似浓度的溶液，再用基准物质或已知准确浓度的标准溶液标定其准确浓度。其浓度一般在 $0.01 \sim 1mol \cdot L^{-1}$ 之间，实验室通常配制 $0.1mol \cdot L^{-1}$ 的溶液。

标定碱标准溶液常用的基准物质邻苯二甲酸氢钾（$KHC_8H_4O_4$）具有纯品易得、在空气中不吸水、容易保存、摩尔质量较大等优点。但在使用时需注意：邻苯二甲酸氢钾通常于 $105 \sim 110\,℃$ 时干燥 2h 后，于干燥器中冷却至室温，备用。干燥温度超过此范围时，则脱水而变为邻苯二甲酸酐，引起误差，无法准确标定 NaOH 溶液的浓度。

邻苯二甲酸氢钾标定 NaOH 的反应如下：

反应的产物是邻苯二甲酸钾钠，在水溶液中显弱碱性，故可选用酚酞作指示剂。

用无水碳酸钠为基准物质标定盐酸溶液的浓度，由于 Na_2CO_3 易吸收空气中的水分，应预先在 $270\,℃$ 下烘干至恒重，保存于干燥器中备用，标定时可用甲基橙作为指示剂。

无水碳酸钠标定 HCl 的反应如下：

$$Na_2CO_3 + 2HCl =\!\!=\!\!= 2NaCl + H_2CO_3$$

NaOH 与 HCl 标准溶液的浓度，一般只需标定其中一种，另一种则通过 NaOH 溶液与 HCl 溶液的体积比算出。标定 NaOH 溶液还是 HCl 溶液，要视试样的测定而定。原则上，应标定测定试样时所用的标准溶液，标定时的条件与测定时的条件（如指示剂和待测组分等）应尽可能一致。

【仪器、药品及材料】

公共部分：浓 HCl，NaOH(s, A. R.)，邻苯二甲酸氢钾（基准物质），无水 Na_2CO_3（基准物质），1％乙醇酚酞溶液，$1g \cdot L^{-1}$ 甲基橙溶液，标签纸，洗瓶约 20 个。

学生配套部分：50mL 酸式滴定管、碱式滴定管各 1 支，25mL 移液管 1 支，洗耳球 1 个，250mL 锥形瓶 2 只，400mL 烧杯 1 个，100mL 量筒 1 个，试剂瓶 2 个，玻璃棒 1 根。

【实验内容】（选做其中一种）

1. NaOH 和 HCl 标准溶液的配制

（1）$0.1mol \cdot L^{-1}$ HCl 溶液的配制

用 10mL 洁净量筒量取约 4.5mL 浓 HCl（为什么?），倒入盛有 400mL 水[1] 的试剂瓶中，加蒸馏水至 500mL，盖上玻璃塞，充分摇匀。贴好标签，写好试剂名称，浓度（空一格，留待填写准确浓度）、配制日期、班级、姓名等项备用。

（2）$0.1mol \cdot L^{-1}$ NaOH 溶液的配制

用台秤迅速称取约 2.1g NaOH 于 100mL 小烧杯中，加约 30mL 去离子水溶解，然后转移至试剂瓶中，用水稀释至 500mL，摇匀后，用橡胶塞塞紧。贴好标签，备用[2]。

2. $0.1mol \cdot L^{-1}$ NaOH 标准溶液浓度的标定

准确称取已烘好的基准物邻苯二甲酸氢钾固体 3 份，每份 0.4～0.6g，分别置于 250mL 锥形瓶中，加 20～30mL 煮沸后刚冷却的水，使其全部溶解（如不能快速溶解，可以多加摇动或稍微加热，不要用玻璃棒搅拌），冷却后加入 1～2 滴酚酞指示剂，用 NaOH 溶液滴定至微红色出现，且 30s 内不褪色即为终点。根据邻苯二甲酸氢钾的质量和所消耗 NaOH 溶液的体积，计算出 NaOH 标准溶液的准确浓度。要求 3 次测定的结果相对平均偏差不大于 0.3％。

3. $0.1mol \cdot L^{-1}$ HCl 标准溶液浓度的标定

准确称取已烘干的基准物无水碳酸钠固体 3 份，每份 0.15～0.2g，分别置于 250mL 锥形瓶中，加 20～30mL 蒸馏水，使其完全溶解，再加入 1 滴甲基橙指示剂，用待标定的 HCl 溶液滴定至溶液由黄色刚好变为橙色即为终点。记录消耗 HCl 标准溶液的体积，计算 HCl 溶液的准确浓度。要求 3 次测定的结果相对平均偏差不大于 0.3％。

【注意事项】

1. 基准物的称量和质量读数一定要准确。

2. 标定盐酸溶液的浓度，近终点时，一定要充分摇动，以防形成 CO_2 的过饱和溶液而使终点提前到达。最好是煮沸以除去 CO_2。

【注释】

[1] 分析实验室所用的水，一般均为蒸馏水或去离子水，故除特别指明外，所说的"水"，意即蒸馏水或去离子水。

[2] 本配制方法较方便，但市售 NaOH 试剂常因吸收二氧化碳而混有少量碳酸钠，

以致在分析结果中引起误差，须配制不含 CO_3^{2-} 的 NaOH 溶液。常用的两种配制方法如下：

① 制备饱和 NaOH 溶液（50%，Na_2CO_3 基本不溶），待 Na_2CO_3 下沉后，取上层清液用不含 CO_2 的蒸馏水稀释。

② 于 NaOH 溶液中加少量 $Ba(OH)_2$ 或 $BaCl_2$，取上层清液用不含 CO_2 的蒸馏水稀释。

实验 18　双指示剂法测定混合碱中各组分含量

【实验预习】

1. 预习 4.1.1 液体体积度量仪器的使用——滴定管、移液管的使用。

2. 根据 $V_甲$、$V_酚$ 的关系确定碱液的组成

（1）$V_甲 > V_酚 > 0$，组成为 _____。

（2）$V_酚 > V_甲 > 0$，组成为 _____。

（3）$V_甲 > 0$，$V_酚 = 0$，组成为 _____。

（4）$V_酚 > 0$，$V_甲 = 0$，组成为 _____。

（5）$V_甲 = V_酚 > 0$，组成为 _____。

3. 混合酸能否参照混合碱的方法测定？

【实验目的】

1. 进一步熟练滴定操作和滴定终点的判断。

2. 掌握混合碱分析的测定原理、方法和计算。

【实验原理】

混合碱是指 Na_2CO_3 与 NaOH 或 Na_2CO_3 与 $NaHCO_3$ 的混合物，可采用双指示剂法进行分析，一次测定两组分的含量。

在混合碱的试液中加入酚酞指示剂，用 HCl 标准溶液滴定至溶液呈近无色。此时试液中所含 NaOH 完全被中和，Na_2CO_3 也被滴定成 $NaHCO_3$，反应如下：

$$NaOH + HCl = NaCl + H_2O$$
$$Na_2CO_3 + HCl = NaCl + NaHCO_3$$

设消耗 HCl 标准溶液的体积为 $V_酚$（mL）。再加入甲基橙指示剂，继续用 HCl 标准溶液滴定至溶液由黄色变为橙色即为终点。此时 $NaHCO_3$ 被中和成 H_2CO_3，反应为：

$$NaHCO_3 + HCl = NaCl + H_2O + CO_2 \uparrow$$

设此时消耗 HCl 标准溶液的体积为 $V_甲$（mL）。根据 $V_甲$ 和 $V_酚$ 可以判断出混合碱的组成。

当 $V_酚 > V_甲 > 0$ 时，试液为 NaOH 和 Na_2CO_3 的混合物，设混合碱液的体积为 $V_{样品}$ mL。NaOH 和 Na_2CO_3 的含量（$g \cdot L^{-1}$）由下式计算：

$$\rho_{NaOH} = \frac{c_{HCl}(V_酚 - V_甲) \times 10^{-3} M_{NaOH}}{V_{样品}}$$

$$\rho_{Na_2CO_3} = \frac{c_{HCl} V_甲 \times 10^{-3} M_{Na_2CO_3}}{V_{样品}}$$

当 $V_甲 > V_酚 > 0$ 时，试液为 Na_2CO_3 和 $NaHCO_3$ 的混合物，$NaHCO_3$ 和 Na_2CO_3 的含量（$g \cdot L^{-1}$）由下式计算：

$$\rho_{NaHCO_3} = \frac{c_{HCl}(V_甲 - V_酚) \times 10^{-3} M_{NaHCO_3}}{V_{样品}}$$

$$\rho_{Na_2CO_3} = \frac{c_{HCl} V_酚 \times 10^{-3} M_{Na_2CO_3}}{V_{样品}}$$

【仪器与试剂】

公共部分：$0.10 mol \cdot L^{-1}$ HCl，混合碱溶液，1‰酚酞乙醇溶液，$1 g \cdot L^{-1}$ 甲基橙溶液，洗瓶约 20 个。

学生配套部分：50mL 酸式滴定管 1 支，25mL 移液管 1 支，洗耳球 1 个，250mL 锥形瓶 2 只。

【实验步骤】

用移液管准确移取 25.00mL 混合碱液于 250mL 锥形瓶中，加 2～3 滴酚酞，以 $0.10 mol \cdot L^{-1}$ HCl 标准溶液滴定至红色变为近无色，为第一终点，记下 HCl 标准溶液的体积 $V_酚$，再加入 1 滴甲基橙，继续用 HCl 标准溶液滴定至溶液由黄色变为橙色，为第二终点，记下 HCl 标准溶液体积 $V_甲$。平行测定 3 次，根据 $V_酚$、$V_甲$ 的大小判断混合物的组成，计算各组分的含量。

【注意事项】

1. 由于第一终点变化不明显，每次滴定的终点颜色要一致。

2. 开始滴定时不可太快，避免 HCl 局部过浓，反应至第二步，引起误差。

3. 近第二终点时，一定要充分摇动，以防形成 CO_2 的过饱和溶液而使终点提前到达。

4. 第一终点以酚酞为指示剂时，颜色变化极不明显，滴定误差较大。若选用甲酚红和百里酚蓝混合指示剂，终点颜色变色较为敏锐些。

实验 19　工业纯碱总碱量的测定

【实验预习】

1. 预习 4.1.1 液体体积度量仪器的使用——滴定管、容量瓶和移液管的使用。

2. 预习 4.1.2 称量仪器的使用。

3. 工业纯碱 Na_2CO_3（$w \approx 0.90$）的称量范围是多少？为什么要配成 250.0mL 后，再移取 25.00mL 进行滴定分析，而不是称量后直接滴定？

4. 可否用酚酞指示剂测定纯碱中的总碱量，为什么？

5. 若无水 Na_2CO_3 吸收了部分水分，用此基准物质标定盐酸溶液的浓度时，对结果产生何种影响？

6. 分析此实验的误差来源。

【实验目的】

1. 掌握工业纯碱总碱量测定的原理和方法。

2. 掌握强酸滴定二元弱碱的滴定过程及指示剂选择的原则。

【仪器、药品及材料】

公用部分：分析天平 20 台，Na_2CO_3（基准物质），工业纯碱（270～300℃ 干燥成干基），盛工业纯碱的称量瓶 20 个（放于干燥器中），$0.1mol \cdot L^{-1}$ HCl 溶液，$1g \cdot L^{-1}$ 甲基橙指示剂，洗瓶约 20 个，纸带若干。

学生配套部分：50mL 酸式滴定管 1 支，25mL 移液管 1 支，250mL 锥形瓶 3 个，250mL 容量瓶 1 个，100mL 小烧杯 1 个，玻璃棒 1 根。

【实验原理】

工业纯碱的主要成分为 Na_2CO_3，商品名为苏打，常含有 NaCl、Na_2SO_4、$NaHCO_3$、NaOH 等杂质，可通过测定总碱度来衡量产品的质量。结果一般用 Na_2CO_3 或 Na_2O 的质量分数来表示。用 HCl 标准溶液滴定纯碱，到达化学计量点时，溶液呈弱酸性，可选用甲基橙作指示剂[1]。由以下公式，可得样品中总碱度的含量。

$$w_{Na_2CO_3} = \frac{\frac{1}{2}c_{HCl}V_{HCl}M_{Na_2CO_3} \times 10^{-3}}{m_s \times 25.00/250.0} \times 100\%$$

【实验内容】

1. $0.1mol \cdot L^{-1}$ HCl 溶液的标定：参见实验 17 中用 Na_2CO_3 标定 HCl 部分。

2. 工业纯碱总碱量的测定

准确称取 1.2～1.8g 纯碱试样于小烧杯中，用适量水溶解（必要时，可稍加热以促进溶解，冷却），定量转移至 250mL 容量瓶中，用水稀释至刻度，摇匀。

用移液管移取上述试液 25.00mL 于锥形瓶中，加 1 滴甲基橙指示剂，用 $0.1mol \cdot L^{-1}$ 的 HCl 标准溶液滴定至由黄色变为橙色，即为终点。记录滴定所消耗 HCl 溶液的体积，计算试样中 Na_2CO_3 的含量，即为总碱量。

平行测定 3 次，测定结果的相对平均偏差不大于 0.2%。

【注意事项】

1. 工业纯碱中含有杂质和水分，组成不太均匀，应多称一些，使之具有代表性。

2. 甲基橙加入量为 1 滴，不宜过多。因终点为黄色变为橙色，若指示剂较多不易观察。

3. 滴定过程中摇动要充分，特别是近终点时，滴定速度要慢，加速摇动。

【注释】

[1] HCl 和 Na_2CO_3 溶液反应分两步进行：

$$Na_2CO_3 + HCl \longrightarrow NaHCO_3 + NaCl$$
$$NaHCO_3 + HCl \longrightarrow H_2CO_3 + NaCl$$

滴定的第一化学计量点的突跃范围较小，终点不敏锐。因此采用第二化学计量点，用甲基橙作指示剂。

实验 20　EDTA 标准溶液的标定与水的总硬度的测定

【实验预习】

1. 预习 4.1.1 液体体积度量仪器的使用——滴定管、容量瓶和移液管的使用。

2. 预习 4.1.2 称量仪器的使用。

3.计算 $CaCO_3$ 基准物的称量范围。为什么要配成 250.0mL 后，再移取 25.00mL 进行滴定分析，而不是称量后直接滴定？

4.以 HCl 溶液溶解 $CaCO_3$ 基准物质时，操作中应注意些什么？

5.配位滴定中为什么要加入缓冲溶液调节溶液的 pH？

6.标定 EDTA 溶液的基准物有哪些？各标定条件如何？

7.用 EDTA 法测定水的硬度时，哪些离子的存在有干扰？其干扰如何消除？

8.金属指示剂的作用原理？金属指示剂的用量对测定结果的影响如何？

9.配位滴定法与酸碱滴定法相比，有哪些不同点？操作中应注意哪些问题？

【实验目的】

1.掌握 EDTA 标准溶液的标定。

2.熟悉配位滴定法的原理和特点。

3.掌握铬黑 T 指示剂的使用及终点颜色的变化，了解金属指示剂的特点。

4.掌握测定水中钙、镁含量的原理及方法。

【仪器、药品及材料】

公用部分：分析天平 20 台，100mL 移液管 6～8 支，$CaCO_3$（A.R.，s，于 110℃ 干燥 2h，冷却），盛 $CaCO_3$ 的称量瓶 20 个（放入干燥器中），$0.02mol \cdot L^{-1}$ EDTA 标准溶液，（1+1）HCl 溶液，（1+1）三乙醇胺溶液，NH_3-NH_4Cl 缓冲溶液（pH≈10.0），0.5％铬黑 T 指示剂，洗瓶约 20 个，纸带若干。

学生配套部分：50mL 酸式滴定管 1 支，25mL 移液管 1 支，洗耳球 1 个，250mL 锥形瓶 2 个，250mL 容量瓶 1 个，400mL 烧杯 1 个，10mL 量筒 1 个，玻璃棒 1 根。

【实验原理】

1. EDTA 标准溶液的配制和标定

乙二胺四乙酸（EDTA）在水中的溶解度较小，因此，在配位滴定中通常使用乙二胺四乙酸的二钠盐（$Na_2H_2Y \cdot 2H_2O$，亦称 EDTA）来配制标准溶液。但常因吸附约 0.3％的水分和含有少量杂质而不能用直接法配制。一般用分析纯乙二胺四乙酸的二钠盐配制所需的大致浓度，再用基准物质进行标定。标定 EDTA 溶液的基准物有 Zn、ZnO、$CaCO_3$、Bi、Cu、$MnSO_4 \cdot 7H_2O$、Ni、Pb 等。为了减小系统误差，使标定与测定水硬度时的条件一致，故本实验选用 $CaCO_3$ 为基准物。

首先将 $CaCO_3$ 基准物用 HCl 溶解：

$$CaCO_3 + 2HCl \longrightarrow CaCl_2 + CO_2 \uparrow + H_2O$$

然后将溶液转移到容量瓶中，加水稀释并定容，制成一定浓度的钙标准溶液。由于 Ca^{2+} 和铬黑 T 反应变色不敏锐，所以在以 EDTA 标准溶液滴定 Ca^{2+} 时要事先加入一定量的 MgY（或配制 EDTA 溶液时加入少量镁盐），使终点时变色敏锐。吸取一定量的钙标准溶液，调节溶液酸度后加入一定量的 MgY，以铬黑 T 为指示剂，进行标定。用 EDTA 溶液滴定至溶液由酒红色变为纯蓝色即为终点。反应前加入的一定量的 MgY 在反应后又重新生成，所以 MgY 的加入不影响测定。

2.水的总硬度的测定

水的硬度主要由于含有钙盐和镁盐，其他金属离子如铁、铝、锰、锌等离子也形成硬度，但一般含量甚少，测定工业用水总硬度时可忽略不计。EDTA 滴定法测定水的总硬度是国际通用的标准分析方法，适用于生活饮用水、锅炉用水、地下水和没有被严重污染的地表水。

用 EDTA 标准溶液滴定水中 Ca、Mg 总量，然后换算为相应的硬度单位。在要求不严格的分析中按国际标准方法测定水的总硬度：在 pH=10.0 的 NH_3-NH_4Cl 缓冲溶液中（为什么？），以铬黑 T（EBT）为指示剂，用 EDTA 标准溶液滴定至溶液由酒红色变为纯蓝色即为终点。滴定过程反应如下：

滴定前：
$$EBT + Mg^{2+} \longrightarrow Mg\text{-}EBT$$
（蓝色）　　　　　　（酒红色）

终点时：
$$Mg\text{-}EBT + EDTA \longrightarrow Mg\text{-}EDTA + EBT$$
（酒红色）　　　　　　　　　　（蓝色）

到达终点时，呈现指示剂自身的纯蓝色。

若水样中存在 Fe^{3+}、Al^{3+} 等微量杂质时，可用三乙醇胺进行掩蔽，Cu^{2+}、Pb^{2+}、Zn^{2+} 等金属离子可用 Na_2S 或 KCN 掩蔽。

水的硬度表示方法有多种，随各国习惯而有所不同。通常是将水中的盐类都折算为 CaO 或 $CaCO_3$ 来表示。

本实验以 $CaCO_3$ 的质量浓度（$mg \cdot L^{-1}$）表示水的硬度。我国生活饮用水规定，总硬度以 $CaCO_3$ 计，不得超过 $450mg \cdot L^{-1}$。

$$\text{总硬度（以 } CaCO_3 \text{ 计,} mg \cdot L^{-1}) = \frac{(cV)_{EDTA} \times M(CaCO_3)}{V_{水样} \times 10^{-3}}$$

若要测定钙硬度，可控制 pH 为 12.0～13.0，选用钙指示剂进行测定。镁硬度可由钙镁总量减去钙量求得[1]。

【实验内容】

1. $0.02mol \cdot L^{-1}$ EDTA 标准溶液的配制与标定

准确称取 $CaCO_3$ 基准物 0.4～0.6g，置于烧杯中，用少量水先润湿，盖上表面皿，再从杯嘴边小心逐滴加入（1+1）HCl 至完全溶解，用少量水洗表面皿及烧杯内壁，洗涤液一同转入 250mL 容量瓶中，用水稀释至刻度，摇匀。

移取 25.00mL Ca^{2+} 溶液于 250mL 锥形瓶中，加 5mL NH_3-NH_4Cl 缓冲溶液，2～3 滴 EBT 指示剂，摇匀，用待标定的 EDTA 溶液滴定到溶液由酒红色恰好变为纯蓝色即为终点。

平行测定 3 次，计算 EDTA 溶液的准确浓度，测定结果的相对平均偏差不大于 0.2%。

2. 水的总硬度的测定

准确移取水样 100mL 于 250mL 锥形瓶中，加入 2mL 三乙醇胺溶液（若水样中含有重金属离子，则加入 1mL 2% Na_2S 溶液掩蔽）、5mL NH_3-NH_4Cl 缓冲溶液、2～3 滴铬黑 T，用 $0.02mol \cdot L^{-1}$ EDTA 标准溶液滴定至溶液由酒红色恰好变为纯蓝色，即为终点。注意接近终点时应慢滴多摇。

平行测定 3 次，计算水样的总硬度，以 $CaCO_3$ 计，单位用 $mg \cdot L^{-1}$ 表示，相对平均偏差不大于 0.3%。

【注意事项】

1. 铬黑 T 与 Mg^{2+} 显色灵敏度高，与 Ca^{2+} 显色灵敏度低，当水样中 Ca^{2+} 含量高而 Mg^{2+} 含量很低时，得到不敏锐的终点，可采用 K-B 混合指示剂。

2. 水样中含铁量超过 $10mg \cdot mL^{-1}$ 时用三乙醇胺掩蔽有困难，需用蒸馏水将水样稀释到 Fe^{3+} 不超过 $10mg \cdot mL^{-1}$。

3. 用 EDTA 标准溶液滴定到终点时，指示剂铬黑 T 由酒红色经过一个蓝紫色的过渡色后，很快变为纯蓝色的终点色。

【注释】

[1] 钙硬度和镁硬度的测定

准确移取水样 100mL 于 250mL 锥形瓶中，加入 2mL 6mol·L^{-1} NaOH 溶液，摇匀，再加入 0.01g 钙指示剂，摇匀后用 0.02mol·L^{-1} EDTA 标准溶液滴定至溶液由酒红色恰好变为纯蓝色即为终点。计算钙硬度，由总量和钙量便可求出镁硬度。

实验 21　工业硫酸铝中铝的测定

【实验预习】

1. 预习 4.1.1 液体体积度量仪器的使用——滴定管、容量瓶和移液管的使用。
2. 预习 4.1.2 称量仪器的使用。
3. 为什么不能用直接滴定法测定 Al^{3+} 含量？
4. 返滴定法和置换滴定法各适用于哪些含铝试样？
5. 对于含杂质较多的铝样品，不用置换滴定法而用返滴定法测定，将导致结果偏高还是偏低？为什么？
6. 测铝时加入 28～32mL 0.02mol·L^{-1} EDTA 标准溶液，是否需要精确加入？
7. 测铝时，用硫酸铜标准溶液滴定至第一次终点时，为什么不需记录硫酸铜标准溶液的用量？如果终点滴定过量，对测定结果有何影响？此时有何方法补救？
8. 加入 NH$_4$F 固体的量太多或太少对测定有何影响？

【实验目的】

1. 了解配位滴定的原理。
2. 掌握置换滴定法测定铝的原理和方法。
3. 理解酸度、温度等滴定反应条件对测定结果的重要性。

【仪器、药品及材料】

公用部分：分析天平 20 台，工业硫酸铝待测样品，0.02mol·L^{-1} EDTA 标准溶液（浓度准确已知），CuSO$_4$·5H$_2$O（A.R.，s），（1+1）HCl 溶液，（1+1）H$_2$SO$_4$ 溶液，0.3% PAN 乙醇溶液，0.1%百里酚蓝指示剂，（1+1）氨水，NH$_4$F（A.R.，s），20%六亚甲基四胺溶液，电热板 5～6 台，洗瓶约 20 个，纸带若干。

学生配套部分：50mL 酸式滴定管 1 支，250mL 容量瓶 1 个，25mL 移液管 1 支，洗耳球 1 个，250mL 锥形瓶 2 个，100mL 烧杯 1 个，1000mL 试剂瓶 1 个，10mL、50mL 量筒各 1 个，玻璃棒 1 根。

【实验原理】

用 EDTA 滴定 Al^{3+} 时，由于 Al^{3+} 与 EDTA 配位反应缓慢，在准确滴定的酸度下，Al^{3+} 易发生水解，使其与乙二胺四乙酸配位更慢，而且 Al^{3+} 对金属指示剂常有封闭作用，因此不能用直接滴定法测定，而需用返滴定法或置换滴定法测定。

返滴定法测定铝仅适用于纯铝样品的测定，在 pH≈3.5 时，加入已知过量的 EDTA 标准溶液，此时酸度较高，又有过量乙二胺四乙酸存在，Al^{3+} 不会水解，加热煮沸几分钟，使 Al^{3+} 与 EDTA 配位反应完全。再用六亚甲基四胺缓冲溶液调节 pH≈5.0～6.0，以 PAN 为指示剂，趁热用 Cu^{2+}（或 Zn^{2+}）标准溶液返滴定过量的 EDTA，由所消耗的 Cu^{2+}（或 Zn^{2+}）标准溶液和加入的 EDTA 标准溶液体积，计算铝的含量。

工业硫酸铝由于含有可与 EDTA 进行配位反应的铁等杂质，从而对测定产生干扰，通常采用置换滴定法以提高测定的选择性，即用 Cu^{2+}（或 Zn^{2+}）标准溶液返滴定过量的 EDTA 后，加入过量的 NH_4F，加热煮沸，利用 Al^{3+} 与 F^- 生成更稳定的配合物，置换出与 Al^{3+} 等摩尔的 EDTA，再用 Cu^{2+}（或 Zn^{2+}）标准溶液滴定释放出来的 EDTA，从而测得铝的含量。

【实验内容】

1. $0.02mol·L^{-1}$ $CuSO_4$ 标准溶液的配制和标定

称取 2.6g $CuSO_4·5H_2O$，加 2～3 滴（1+1）H_2SO_4 溶液，加水溶解，转入试剂瓶中，以水稀释至 500mL，混匀。

移取 25.00mL EDTA 标准溶液于 250mL 锥形瓶中，加入 50mL 水及 10mL 20％六亚甲基四胺溶液，加热至 80～90℃，加 8～10 滴 PAN 指示剂，以硫酸铜标准溶液滴定至溶液由绿色恰好变为蓝紫色即为终点。平行测定 3 次，计算 $CuSO_4$ 标准溶液的浓度。

2. 工业硫酸铝的测定

准确称取工业硫酸铝 1.3～1.5g 于 100mL 烧杯中，加（1+1）盐酸溶液 10mL，加水约 50mL，待完全溶解后，移至 250mL 容量瓶中，以水稀释至刻度，混匀。

移取 25.00mL 试液于 250mL 锥形瓶中，加入 28～32mL $0.02mol·L^{-1}$ EDTA 标准溶液，加入 0.1％百里酚蓝指示剂 5 滴，再滴加 1+1 氨水至溶液恰呈黄色（pH 约为 3），煮沸 2～3min，稍冷，加入 10mL 20％六亚甲基四胺溶液和 4～6 滴 PAN 指示剂，以硫酸铜标准溶液滴定至溶液由绿色恰变为紫红色，不计读数（滴定管内再装入硫酸铜标准溶液至接近零刻度）。

在滴定后的溶液中加入 1～2g NH_4F 固体，加热煮沸 2～3min，稍冷，必要时补加 8～10 滴 PAN 指示剂，趁热以铜标准溶液滴定至溶液由绿色恰好变为蓝紫色（或纯蓝色）即为终点。

平行测定 3 次，以质量分数表示铝的含量。

【注意事项】

1. 第一终点无须读数，但必须准确，否则对测定结果有影响。
2. 由于 PAN 指示剂在水中的溶解度较小，需在热的溶液中滴定。

实验 22　铁、锌混合液中铁、锌的连续测定

【实验预习】

1. 预习 4.1.1 液体体积度量仪器的使用——滴定管和移液管的使用。
2. 滴定 Fe^{3+}、Zn^{2+} 时溶液的酸度各控制在什么范围？
3. 能否在同一份试液中先滴定 Zn^{2+}，而后测定 Fe^{3+}？

4. 磺基水杨酸和二甲酚橙指示剂的作用原理是什么？

【实验目的】

1. 掌握控制酸度提高配位滴定选择性进行多种金属离子连续滴定的方法和原理。
2. 熟悉磺基水杨酸和二甲酚橙指示剂的应用及终点颜色变化。

【仪器、药品及材料】

公用部分：铁、锌混合液，0.02mol·L^{-1} EDTA 标准溶液，（1+1）HCl 溶液，3mol·L^{-1} 氨水，20%六亚甲基四胺溶液，10%磺基水杨酸指示剂，0.2%二甲酚橙指示剂，电热板 5~6 台，洗瓶约 20 个。

学生配套部分：50mL 酸式滴定管 1 支，25mL 移液管 1 支，洗耳球 1 个，250mL 锥形瓶 2 个。

【实验原理】

Fe^{3+}、Zn^{2+} 都能与 EDTA 生成稳定的 1:1 的配合物，Fe^{3+} 和 EDTA 配合物的稳定性远大于 Zn^{2+} 和 EDTA 生成的配合物，其 $\lg K_{MY}^{\ominus}$ 分别为 25.1 和 16.36，二者差别较大，因而在滴定 Fe^{3+} 时，Zn^{2+} 不产生干扰，可以利用控制溶液酸度的方法进行连续滴定，分别测定它们的含量。

以磺基水杨酸为指示剂，其溶液的颜色随酸度的改变而变化，在 pH<1.5 时呈无色，pH>2.5 时呈紫红色。本方法测定 Fe^{3+} 的酸度以控制在 pH=1.5~2.2 为宜。当 pH=1.5 时测定，结果偏低；而 pH>3.0 时，Fe^{3+} 开始形成红棕色氢氧化物，影响终点的观察。

铁、锌混合液中，调节溶液的 pH≈2.0 时，以磺基水杨酸为指示剂，Fe^{3+} 和磺基水杨酸形成紫红色配合物，用 EDTA 直接滴定 Fe^{3+}，此时 Zn^{2+} 与 EDTA 不配合，当溶液颜色由紫红色变为淡黄色，即为滴定 Fe^{3+} 的终点。在滴定完 Fe^{3+} 后的溶液中调节溶液的 pH=5.0~6.0 时，以二甲酚橙为指示剂测定 Zn^{2+} 的含量。

二甲酚橙指示剂本身显黄色，与 Zn^{2+} 形成的配合物呈紫红色。EDTA 与 Zn^{2+} 形成更稳定的配合物，因此用 EDTA 溶液滴定至近终点时，二甲酚橙被释放出来，溶液由紫红色变为黄色，即为终点。

【实验内容】

1. Fe^{3+} 的测定

准确移取三份 25.00mL 铁、锌混合液，分别置于三只 250mL 锥形瓶中，滴加 3mol·L^{-1} 氨水溶液至有 $Fe(OH)_3$ 沉淀生成（为红棕色浑浊溶液），然后边振荡边缓慢滴加（1+1）盐酸至沉淀刚好消失，再过量 3 滴。加 5~6 滴磺基水杨酸指示剂，微热，用 EDTA 标准溶液滴定，在离终点 1~2mL 前可以滴得快一点，近终点时则应慢一些，每加一滴或半滴，摇动并观察是否变色，直至溶液由紫红色恰变为淡黄色，即为滴定 Fe^{3+} 的终点，由此步的 EDTA 溶液的消耗体积，计算混合液中 Fe^{3+} 的含量，以 g·L^{-1} 表示。

2. Zn^{2+} 的测定

在滴定 Fe^{3+} 后的溶液中，加入 5~6 滴二甲酚橙指示剂，先加 3mol·L^{-1} 氨水至溶液由黄色变为橙色[1]（不能多加），再逐滴加入 20%六亚甲基四胺溶液至溶液呈稳定的紫红色，再过量约 5mL[2]，继续以 EDTA 标准溶液滴定。溶液由紫红色恰变为亮黄色[3]，即为滴定 Zn^{2+} 的终点，由此步 EDTA 的消耗体积，计算混合液中 Zn^{2+} 的含量，以 g·L^{-1} 表示。

【注意事项】

1. 由于配位反应速率较慢，注意控制滴定剂加入的速度不能太快。

2. 调节溶液的 pH 以及终点的正确判断是实验成败的关键。

【注释】

［1］先用氨水粗调酸度主要是为了节省六亚甲基四胺溶液的用量，氨水的用量不能太多，以免 Zn^{2+} 与 NH_3 配合而不利于 Zn^{2+} 与 EDTA 的滴定反应。也可以直接用六亚甲基四胺调节 pH。

［2］过量的六亚甲基四胺和其共轭酸形成缓冲体系，以稳定溶液的 pH 范围在 5.0～6.0。

［3］由于 FeY^- 是黄色的，使得 Zn^{2+} 的滴定终点前的橙色过渡过程较长，需由紫红色过渡至橙色，再恰好变为亮黄色才是终点。

实验 23　氯化物中氯含量的测定

Ⅰ. 摩尔法

【实验预习】

1. 预习 4.1.1 液体体积度量仪器的使用——滴定管、容量瓶和移液管的使用。

2. 预习 4.1.2 称量仪器的使用。

3. 配制好的 $AgNO_3$ 溶液要贮于棕色瓶中，并置于暗处，为什么？

4. K_2CrO_4 溶液的浓度或用量多少对测定结果有何影响？

5. $AgNO_3$ 溶液应装在酸式滴定管还是碱式滴定管中？为什么？

6. 滴定中试液的酸度应控制在什么范围为宜？为什么？若有 NH_4^+ 存在时，溶液的酸度范围有什么不同？

【实验目的】

1. 掌握用摩尔法进行沉淀滴定的原理和方法。

2. 学习 $AgNO_3$ 标准溶液的配制和标定。

【仪器、药品及材料】

公用部分：分析天平 20 台，NaCl 基准试剂（于 500～600℃灼烧 0.5h 后，放置干燥器中冷却；也可将 NaCl 置于带盖的瓷坩埚中，加热，并不断搅拌，待爆炸声停止后，将坩埚放入干燥器中冷却后使用），$0.05mol\cdot L^{-1}$ $AgNO_3$ 溶液，5％ K_2CrO_4 溶液，洗瓶约 20 个，纸带若干。

学生配套部分：50mL 酸式滴定管 1 支，250mL 容量瓶 2 个，25mL 移液管 1 支，洗耳球 1 个，250mL 锥形瓶 2 个，100mL 烧杯 1 个，10mL、50mL 量筒各 1 个，玻璃棒 1 根。

【实验原理】

可溶性氯化物中氯含量的测定一般采用摩尔法，在中性或弱碱性溶液中，以 K_2CrO_4 为指示剂，用 $AgNO_3$ 标准溶液直接滴定待测试液中的 Cl^-。由于 AgCl 的溶解度比 Ag_2CrO_4 小，AgCl 沉淀首先从溶液中析出，当其定量沉淀后，稍过量的 $AgNO_3$ 溶液立即和 CrO_4^{2-} 生成砖红色沉淀，即到达滴定终点。主要反应如下：

$$Ag^+ + Cl^- \longrightarrow AgCl\downarrow（白色） \qquad K_{sp}^{\ominus} = 1.8\times10^{-10}$$

$$2Ag^+ + CrO_4^{2-} \longrightarrow Ag_2CrO_4 \downarrow（砖红色） \quad K_{sp}^{\ominus} = 2.0 \times 10^{-12}$$

滴定必须在中性或弱碱性溶液中进行，最适宜的 pH 范围为 6.5～10.5，如有铵盐存在，溶液的 pH 范围最好控制在 6.5～7.2 之间。

指示剂的用量对滴定有影响，一般以 $5.0 \times 10^{-3} mol \cdot L^{-1}$ 为宜，凡是能与 Ag^+ 生成难溶化合物或配合物的阴离子都干扰测定。如 AsO_4^{3-}、AsO_3^{3-}、S^{2-}、CO_3^{2-}、$C_2O_4^{2-}$ 等，其中 H_2S 可加热煮沸除去，将 SO_3^{2-} 氧化成 SO_4^{2-} 后不再干扰测定。大量 Cu^{2+}、Ni^{2+}、Co^{2+} 等有色离子将影响终点的观察。凡是能与 CrO_4^{2-} 指示剂生成难溶化合物的阳离子也干扰测定，如 Ba^{2+}、Pb^{2+} 能与 CrO_4^{2-} 分别生成 $BaCrO_4$ 和 $PbCrO_4$ 沉淀。Ba^{2+} 的干扰可加入过量 Na_2SO_4 消除。Al^{3+}、Fe^{3+}、Bi^{3+}、Sn^{4+} 等高价金属离子在中性或弱碱性溶液中易水解产生沉淀，也不应存在。

【实验内容】

1. $0.05 mol \cdot L^{-1}$ $AgNO_3$ 溶液的标定

准确称取约 0.6～0.8g 基准 NaCl，置于小烧杯中，用少量水溶解后，定量转入 250mL 容量瓶中，加水稀释至刻度，摇匀。

准确移取 25.00mL NaCl 标准溶液于锥形瓶中，加入 25mL 水，加入 1mL 5％K_2CrO_4，在不断摇动下，用 $AgNO_3$ 溶液滴定至出现砖红色即为终点。

平行测定 3 次，计算 $AgNO_3$ 溶液的准确浓度。

2. 试样分析

准确称取一定量（学生自己计算）的氯化物试样，置于 100mL 烧杯中，加水溶解后，转入 250mL 容量瓶中，用水稀释至刻度，摇匀。

移取 25.00mL 上述试液于 250mL 锥形瓶中，加入 25mL 水、1mL 5％K_2CrO_4，在不断摇动下，用 $AgNO_3$ 溶液滴定至白色沉淀中出现砖红色即为终点。

平行测定 3 次，根据试样的质量和滴定中消耗 $AgNO_3$ 标准溶液的体积与浓度，计算待测氯化物试样中氯的百分含量。

【注意事项】

1. 滴定应在中性或弱碱性（pH 6.5～10.5）溶液中进行。

2. 滴定时应剧烈摇动，使被 AgCl 沉淀吸附的 Cl^- 及时释放出来，防止终点提前出现。

3. 加 1mL 5％K_2CrO_4 的量要准确。

4. 实验结束后滴定管应及时用蒸馏水清洗，以免产生沉淀，难以洗净。

Ⅱ．佛尔哈德法

【实验预习】

1. 预习 4.1.1 液体体积度量仪器的使用——滴定管、容量瓶和移液管的使用。

2. 预习 4.1.2 称量仪器的使用。

3. 溶液酸度对测定结果有何影响？为什么要用 HNO_3 溶液控制酸度？

4. 佛尔哈德法测定氯化物试样中氯的含量的主要误差来源是什么？

5. 用佛尔哈德法测定 Br^- 和 I^- 时，是否需要加入石油醚？

【实验目的】

1. 掌握用佛尔哈德法测定可溶性氯化物中氯含量的原理和方法。

2. 学习 NH_4SCN 标准溶液的配制和标定。

【仪器、药品及材料】

公用部分：分析天平 20 台，待测试样，$0.05mol \cdot L^{-1}$ $AgNO_3$ 标准溶液，$0.025mol \cdot L^{-1}$ NH_4SCN 标准溶液，40% $NH_4Fe(SO_4)_2$ 溶液，$(1+1)$ HNO_3（需煮沸，以除去可能含有的低价氮氧化物），石油醚，洗瓶约 20 个，纸带若干。

学生配套部分：50mL 酸式滴定管 1 支，250mL 容量瓶 1 个，25mL 移液管 1 支，洗耳球 1 个，250mL 锥形瓶 2 个，100mL 烧杯 1 个，10mL、50mL 量筒各 1 个，玻璃棒 1 根。

【实验原理】

用佛尔哈德法测定卤素时采用返滴定法，即在可溶性氯化物的酸性溶液中，加入已知且过量的 $AgNO_3$ 标准溶液，AgCl 定量沉淀后，过量的 $AgNO_3$ 溶液以铁铵矾为指示剂，用 NH_4SCN 标准溶液回滴，稍过量的 NH_4SCN 溶液和指示剂中的 Fe^{3+} 生成血红色的 $[Fe(NCS)_n]^{(3-n)+}$ 配离子，即到达滴定终点。

$$Ag^+ \quad + \quad Cl^- \longrightarrow AgCl\downarrow + Ag^+$$
已知过量 　　待测 　　白色 　　剩余量

$$Ag^+ \quad + \quad SCN^- \longrightarrow AgSCN\downarrow$$
剩余量 　　标准溶液 　　白色

$$Fe^{3+} + nSCN^- \longrightarrow [Fe(NCS)_n]^{(3-n)+} \quad (n=1\sim6)$$
指示剂　微过量 　　　　　血红色

指示剂的用量对滴定有影响，一般以 $0.015mol \cdot L^{-1}$ 为宜，凡是能与 SCN^- 生成难溶化合物或配合物的离子都干扰测定。滴定时，控制 H^+ 的浓度用 $0.1mol \cdot L^{-1}$ HNO_3 溶液，并剧烈摇动溶液，加入石油醚保护 AgCl 沉淀，防止其与 SCN^- 发生交换反应而消耗滴定剂。

佛尔哈德法还可用直接法测定可溶性含银物质中银的含量。

【实验内容】

1. $0.025mol \cdot L^{-1}$ NH_4SCN 溶液的标定

从滴定管准确放出 15mL $0.05mol \cdot L^{-1}$ $AgNO_3$ 溶液于 250mL 锥形瓶中，加 50mL 水、5mL 新煮沸并冷却的 $(1+1)$ HNO_3 溶液和 1mL 铁铵矾指示剂，用 NH_4SCN 标准溶液滴定至稳定的淡棕红色即为终点[1]。由滴定中消耗 $AgNO_3$ 标准溶液的体积与浓度计算 NH_4SCN 溶液的准确浓度。

2. 氯化物试样中氯的测定

准确称取一定量（学生自己计算）的待测试样于 100mL 烧杯中，用少量水溶解后，转入 250mL 容量瓶中，用水稀释至刻度，摇匀。

准确移取 25.00mL 上述试液于 250mL 锥形瓶中，加入 25mL 水、5mL 新煮沸并冷却的 $(1+1)$ HNO_3 溶液，在不断摇动下，用滴定管逐滴准确加入 $AgNO_3$ 溶液三十几毫升（记下准确读数）。再加入 2mL 石油醚，剧烈摇动溶液 30s，使 AgCl 沉淀进入有机层而与溶液分隔。加入 4mL 铁铵矾指示剂，用力振荡下以 NH_4SCN 标准溶液滴定至溶液呈现红色且稳定不变时即为终点[2]。

平行测定 3 次，根据试样的质量和滴定中消耗 NH_4SCN 标准溶液的体积，计算试样中氯的百分含量。

【注意事项】

1. 滴定应在酸性溶液中进行（H^+ 浓度为 $0.1\sim1mol \cdot L^{-1}$）。

2. 因为近终点时易发生 AgCl 沉淀转化为 AgSCN 沉淀而引入误差，可在加入 $AgNO_3$

溶液生成 AgCl 后再加入 1～2mL 石油醚与溶液分隔，防止结果偏高。

【注释】

[1] 因为 AgSCN 沉淀易吸附 Ag^+，所以在滴定时要剧烈摇动，直至淡红棕色不消失时，才算到达了终点。

[2] 因为 AgCl 和 AgSCN 沉淀都易吸附 Ag^+，所以在终点前需剧烈振荡，以减少吸附，但近终点时则要轻摇，因为 AgSCN 的溶解度小于 AgCl，剧烈振荡易使 AgCl 转化为 AgSCN，从而引入较大误差。

实验 24　硫酸铜中铜含量的测定

【实验预习】

1. 预习 4.1.1 液体体积度量仪器的使用——滴定管、容量瓶和移液管的使用。

2. 预习 4.1.2 称量仪器的使用。

3. 预习 3.5.1 pH 试纸的使用。

4. 硫酸铜易溶于水，溶解时为什么要加硫酸？

5. 测定反应为什么一定要在弱酸性溶液中进行？

6. 测定铜含量时，加入 KI 为何要过量？此量是否要求很准确？

7. 淀粉指示剂为什么不宜加入过早？何时加入？

8. 加 KSCN 的作用是什么？为什么只能在临近终点前才能加入？

9. 碘量法的主要误差来源是什么，如何防止？

10. 在碘量法测定铜含量时，能否用盐酸或硝酸代替硫酸进行酸化？为什么？

11. $Na_2S_2O_3$ 溶液如何配制和保存？标定的基准物有哪些？

【实验目的】

1. 掌握碘量法测定铜盐中铜含量的原理和方法，熟悉其滴定条件和操作。

2. 学会 $Na_2S_2O_3$ 溶液的配制、保存，掌握其标定的原理和方法。

3. 了解淀粉指示剂的正确使用，掌握其变色原理以及终点的判断和观察。

【仪器、药品及材料】

公用部分：台秤 3 台，分析天平 20 台，待测硫酸铜试样，$Na_2S_2O_3 \cdot 5H_2O$(A. R.，s)，Na_2CO_3(A. R.，s)，$K_2Cr_2O_7$（基准物），$1mol \cdot L^{-1}$ H_2SO_4 溶液，$0.1mol \cdot L^{-1}$ NaOH 溶液，10% KSCN 溶液，5%KI 溶液，0.5%淀粉溶液，$6mol \cdot L^{-1}$ HCl 溶液，洗瓶约 20 个，精密 pH 试纸（pH 0.5～5）。

学生配套部分：50mL 碱式滴定管 1 支，250mL 容量瓶 2 个，25mL 移液管 1 支，洗耳球 1 个，250mL 碘量瓶（或锥形瓶）2 个，100mL 烧杯 1 个，10mL、20mL、50mL 量筒各 1 个，500mL 棕色试剂瓶 1 个，表面皿 1 个，玻璃棒 1 根。

【实验原理】

在酸性溶液中（pH＝3.0～4.0），Cu^{2+} 与过量的 I^- 作用生成难溶性的 CuI 沉淀并定量析出 I_2：

$$2Cu^{2+} + 4I^- \longrightarrow 2CuI \downarrow + I_2$$

生成的 I_2 以淀粉为指示剂，用 $Na_2S_2O_3$ 标准溶液滴定至溶液的蓝色刚好消失即为终点。

$$I_2 + 2S_2O_3^{2-} \longrightarrow 2I^- + S_4O_6^{2-}$$

根据 $Na_2S_2O_3$ 标准溶液的浓度、消耗的体积及试样的质量，计算试样中铜的含量。

为了使 Cu^{2+} 与 I^- 的反应趋于完全，必须加入过量的 KI。但是由于 CuI 沉淀表面吸附 I_2，可使分析结果偏低，为减少测量误差，可在大部分 I_2 被 $Na_2S_2O_3$ 溶液滴定后，加入 KSCN，使 CuI 沉淀转化为更难溶且对 I_2 吸附能力较小的 CuSCN 沉淀。

$$CuI + SCN^- \longrightarrow CuSCN\downarrow + I^-$$

这样不但可释放出被吸附的 I_2，而且反应时再生成的 I^- 可使 Cu^{2+} 反应更加趋于完全。但是，KSCN 只能临近终点时加入，否则较多的 I_2 会明显地为 KSCN 所还原而使结果偏低。

$$SCN^- + 4I_2 + 4H_2O \longrightarrow SO_4^{2-} + 7I^- + ICN + 8H^+$$

为了防止铜盐水解，反应必须在酸性溶液中进行。酸度过低，铜盐水解而使 Cu^{2+} 氧化 I^- 不完全而使结果偏低，而且反应速率慢终点拖长；酸度过高，则 I^- 被空气氧化为 I_2 的反应为 Cu^{2+} 催化，使结果偏低。由于 Cu^{2+} 能与 Cl^-（浓度较大时）配合，反应不宜用盐酸，通常在稀硫酸溶液中进行。

矿石或合金中的铜也可以用碘量法测定。但必须设法防止其他能氧化 I^- 的物质（如 NO_3^-、Fe^{3+} 等）的干扰。防止的方法是加入掩蔽剂以掩蔽干扰离子（例如 Fe^{3+} 可用 NH_4F 掩蔽），或在测定前将它们分离除去。若有 As(V)、Sb(V)存在，应将 pH 调至 4.0，以免它们氧化 I^-。

由于结晶的 $Na_2S_2O_3 \cdot 5H_2O$ 一般都含有少量杂质，同时还易风化及潮解，所以 $Na_2S_2O_3$ 标准溶液不能用直接法配制。

$Na_2S_2O_3$ 溶液易受空气和微生物等的作用而分解。

（1）溶解的 CO_2 的作用 $Na_2S_2O_3$ 在中性或碱性溶液中较稳定，当 pH<4.6 时不稳定。溶液中含有 CO_2 会促进 $Na_2S_2O_3$ 分解：

$$Na_2S_2O_3 + H_2CO_3 \longrightarrow NaHSO_3 + NaHCO_3 + S\downarrow$$

此分解作用一般发生在溶液配成后的最初十天内。分解后一分子 $Na_2S_2O_3$ 转变成了一分子 Na_2HSO_3。一分子 $Na_2S_2O_3$ 只能和一个碘原子作用，而一分子 $NaHSO_3$ 却能和两个碘原子作用，因此从与 I_2 反应的能力看，相当于溶液中还原性物质的浓度增加了。而后由于空气的氧化作用，浓度又慢慢减小。

在 pH 9.0～10.0 时，$Na_2S_2O_3$ 溶液最为稳定，可在 $Na_2S_2O_3$ 溶液中加入少量 Na_2CO_3。

（2）空气的氧化作用

$$2Na_2S_2O_3 + O_2 \longrightarrow 2Na_2SO_4 + 2S\downarrow$$

（3）微生物的作用 这是 $Na_2S_2O_3$ 分解的主要原因，为了避免微生物的分解作用，可加入少量 HgI_2（$10mg \cdot L^{-1}$）。

为了减少溶解在水中的 CO_2 和杀死水中微生物，应用新煮沸后冷却的蒸馏水配溶液，并加入少量 Na_2CO_3 使其浓度约为 0.02%，以防止 $Na_2S_2O_3$ 分解。

日光能促进 $Na_2S_2O_3$ 溶液分解，所以 $Na_2S_2O_3$ 溶液应贮于棕色瓶中，放置暗处经 7～14 天后再标定。长期使用的溶液，应定期标定。若保存得好，可每两个月标定一次。

标定 $Na_2S_2O_3$ 的基准物质有纯铜、重铬酸钾、碘酸钾、溴酸钾等，本实验用 $K_2Cr_2O_7$

作基准物标定，相关反应如下：

$$Cr_2O_7^{2-} + 6I^- + 14H^+ \longrightarrow 2Cr^{3+} + 3I_2 + 7H_2O$$

$$I_2 + 2S_2O_3^{2-} \longrightarrow 2I^- + S_4O_6^{2-}$$

【实验内容】

1. $0.05mol \cdot L^{-1}$ $Na_2S_2O_3$ 溶液的配制与标定

用台秤称取 $Na_2S_2O_3 \cdot 5H_2O$ 6.5g，溶于 250mL 新煮沸的冷蒸馏水中，加 0.05g Na_2CO_3 保存于棕色瓶中，塞好瓶塞，于暗处放置 7～14 天后标定。

准确称取已烘干的 $K_2Cr_2O_7$ 1.3～1.4g 于 100mL 烧杯中，加少量蒸馏水使其完全溶解后，定量转移至 250mL 容量瓶中，稀释至刻度，充分摇匀，计算其准确浓度。

移取上述 $K_2Cr_2O_7$ 标准溶液 25.00mL 于 250mL 碘量瓶[1] 中，加入 20% KI 溶液 5mL、$6mol \cdot L^{-1}$ HCl 溶液 12mL，加盖摇匀，在暗处放置 10min，待反应完全，加入 50mL 水稀释（注意冲洗瓶塞），用待标定的 $Na_2S_2O_3$ 溶液滴定至呈浅黄绿色，加入 1mL 0.5％淀粉溶液，继续滴定溶液由蓝色恰好变为亮绿色即为终点，记下消耗 $Na_2S_2O_3$ 溶液的体积。

平行测定 3 次，计算 $Na_2S_2O_3$ 标准溶液的浓度。

2. 铜盐中铜含量的测定

（1）样品溶液的配制

准确称取硫酸铜试样 5～6g，置于 100mL 烧杯中，加 2mL $1mol \cdot L^{-1}$ H_2SO_4 溶液和少量蒸馏水，使其完全溶解后，定量转移至 250mL 容量瓶中，稀释至刻度，摇匀。

（2）铜含量的测定

① 溶液酸度的条件试验　移取上述样品溶液 25.00mL 于 250mL 锥形瓶中，加 25mL 去离子水，摇匀，用精密 pH 试纸（pH 0.5～5）测定溶液 pH。以 $0.1mol \cdot L^{-1}$ H_2SO_4（用 $1mol \cdot L^{-1}$ H_2SO_4 自行稀释）溶液或 $0.1mol \cdot L^{-1}$ NaOH 溶液（装在滴定管中）调节酸度，边滴加边搅拌，并时时以精密 pH 试纸测试，直至溶液 pH 在 3.0～4.0 范围内为止，记录 H_2SO_4 溶液或 NaOH 溶液所消耗的体积。

② 正式滴定　另移取样品溶液 25.00mL 于 250mL 锥形瓶中，加 25mL 去离子水，再加入上述条件试验中所需的相同体积的 H_2SO_4 溶液或 NaOH 溶液，然后加入 5％KI 溶液 7～8mL，立即用 $0.05mol \cdot L^{-1}$ $Na_2S_2O_3$ 溶液滴定至淡黄色[2]，然后加入 1mL 0.5％淀粉溶液作指示剂[3]，继续滴至浅蓝色。加入 10％KSCN 5mL，摇匀后，溶液的蓝色加深，再继续用 $Na_2S_2O_3$ 标准溶液滴定至蓝色恰好消失即为终点[4]。根据所消耗 $Na_2S_2O_3$ 标准溶液的体积，计算出样品中铜的质量分数。

平行测定 3 次。

【注意事项】

1. $Cr_2O_7^{2-}$ 与 I^- 的反应速率较慢，为了加快反应速率，可控制溶液中氢离子浓度为0.8～1.0$mol \cdot L^{-1}$，同时加入过量 KI 后在暗处放置 10min（避光，防止 I^- 被空气中的氧氧化）。

2. 滴定前将溶液稀释，以降低酸度，①以防止 Na_2SO_3 在滴定过程中遇强酸而分解，$S_2O_3^{2-} + 2H^+ \longrightarrow S \downarrow + H_2SO_3$；②降低 Cr^{3+} 的浓度，有利于终点观察。

3. 注意平行原则。KI 做一份加一份。

【注释】

[1] 若无碘量瓶，可用锥形瓶盖上表面皿代替。

［2］此时溶液中有大量的碘单质，为了减少碘的挥发损失，应快滴慢摇。

［3］淀粉溶液必须在接近终点时加入，否则易引起淀粉凝聚，而且吸附在淀粉上的 I_2 不易释出，影响测定结果。

［4］滴定结束后的溶液放置会变为蓝色。原因是光照可加速空气氧化溶液中的 I^- 生成少量的 I_2 所致，酸度越大，此反应越快。如很快而且又不断变蓝，则说明 $K_2Cr_2O_7$ 和 KI 的作用在滴定前进行得不完全，溶液稀释得太早。

实验 25　维生素 C 片剂中维生素 C 含量的测定

【实验预习】

1. 何为直接碘量法，如何操作？
2. 测定维生素 C 的溶液中为什么要加入稀 HAc？
3. 溶样时为什么要用新煮沸并冷却的蒸馏水？

【实验目的】

1. 通过维生素 C 含量的测定，掌握直接碘量法的原理及其操作。
2. 巩固滴定分析实验操作技能。

【仪器、药品及材料】

公用部分：台秤 3 台，分析天平 20 台，维生素 C 片剂，I_2（A.R.，s），KI（A.R.，s），$K_2Cr_2O_7$（基准物质），$0.1 mol \cdot L^{-1}$ $Na_2S_2O_3$ 溶液（配制和标定参见实验 24），$2 mol \cdot L^{-1}$ HAc，0.2%淀粉溶液，洗瓶约 20 个，研钵 3 个，称量纸、药匙、纸带若干。

学生配套部分：50mL 酸式滴定管 1 支，25mL 移液管 1 支，洗耳球 1 个，250mL 锥形瓶 2 个，250mL 烧杯 1 个，10mL、50mL 量筒各 1 个，500mL 棕色细口瓶 1 个，玻璃棒 1 根。

【实验原理】

维生素 C 又称丙种维生素，用于预防和治疗坏血病，因此又称抗坏血酸，分子式为 $C_6H_8O_6$，摩尔质量为 $176.13 g \cdot mol^{-1}$。由于其分子中的烯二醇式结构具有还原性，能被 I_2 定量地以 1∶1 氧化成二酮基：

$$C-C=C-C-C-CH + I_2 \rightleftharpoons C-C-C-C-C-CH + 2HI$$

其半反应为

$$C_6H_8O_6 \rightleftharpoons C_6H_6O_6 + 2H^+ + 2e^-$$

从反应式可知，在碱性条件下，有利于反应向右进行。但由于维生素 C 的还原性很强，即使在弱酸性条件下，此反应也进行得相当完全。在中性或碱性条件下，维生素 C 易被空气中的 O_2 氧化而产生误差，尤其在碱性条件下，误差更大，故该滴定反应在醋酸酸性溶液中进行，以减慢副反应的速率。

维生素 C 含量可以直接用碘标准溶液滴定，也可用间接碘量法测定，本实验采用直接碘量法测定，此方法也可用于蔬菜或水果中维生素 C 含量的测定。

【实验内容】

1. 0.05mol·L^{-1} I$_2$ 标准溶液的配制与标定

称取 3.2g I$_2$ 和 5g KI 于 250mL 烧杯中，加 25mL 水，用玻璃棒轻轻碾磨或搅拌，使 I$_2$ 全部溶解后，用水稀至 250mL，摇匀后转入棕色细口瓶中，暗处保存。

移取 25.00mL 0.1mol·L^{-1} Na$_2$S$_2$O$_3$ 标准溶液（配制与标定方法参见实验 24）于 250mL 锥形瓶中，加入 25mL 水、5mL 淀粉溶液，用 I$_2$ 标准溶液（装在酸式滴定管中）滴定至溶液恰呈稳定的蓝色，30s 不褪色即为终点。

平行测定 3 次，计算 I$_2$ 标准溶液的准确浓度。

2. 维生素 C 片剂中维生素 C 含量的测定[1]

取维生素 C 片 1～2 片（质量约 0.2g），研碎，准确称重后置于 250mL 锥形瓶中，加入 100mL 新煮沸并冷却的蒸馏水和 10mL 2mol·L^{-1} HAc，完全溶解[2] 后，再加入淀粉指示剂 5mL，立即用 I$_2$ 标准溶液滴定溶液恰呈稳定的蓝色，30s 不褪色即为终点。

平行测定 3 次，计算维生素 C 的含量（以 mg·g^{-1} 表示）。

【注意事项】

抗坏血酸易被氧化成脱氢抗坏血酸，因此样品制备需在实验前进行，溶样时也应用新煮沸并冷却的蒸馏水。

【注释】

[1] 维生素 C 试样也可用以下方法制备：

① 注射液：取 10mL 注射液用偏磷酸-醋酸溶液定容到 100mL 容量瓶中。

② 食品：取 50g 或 20g 蔬菜或水果，捣碎，加偏磷酸-醋酸溶液到 200mL，摇匀，3min 后过滤，滤液放入碘量瓶中。

[2] 维生素 C 被溶解后，易被空气氧化而引入误差，所以应溶解 1 份，滴定 1 份，不要三份同时溶解。

实验 26　可溶性硫酸盐中硫含量的测定

【实验预习】

1. 预习 4.3 无机及分析化学实验中的分离与提纯。

2. 为什么沉淀 BaSO$_4$ 时要在热溶液中进行，而在自然冷却后进行过滤？

3. 用倾析法过滤有何优点？

4. 洗涤沉淀时，为什么用洗涤液要少量多次？

5. 炭化时若滤纸发生了燃烧，对测定结果可能产生什么影响？

6. 坩埚从马弗炉中取出后，可否直接放入干燥器中，并盖上盖子？

【实验目的】

1. 掌握重量分析法的基本原理。

2. 熟悉晶形沉淀的生成原理和沉淀条件。

3. 练习沉淀的制备、过滤、洗涤和灼烧等基本操作技能。

【仪器、药品及材料】

公用部分：台秤 3 台，分析天平 20 台，Na_2SO_4 样品，$2mol \cdot L^{-1}$ HCl 溶液，$100g \cdot L^{-1}$ $BaCl_2$ 溶液，$6mol \cdot L^{-1}$ HNO_3 溶液，$0.1mol \cdot L^{-1}$ $AgNO_3$ 溶液，坩埚钳 20 个，电炉 5～6 台，马弗炉 5～6 台，洗瓶约 20 个，定性滤纸，慢速或中速定量滤纸，纸带若干。

学生配套部分：400mL 烧杯 1 个，10mL、50mL 量筒各 1 个，坩埚 2 个，玻璃棒 1 根。

【实验原理】

测定可溶性硫酸盐中硫含量的经典方法是用 Ba^{2+} 将 SO_4^{2-} 沉淀为 $BaSO_4$ 沉淀，沉淀经陈化、过滤、洗涤、灼烧后，以 $BaSO_4$ 形式称量，即可求出可溶性硫酸盐中硫的含量。

$BaSO_4$ 的溶解度很小（18℃时，$K_{sp} = 8.7 \times 10^{-11}$），利用同离子效应，在过量沉淀剂存在时，溶解度更小，可忽略不计。用 $BaSO_4$ 重量法测定 SO_4^{2-} 时，沉淀剂 $BaCl_2$ 因灼烧时不易挥发除去，因而只允许过量 20%～30%，而用 $BaSO_4$ 重量法测定 Ba^{2+} 时，过量的沉淀剂 H_2SO_4 在高温时可挥发除去，故沉淀剂 H_2SO_4 可过量 50%～100%。

硫酸钡性质稳定，干燥后的组成与分子式相符，但易生成细小的晶体颗粒，过滤较易穿透滤纸而引起损失。为了有利于大晶体颗粒的生成，一般在不断搅拌下，将热、稀的沉淀剂滴加到试样溶液中并陈化。

为了防止生成 $BaCO_3$、$Ba_3(PO_4)_2$ 及 $Ba(OH)_2$ 等沉淀，应在酸性溶液中进行沉淀，同时适当增加酸度还可增加 $BaSO_4$ 的溶解度，以降低其相对过饱和度，有利于获得较大颗粒的晶形沉淀，一般在 $0.05mol \cdot L^{-1}$ 左右的盐酸溶液中进行沉淀。

$PbSO_4$、$SrSO_4$ 的溶解度均较小，Pb^{2+}、Sr^{2+} 对钡的测定有干扰。NO_3^-、ClO_3^-、Cl^- 等阴离子和 K^+、Na^+、Ca^{2+}、Fe^{3+} 等阳离子均可引起共沉淀现象，故应严格控制沉淀条件，减少共沉淀现象发生，以获得纯净的 $BaSO_4$ 晶形沉淀。

【实验内容】

1. 称样及沉淀的制备

准确称取 0.2～0.3g 干燥过的 Na_2SO_4 试样，置于 400mL 烧杯中，加入 25mL 水溶解后，再加入 5mL $2mol \cdot L^{-1}$ HCl 溶液，用水稀释至约 200mL，加热至沸，在不断搅拌下，慢慢地滴加 5～6mL 热的 $100g \cdot L^{-1}$ $BaCl_2$ 溶液（预先稀释 1 倍），静置几分钟，待 $BaSO_4$ 沉淀下沉后，在上层清液中滴加 1～2 滴 $BaCl_2$ 溶液检验沉淀是否完全。否则需继续滴加热的 $BaCl_2$ 溶液至沉淀完全。将溶液微沸 10min 后，放在约 90℃水浴中，保温陈化约 1h。

2. 沉淀的过滤与洗涤

陈化后的溶液自然冷却至室温，用定量中速滤纸倾析法过滤。用蒸馏水洗涤沉淀至滤液检测不出 Cl^- 为止[1]。

3. 空坩埚恒重

将两个洁净的瓷坩埚放在 800℃±20℃的马弗炉中灼烧至恒重（第一次 40min，第二次及以后每次 20min。每次灼烧须冷却到室温才可称量）。

4. 沉淀的灼烧和恒重

将沉淀定量转移到滤纸上，折叠好后放置于已恒重的瓷坩埚中，在电炉上烘干、炭化后，在 800～850℃的马弗炉中灼烧至恒重。根据所得 $BaSO_4$ 的质量，计算试样中硫（或 SO_3）的质量分数。

【注意事项】

1. 注意沉淀生成时条件的控制以及沉淀洗涤时的用水量。

2. 包裹有沉淀的滤纸包在烘干时要用小火，避免沉淀飞溅损失。

【注释】

[1] 用小试管收集 $1\sim2mL$ 滤液，加入 1 滴 $6mol \cdot L^{-1}$ HNO_3 酸化，再滴加 1 滴 $0.1mol \cdot L^{-1}$ $AgNO_3$ 溶液，如果溶液不呈现白色浑浊，则认为 Cl^- 已洗涤完全。

实验 27　邻二氮菲分光光度法测定微量铁

【实验预习】

1. 预习 4.1.1 液体体积度量仪器的使用——滴定管、容量瓶、移液管的使用。
2. 预习 5.3 722N 型可见分光光度计的使用。
3. 预习 2.2.3 实验数据的作图处理。
4. 盐酸羟胺的作用是什么？
5. 本实验中哪些试剂应准确加入，哪些不必严格准确加入？为什么？
6. 何谓"吸收曲线""工作曲线"？绘制及目的各有什么不同？
7. 为什么不是一套的比色皿不能混用？不得已要用时，怎样处理？

【实验目的】

1. 掌握分光光度法测定铁的原理。
2. 学会 722 型分光光度计的正确使用方法。

【实验原理】

以我们能看见的有色物质为例，其溶液之所以有颜色，是因为吸收了白色光中某段波长的光线，而其他没有被吸收的波长的光线则透过溶液，即我们所看见的颜色。人们很早就观察到溶液浓度与溶液颜色的深浅及厚薄有着直接的联系，并建立了比色分析法（凭人的肉眼判断）。随着科技的发展，光电转换装置——光电池的诞生，带动了比色分析法的发展，形成了分光光度法体系（也叫吸光光度法），现在的分光光度分析已发展到广义的光——电磁辐射的大部分范围。不同的物质具有不同的分子结构，对不同波长的光会产生选择性吸收，因而具有不同的颜色。还有的物质对不可见光产生选择性吸收，凭人的肉眼就无法判断，但仪器的检测系统可以辨别。

一定条件下，当一束平行单色光通过某一均匀的吸光物质的溶液时，溶液的吸光度与溶液浓度和液层厚度的乘积成正比。即为朗伯-比耳定律，表达式如下：

$$A = -\lg T = \lg \frac{I_0}{I} = abc$$

式中，A 为吸光度，是量纲为 1 的量；T 为透光率；b 为液层厚度，即光程长度，也即为容器的内宽，常以 cm 为单位；c 为溶液浓度，单位为 $g \cdot L^{-1}$；a 为吸光系数，单位为 $L \cdot g^{-1} \cdot cm^{-1}$。当 c 的单位为 $mol \cdot L^{-1}$ 时，吸光系数称为摩尔吸光系数，用 ε 表示，单位为 $L \cdot mol^{-1} \cdot cm^{-1}$。上式变为：

$$A = \varepsilon bc$$

ε 与吸光物质本身的性质有关，是吸光物质在特定波长、温度和溶剂条件下的特征常数，数值上等于光程为 1cm、浓度为 $1mol \cdot L^{-1}$ 的吸光物质对特定波长光的吸光度，反映了该物质吸收光的能力。摩尔吸光系数不可能直接用 $1mol \cdot L^{-1}$ 浓度的吸光物质测量，一般是由较稀溶液的摩尔吸光系数换算得到。它可作为定性鉴定的参数，还可用来估量定量分析的灵敏度，ε 值越大，分析方法越灵敏。ε 与 a 的关系为：

$$\varepsilon = Ma$$

式中，M 为物质的摩尔质量。

由于 ε 与吸光物质本身的性质有关，是吸光物质在特定波长、温度和溶剂条件下的特征常数，所以，测量不同物质时，要先选择合适的条件。

邻二氮菲（o-phen）是测定微量铁的较好试剂。在 pH2～9 的溶液中，试剂与 Fe^{2+} 生成稳定的红色配合物，其 $\lg K_f^{\ominus} = 21.3$，摩尔吸光系数 $\varepsilon = 1.1 \times 10^4 L \cdot mol^{-1} \cdot cm^{-1}$，其反应式如下：

$$Fe^{2+} + 3(o\text{-phen}) \Longrightarrow Fe(o\text{-phen})_3$$

红色配合物的最大吸收峰在 510nm 波长处。本方法的选择性很高，相当于含铁量 40 倍的 Sn^{2+}、Al^{3+}、Ca^{2+}、Mg^{2+}、Zn^{2+}、SiO_3^{2-}，20 倍的 Cr^{3+}、Mn^{2+}、$V(V)$、PO_4^{3-}，5 倍的 Co^{2+}、Cu^{2+} 等均不干扰测定。

测定前，用盐酸羟胺将 Fe^{3+} 还原为 Fe^{2+}，并保持盐酸羟胺过量，以醋酸钠调节溶液的 pH，邻二氮菲（o-phen）为显色剂。

【仪器、药品及材料】

公共部分：722 型分光光度计和比色皿 20 套，酸度计和 pH 复合电极 6～8 套，50mL 烧杯或小试剂瓶 6～8 套，标准缓冲溶液（pH=4.00、pH=6.86），温度计 3～4 支，擦镜纸，滤纸条，铁标准溶液（$10.0\mu g \cdot mL^{-1}$、$100.0\mu g \cdot mL^{-1}$），未知铁样品溶液，0.1%邻二氮菲（新配制的水溶液），10%盐酸羟胺（新配制的水溶液），$1mol \cdot L^{-1}$ 醋酸钠溶液，$0.4mol \cdot L^{-1}$ NaOH 溶液，$2mol \cdot L^{-1}$ HCl 溶液。

$100.0\mu g \cdot mL^{-1}$ 铁标准溶液的配制：准确称取 0.8634g 的 $NH_4Fe(SO_4)_2 \cdot 12H_2O$，置于烧杯中，加入 20mL $6mol \cdot L^{-1}$ HCl 和少量水，溶解后，定量转移至 1L 容量瓶中，以水稀释至刻度，摇匀。

学生配套部分：25mL 比色管（或容量瓶）7 支，刻度移液管（5mL、10mL）各 2 支，5mL 大肚移液管 1 支，洗耳球 1 个，100mL 容量瓶 1 只，400mL 烧杯 1 个。

【实验内容】

1. 吸收曲线的绘制

在一支 25mL 比色管（或容量瓶）中，用刻度移液管加入 5.00mL $10.0\mu g \cdot mL^{-1}$ 铁标准溶液，加入 1.00mL 10%盐酸羟胺溶液，摇匀，经 2min 后，再各加入 5.00mL $1mol \cdot L^{-1}$ 醋酸钠溶液和 2.00mL 0.1%邻二氮菲溶液，用水稀释至刻度，摇匀，放置 10min。

在 722 型分光光度计上，以水为参比，1cm 比色皿，测定溶液在 430～580nm（一般间隔 20nm 测一次，500～520nm 间隔 10nm 测一次）各波长的吸光度。以波长为横坐标，吸光度为纵坐标，绘制 A-λ 吸收曲线，确定最大吸收波长。

2. 显色剂的用量试验

在 7 支 25mL 比色管（或容量瓶）中，用刻度移液管分别加入 5.00mL $10.0\mu g \cdot mL^{-1}$ 铁标准溶液、1.00mL 10%盐酸羟胺溶液，摇匀，经 2min 后，再各加入 5.00mL $1mol \cdot L^{-1}$ 醋酸钠溶液，各加入 0.50mL、0.80mL、1.00mL、1.50mL、2.00mL、3.00mL、4.00mL 0.1%邻二氮菲溶液，用水稀释至刻度，摇匀。放置 10min。以水为参比，1cm 比色皿，在

前步骤确定的最大吸收波长下，测定各溶液的吸光度，以邻二氮菲溶液的体积为横坐标，吸光度为纵坐标，绘制 A-V_R 曲线。确定显色剂用量的适宜范围。

3.邻二氮菲-亚铁配合物的稳定性试验

按吸收曲线中溶液的配制方法，重新配制溶液。以加入邻二氮菲溶液为零时刻计时，在最大吸收波长下，以水为参比，1cm 比色皿，测定溶液在 2min、5min、10min、20min、30min、45min 时的吸光度，以时间为横坐标，吸光度为纵坐标，绘制 A-t 曲线。确定显色反应的适宜时间。

4.溶液 pH 对邻二氮菲-亚铁配合物的稳定性的影响

用刻度移液管准确加入 5.00mL 100.0μg·mL^{-1}铁标准溶液于 100mL 容量瓶中，加入 5mL 2mol·L^{-1} HCl 及 10.0mL 10％盐酸羟胺溶液，摇匀，经 2min 后，再加入 20.0mL 0.1％邻二氮菲溶液，用水稀释至刻度，摇匀，放置 10min，备用。

在 7 支 25mL 比色管（或容量瓶）中，用移液管分别加入 5.00mL 上述溶液及 0.00mL、1.00mL、2.00mL、2.50mL、3.00mL、3.50mL、4.00mL 的 0.4mol·L^{-1} NaOH 溶液，以水稀释至刻度，摇匀，放置 10min。以水为参比，1cm 比色皿，在最大吸收波长下，测定各溶液的吸光度，然后再用酸度计测量各溶液的 pH。以 pH 为横坐标，吸光度为纵坐标，绘制 A-pH 曲线。确定显色反应的适宜 pH 范围。

5. 样品中铁含量的测定

在 7 支 25mL 容量瓶（或比色管）中，分别移取 0.00mL、2.00mL、4.00mL、6.00mL、8.00mL、10.00mL 10.0μg·mL^{-1}的铁标准溶液和 5.00mL 未知铁样品溶液，各加入 1.00mL 10％盐酸羟胺溶液，摇匀，经 2min 后，再各加入 5.00mL 1mol·L^{-1}醋酸钠溶液和 2.00mL 0.1％邻二氮菲溶液，用水稀释至刻度，摇匀。

在最大吸收波长下，用 1cm 比色皿，以含铁 0.00mL 的溶液（空白溶液）为参比，测定各溶液的吸光度，以浓度或 10.0μg·mL^{-1}铁标准溶液的体积为横坐标，吸光度为纵坐标，绘制 A-c（或 V）标准曲线（或称工作曲线）。由标准曲线上查出测试液的浓度或相当于 10.0μg·mL^{-1}铁标准溶液的体积，然后计算原待测液中微量铁的含量（μg·mL^{-1}）。

【数据处理】

1. 由条件试验数据绘制如下的条件试验曲线：A-λ 吸收曲线、A-V_R 曲线、A-t 曲线、A-pH 曲线。由条件试验曲线给出最大吸收波长和适宜的显色反应条件。

2.做标准曲线（是一条过原点的直线），在标准曲线上标出待测液的坐标点。

3.原始待测液含铁＝_____（μg·mL^{-1}）。

4.计算测定的相对误差。

【注意事项】

1.移液管或吸量管要看好标签，对号使用。

2.移取溶液要准确，尤其是铁标液，配制好溶液后应立即充分摇匀。

3.分光光度计预热时，为防止硒光电池"疲劳"，需将黑块置于光路中，盖上暗箱盖。

4.比色皿经润洗倒入溶液后，需先用滤纸条把表面水吸干，再用擦镜纸把透光面擦拭干净（单方向擦拭）。透光面置光路中。

5.测定时按由稀到浓的顺序测定，比色皿可直接用操作液润洗。

6.做稳定性试验时，各项操作先熟练且准备好，才能测得反应 2～5min 的吸光度。

实验 28　紫外分光光度法同时测定食品中的维生素 C 和维生素 E

【实验预习】

1. 预习 5.4 UV-1600 紫外-可见分光光度计的使用。
2. 双波长分光光度法选择波长 λ_1 和 λ_2 的原则是什么？
3. 与单波长分光光度法相比较，双波长分光光度法有哪些优点？
4. 进行多组分同时测定的准确度与哪些因素有关？

【实验目的】

1. 理解双波长法同时测定两组分的原理。
2. 学会用紫外-可见分光光度计作双波长测定的基本操作。

【实验原理】

由于吸光度具有加和性，可不经分离同时测定某一试样溶液中两个以上的组分。

若溶液中同时存在 A、B 两组分，将其转化为有色化合物，分别绘制各自的吸收曲线，将可能出现如图 28-1 所示的两种情况。

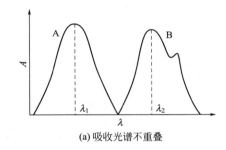
(a) 吸收光谱不重叠

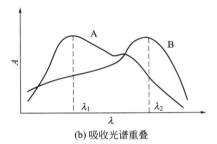
(b) 吸收光谱重叠

图 28-1　双组分的吸收光谱

图 28-1(a) 表明，A、B 两组分互不干扰，因此可分别在 λ_1 和 λ_2 处测定 A、B 组分的吸光度，求出各自的含量。图 28-1(b) 则显示 A、B 组分彼此干扰的情况。这时可在波长 λ_1 和 λ_2 处分别测定 A、B 两组分的总吸光度 $A_{\lambda 1}$ 和 $A_{\lambda 2}$，因吸光度具有加和性，可建立如下联立方程：

$$\begin{cases} A_{\lambda_1} = \varepsilon_{\lambda 1}^{A} b c_{A} + \varepsilon_{\lambda 1}^{B} b c_{B} \\ A_{\lambda_2} = \varepsilon_{\lambda 2}^{A} b c_{A} + \varepsilon_{\lambda 2}^{B} b c_{B} \end{cases}$$

式中，$\varepsilon_{\lambda 1}^{A}$、$\varepsilon_{\lambda 1}^{B}$、$\varepsilon_{\lambda 2}^{A}$、$\varepsilon_{\lambda 2}^{B}$ 分别为组分 A 和 B 在波长 λ_{max}^{A} 与 λ_{max}^{B} 处的摩尔吸光系数，其值可由已知准确浓度的单组分 A 和 B 在两波长处测得。解联立方程即可求出 A、B 组分的含量。对于更复杂的多组分系统，可用计算机处理测定结果。

【仪器、药品及材料】

公共部分：紫外-分光光度计和石英比色皿 20 套，擦镜纸，滤纸条，维生素 E 无水乙醇溶液（200mg·L^{-1}），维生素 C 无水乙醇溶液（200mg·L^{-1}），待测样（维生素 E、维生素 C 的无水乙醇溶液），无水乙醇。

学生配套部分：25mL 比色管（或容量瓶）4 支，5mL 刻度移液管 1 支，5mL 大肚移液管 2 支，洗耳球 1 个，400mL 烧杯 1 个。

【实验内容】

1. 维生素 E 无水乙醇溶液和维生素 C 无水乙醇溶液紫外吸收光谱的测绘

分别将 5.00mL 的标准溶液用无水乙醇稀释至 25.00mL，均配成 40.0mg·L^{-1} 维生素 E 无水乙醇溶液和维生素 C 无水乙醇溶液，在 200～400nm 波长范围内，以无水乙醇作参比，用 1cm 石英比色皿，测定各溶液的吸光度 A（自行设计读数，各不少于 20 个点），选择合适的 λ_1 和 λ_2，根据各自的吸光度，计算 $\varepsilon_{\lambda 1}^A$、$\varepsilon_{\lambda 1}^B$、$\varepsilon_{\lambda 2}^A$、$\varepsilon_{\lambda 2}^B$。

如果仪器具有扫描功能，则进行扫描，操作方法见 4.4 节仪器的使用。

2. 未知样溶液的测定

将待测样品溶液在 λ_1 和 λ_2 处，以无水乙醇作参比，用 1cm 石英比色皿，测其吸光度，并计算出两组分的含量（mg·L^{-1}）。

【数据处理】

1. 在同一坐标纸上绘制维生素 E 无水乙醇溶液和维生素 C 无水乙醇溶液的紫外吸收光谱，选出合适的测量波长 λ_1 及 λ_2。

2. 计算 $\varepsilon_{\lambda 1}^A$、$\varepsilon_{\lambda 1}^B$、$\varepsilon_{\lambda 2}^A$、$\varepsilon_{\lambda 2}^B$。

3. 由样品溶液在 λ_1 和 λ_2 处测得的吸光度，计算样品溶液中各组分的含量（mg·L^{-1}）。

【注意事项】

1. 石英比色皿的盖子要盖上。

2. 测量时比色皿要擦净，将透光面置于光路中。

3. 溶液的温度对测量略有影响。

实验 29　米醋中醋酸含量的电势滴定

【实验预习】

1. 预习 4.1.1 液体体积度量仪器的使用——滴定管和移液管的使用。

2. 预习 5.6　ZD-2 型电位分析仪的使用。

3. 预习 2.2.3 实验数据的作图处理。

4. 电势滴定法还可用于哪些滴定？如何选择电极？

5. 电势滴定法较一般滴定法有何优越性？

6. 电势滴定法滴定终点的确定方法有哪几种？

7. 如何由酸碱滴定曲线计算醋酸的 $pK_a^\ominus$？

8. 米醋样品中醋酸含量（g·L^{-1}）的计算公式？

【实验目的】

1. 掌握电位分析仪的使用方法。

2. 掌握电势法确定滴定终点的方法。

【实验原理】

测定溶液的 pH 采用 pH 玻璃电极作指示电极，饱和甘汞电极（SCE）作参比电极，与待测溶液组成工作电池，此电池可表示为：

$$(-)玻璃电极 | 待测液 [a(H^+)] \parallel SCE(+)$$

滴定过程中随着 NaOH 标准溶液的滴入，溶液中有如下反应：

$$HAc + OH^- \Longrightarrow Ac^- + H_2O$$

随着 NaOH 标准溶液的滴入，溶液的 pH 逐渐增加，且在化学计量点附近产生突跃，根据 pH-V(NaOH) 的对应关系，可计算出化学计量点时 NaOH 标准溶液消耗的体积。

当标准溶液加入体积为化学计量点体积的一半时，溶液的组成为等浓度的 HAc 和 NaAc 混合液，此缓冲溶液的 pH 恰好等于醋酸的 $pK_a^{\ominus}$。

滴定终点的确定方法有以下三种。

（1）滴定曲线法　由滴定过程中记录下的数据，直接绘制滴定曲线 E-V 曲线或 pH-V 曲线，见图 29-1。于上下两弧线处作两条 45°的切线，然后做这两条切线的中分线，中分线与滴定曲线相交的点即为化学计量点。其对应的滴定剂的体积即为化学计量点时标准溶液消耗的体积。

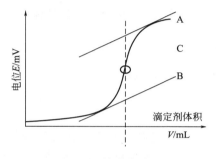
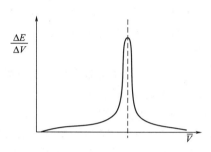

图 29-1　滴定曲线法　　　　　图 29-2　一阶微商曲线法

该法无须处理数据，但误差较大。

（2）一阶微商法　如果突跃不明显，可绘一阶微商曲线 $\Delta E/\Delta V$-$\bar{V}$ 或 $\Delta pH/\Delta V$-$\bar{V}$，作图时，横坐标体积 $\bar{V}$ 对应的是相邻两体积的平均值。曲线的最高点对应的体积即为终点的体积，$\Delta E/\Delta V$ 或 $\Delta pH/\Delta V$ 最大值对应的不一定是最高点，左右不对称时要用外延法作图。见图 29-2。

（3）二阶微商法（计算法）：数据处理步骤如下。

① 选择 4 个连续变化的点，要求中间两点的一阶微商值最大。

② 计算 $\Delta E/\Delta V$ 或 $\Delta pH/\Delta V$、$\bar{V}$、$\Delta^2 E/\Delta V^2$ 或 $\Delta^2 pH/\Delta V^2$。

③ 由内插法求得二阶微商等于零所对应的体积，即为 V_{sp}。

【仪器、药品及材料】

公用部分：分析天平 6～8 台，2g·L^{-1} 酚酞指示剂，0.1mol·L^{-1} NaOH 标准溶液，邻苯二甲酸氢钾（G. R.，105～110℃干燥 1h），50mL 烧杯或小试剂瓶（pH＝4.00 标准缓冲溶液、pH＝6.86 标准缓冲溶液）6～8 套，标准缓冲溶液（pH＝4.00，pH＝6.86），米醋样品溶液，温度计 3～4 支，50mL 移液管 14～16 支，洗耳球 14～16 个，洗瓶约 20 个，滤纸条若干。

学生配套部分：ZD-2 型电位分析仪 1 台，pH 复合电极（或饱和甘汞电极和 pH 玻璃电极）1 支，搅拌子 1 个，50mL 碱式滴定管 1 支，150mL 高型烧杯（洁净、干燥）2 个，250mL 锥形瓶 2 只，玻璃棒 1 根。

【实验内容】

1. 自动电势滴定仪如图 5-10 所示。按图 5-11 连接好仪器、电极、支架、滴定管。

2. 先对仪器进行温度补偿后，用标准缓冲溶液进行定位。

3. 准确移取 50.00mL 米醋待测液于 150mL 高型烧杯中，放入搅拌子，开动搅拌，以 NaOH 标准溶液进行粗滴定，找出大概终点体积。

4. 设计读数方案，终点体积前后的读数间隔为 0.10mL 或 0.20mL，离终点体积越远，读数间隔可越大，要求有 20 个以上读数点。

5. 按照步骤 3 及读数方案，滴定并记录体积-pH 数据，至过量 50% 停止滴定。以作图法确定终点体积。

6. $0.1mol \cdot L^{-1}$ NaOH 标准溶液的标定：参见实验 17 中用邻苯二甲酸氢钾标定 NaOH 溶液部分。

【实验数据记录与处理】

1. 用坐标纸绘制 pH-V 曲线，由 pH-V 曲线求出醋酸的解离平衡常数 pK_a。

2. 用滴定曲线法和二阶微商法两种方法计算滴定终点时 NaOH 的消耗体积。

3. 求米醋样品中醋酸的含量（$g \cdot L^{-1}$）。

【注意事项】

1. 在滴定前一定要对仪器进行温度补偿及用标准缓冲溶液定位。

2. 搅拌子勿随废液而遗失。

3. 搅拌速度要适中、均匀。

4. 正式滴定时电极、搅拌子要洗净并用滤纸吸干，所用的高型烧杯应洁净、干燥。

5. 为了快速滴定，可以先进行粗滴定，找出化学计量点的大致体积范围，然后设计读数方案进行正式滴定。

6. 设计读数方案示例

例如：进行粗滴定后，找出大概终点体积为在 22～23mL 之间。在化学计量点附近 1～2mL，每隔 0.1～0.2mL 测量一次 pH，其他可间隔大些，读数方案见下表。

V(NaOH)/mL	0.00	5.00	10.00	11.00	12.00	13.00	14.00	16.00	18.00	20.00	21.00
pH											
V(NaOH)/mL	21.20	21.40	21.60	21.80	22.00	22.20	22.40	22.60	22.80	23.00	23.20
pH											
V(NaOH)/mL	23.40	23.60	23.80	24.00	25.00	27.00	30.00	33.00			
pH											

7. 二阶微商法确定滴定终点示例

标准溶液体积 V/mL	pH	$\Delta pH/\Delta V$	$\bar{V}$/mL	$\Delta^2 pH/\Delta V^2$
21.80	6.20			
		3.0	21.90	
22.00	6.80			42.5
		11.5	22.10	
22.20	9.10			−40
		3.5	22.30	
22.40	9.80			

$$V \qquad\qquad 22.00 \longrightarrow V_{sp} \longrightarrow 22.20$$
$$\Delta^2 pH/\Delta V^2 \qquad 42.5 \longrightarrow 0 \longrightarrow -40.0$$
$$\frac{V_{sp}-22.00}{0-42.5}=\frac{22.20-22.00}{-40.0-42.5}$$
$$V_{sp}=22.00+0.20\times\frac{0-42.5}{-40.0-42.5}=22.10(mL)$$

实验 30　用重铬酸钾电势滴定硫酸亚铁溶液

【实验预习】

1. 预习 4.1.1 液体体积度量仪器的使用——滴定管和移液管的使用。
2. 预习 5.6　ZD-2 型电位分析仪的使用。
3. 电势法确定滴定终点有哪几种方法？
4. 终点的电池电动势受什么因素影响？
5. 有什么更简便的方法确定氧化还原滴定终点的电池电动势？

【实验目的】

1. 进一步熟悉电势滴定仪的使用方法。
2. 掌握电势法确定滴定终点的方法。

【实验原理】

用 $K_2Cr_2O_7$ 溶液滴定 Fe^{2+} 的反应为：

$$Cr_2O_7^{2-}+6Fe^{2+}+14H^+ =\!=\!= 2Cr^{3+}+6Fe^{3+}+7H_2O$$

两个电对的氧化型和还原型都是离子，这类氧化还原滴定，可用惰性金属铂电极作指示电极，饱和甘汞电极作参比电极组成原电池。滴定过程中，由于指示电极电势随滴定剂的加入而变化，因此化学计量点附近可产生电势突跃，由电势突跃可确定滴定终点时标准溶液消耗的体积。

滴定时加入硫磷混酸，既可消除 Fe^{3+} 的颜色，又可降低 Fe^{3+}/Fe^{2+} 电对的电极电势，使滴定突跃范围增大，用二苯胺磺酸钠指示剂能正确地指示终点。

【仪器、药品及材料】

公用部分：分析天平 6～8 台，$K_2Cr_2O_7$（s，140～150℃烘 2h），0.12mol·L^{-1} $(NH_4)_2Fe(SO_4)_2$·6HO 试样液，0.2%二苯胺磺酸钠，3mol·L^{-1} H_2SO_4，洗瓶约 20 个，滤纸条若干。

学生配套部分：ZD-2 型电位分析仪 1 台，搅拌子 1 个，饱和甘汞电极 1 支，铂电极 1 支，150mL 高型烧杯 2 个，50mL 酸式滴定管 1 支，250mL 容量瓶 1 个，25mL 移液管 1 支，洗耳球 1 个，量筒（10mL、50mL）各 1 个，玻璃棒 1 根。

【实验内容】

1. 0.02mol·L^{-1} $K_2Cr_2O_7$ 标准溶液的配制

准确称取 1.4～1.5g 已在 140～150℃烘 2h，放在干燥器中冷却至室温的 $K_2Cr_2O_7$ 于烧杯中，加少量水溶解后，定量转入 250mL 容量瓶中，用水稀释到刻度，混匀。

2. 铁含量的测定

自动电势滴定仪参见图 5-10 所示，并按图 5-11 连接好仪器、电极、支架、酸式滴定管。

（1）预滴定　移取 25.00mL 试液，加 30mL 水、10mL 3mol·L^{-1} H$_2$SO$_4$，摇匀，加 5 滴 0.2%二苯胺磺酸钠，放入搅拌子，开动搅拌，用 0.02mol·L^{-1} K$_2$Cr$_2$O$_7$ 标准溶液直接滴定至溶液由绿色恰好变为稳定的紫色即为终点。

根据滴定终点体积设计读数方案，终点体积前后的读数间隔为 0.10mL 或 0.20mL，离终点体积越远，读数间隔可越大，要求有 20 个以上读数点。

（2）手动电势滴定

不加二苯胺磺酸钠指示剂，平行测定两次，用作图法确定终点体积，计算铁样中铁的含量。

（3）自动电势滴定（根据实验室条件选择）

① 根据手动电势滴定结果，由终点体积确定终点的电动势。调节仪器上的终点指示至终点的电动势。

② 烧杯中加入上述待测液后，放入搅拌子，搅拌，将功能旋钮旋至"自动"，装好重铬酸钾标准溶液，按下开始按钮，滴定自动停止即为终点，确定消耗标准溶液的体积。

【实验数据记录与处理】

参见实验 29 米醋中醋酸含量的电势滴定。

【注意事项】

1. 注意看仪器介绍。
2. 搅拌子勿随废液而遗失。
3. 搅拌速度应适中、匀速。
4. 换溶液后，电极要洗净，用滤纸吸干。

实验 31　气相色谱法测定白酒中甲醇的含量

【实验预习】

1. 预习 3.4 气体的制备、净化及气体钢瓶的使用。
2. 最好选用什么类型的色谱柱分离？
3. 在弱极性色谱柱中，甲醇、水、乙醇的出峰顺序是怎样的？
4. 各项温度选定的依据是什么？

【实验目的】

1. 掌握气相色谱仪的使用方法。
2. 掌握气相色谱的分离、定性、定量方法。

【实验原理】

色谱法是一个分离过程。一个建立在吸附、分配、离子交换、亲和力和分子尺寸等基础上的分离过程。它利用不同组分在相对运动、相互不溶的两相中（其中静止的一相称固定相，相对运动的一相称流动相）吸附能力、分配系数、离子交换能力、亲和力或分子大小等性质的微小差别，经过连续多次在两相间进行质量交换，从而使不同组分得到分离。通常是将各组分通过色谱分离，再送入检测器，经检测器检测以达到分析目的。最终得到由记录器记录下来的色谱图。

气相色谱作为一种分析方法，其特点在于它能把复杂的混合物分离为各个单一组分，然后一个个检测出来。因此它是成分分析和结构测定的重要工具。

不同组分性质上的微小差别是色谱分离的必要条件，而性质上微小差别的组分之所以能得到分离是因为它们在两相间进行了几千次甚至几十万次的质量交换，这是色谱分离的充分条件。一个复杂样品的分析仅需几分钟到几十分钟。另外，色谱法还是很灵敏的，它采用了现代电子学的检测手段，根据检测器的不同，可直接检测含量 $10^{-13} \sim 10^{-7}$ g·L^{-1} 的成分。

气相色谱法用于定性分析并不合适，但在定量分析过程中需要确定各色谱峰是何物质，或被测物是哪个峰，对此，一般采用标准对照法来确定。

各种组分在一定条件下和给定的色谱柱上都有确定的保留时间，可以作为定性指标。即通过比较已知纯物质和未知组分的保留时间定性。如待测组分的保留值与在相同色谱条件下测得的已知纯物质的保留时间相同，则可以初步认为它们属于同一种物质。由于两种组分在同一色谱柱上可能有相同的保留时间，只用一根色谱柱定性，结果不可靠。可采用另一根极性不同的色谱柱进行定性，比较未知组分和已知纯物质在两根色谱柱上的保留时间，如果都具有相同的保留时间，即可认为未知组分与已知纯物质为同一种物质。

定量分析有多种方法，本实验采用外标法。

【仪器、药品及材料】

102G 气相色谱仪，毛细管色谱柱，1μL 微量进样器，甲醇（高纯），无水乙醇（高纯），白酒，甲醇标准样（0.00％、0.01％、0.05％、0.10％、0.50％、1.00％），擦镜纸。

【实验内容】

1. 启动计算机及色谱工作站。

2. 打开各气瓶的总阀，调节限压阀至要求压力，把各净化管出口旋钮旋至开的位置（如有氮、氢、空一体机，使用方法见 3.4 气体的制备、净化及气体钢瓶的使用）。

3. 启动气相色谱仪的主机，在控制面板设定：气化室温度，150℃；色谱柱（柱箱）温度，120℃；氢火焰离子化检测器温度，250℃。

载气，氮气，流量 2mL·min^{-1}；氢气流量 30mL·min^{-1}，压缩空气流量 300mL·min^{-1}（各气体的流量一般是调好且不变的，无须调节）。

4. 氢火焰离子化检测器点火，待控制面板显示所有温度都到达设定值，且基线平稳后，用微量进样器进 0.10μL 纯甲醇，记录出峰时间。

5. 用无水乙醇洗干净微量进样器后，用各甲醇标准样及白酒试样重复操作 4，记录各样品中甲醇的出峰时间及峰面积。

【数据记录及处理】

1. 从色谱工作站的标准报告中记下各甲醇标准样甲醇的峰面积。

2. 作峰面积－甲醇含量标准曲线，求出白酒中甲醇的含量。

气化室温度：＿＿＿＿＿℃，色谱柱温度：＿＿＿＿＿℃，检测器温度：＿＿＿＿＿℃。

载气：＿＿＿＿＿，流量：＿＿＿＿＿mL·min^{-1}。

标准样时间：＿＿＿＿＿min，样品峰时间：＿＿＿＿＿min。

作峰面积-甲醇含量标准曲线。

【注意事项】

1. 先学习操作规程。

2. 取样一定要准确，进样速度要快。

3. 各分析条件确定后，不得随意改变。

4. 微量进样器最好不要混用，如需用同一支微量进样器取多种试样，则需清洗干净。

第7章

综合设计性实验

为了激发学生的学习积极性，培养学生查阅文献资料、独立思考、设计实验的能力，在实验课的后期，应安排若干个综合设计性实验。

综合设计性实验是参考给定的实验样例和相关资料，按照实验项目的要求，由学生自主设计实验方案、独立操作完成的实验。

学生在拟定实验方案时，首先需要明确分析的目的与要求，然后查阅文献资料，了解试样的大体组成，被测组分的性质及大致含量，根据对分析结果准确度的要求，结合实验室具体条件，选择或拟定适当的分析方案进行实验。

（1）查阅资料

对一般的金属材料、化工原料及产品等，均有标准分析方法。所以，可查阅相关的国家标准或部颁标准。其次可查阅参考书和手册。参考书虽多，不外两类，一类是以分析对象为纲编写的，如"水和废水监测分析方法""矿石及有色金属分析法"等，它包括了分析对象中有关组分的分析方法；另一类是以分析方法为纲编写的，如"配位滴定法""离子交换法"等，这类参考书往往既讲方法，又介绍该法在元素分析或分离方面的应用。而"分析化学手册"则是以分析方法为纲，列表简述，同时指出原始文献。此外，还可查阅相关杂志。如"分析化学""理化检验""皮革科技"等。资料检索是科学工作者的基本技能，在此只要求学生有大致了解，进行初步训练。

（2）拟定分析方案

拟定分析方案时应注意以下几点：

① 根据试样的测试要求与实验室条件，实验方法应尽可能简单、经济、可行。

② 考虑试样中共存组分的干扰，确定试样是否需要预处理及处理的方法。

拟定的实验方案要具体，应包括以下内容：

① 分析方法原理，包括试样预处理和消除干扰的方法原理及实验结果的计算公式。

② 所需的仪器名称、规格、数量；所需试剂的名称、等级、用量；所需溶液的配制方法及贮存方法，对标准溶液则需注明标定方法及基准物的处理方法等。

③ 实验步骤，包括需要进行的条件试验及方法，滴定终点的颜色变化等。

④ 参考文献。

拟定好的实验方案应交指导教师评阅或与同学讨论，进一步完善后，方可进行实验。完成实验后，提交实验报告。实验报告的内容还应增加以下两项内容：

① 实验原始数据、实验现象、数据记录与处理。

② 结果与讨论。

综合设计实验结束后，指导教师应及时组织学生进行交流与总结，使学生的研究性学习成果得以升华。

实验 32　三草酸合铁(Ⅲ)酸钾的合成及其组成分析

【实验预习】

1. 学习 4.3.2 固液分离的方法（倾析法过滤和减压抽滤法）。
2. 学习 4.1.1 液体体积度量仪器的使用。
3. 学习 4.1.2 称量仪器的使用。
4. 学习 5.2 电导率仪的使用。
5. 最后洗涤制备的产品时，为何要用乙醇或丙酮洗涤？能否用蒸馏水洗涤？
6. 能否用蒸干溶液的方法取得晶体三草酸合铁(Ⅲ)酸钾产品？为什么？
7. 用 $KMnO_4$ 溶液滴定 $C_2O_4^{2-}$ 溶液时应如何控制滴定反应条件？
8. 如何判断所制备的配合物是否含有结晶水？
9. 摩尔电导率 Λ_m 与电导率 κ 之间有何关系？量纲如何换算？

【实验目的】

1. 通过三草酸合铁(Ⅲ)酸钾的制备，进一步熟悉配合物合成的基本方法。
2. 掌握化学分析法在配合物组成分析中的应用。

【实验原理】

三草酸合铁(Ⅲ)酸钾为绿色单斜晶体，组成为 $K_3[Fe(C_2O_4)_3]\cdot 3H_2O(M_r=491.24)$，溶于水，难溶于乙醇。110℃下即可失去结晶水，230℃时分解。该配合物是制备负载型活性铁催化剂的主要原料，也是一些有机反应很好的催化剂，因而具有工业生产价值。

目前，合成三草酸合铁(Ⅲ)酸钾的工艺路线有多种。其中用三氯化铁与草酸钾在一定条件下直接配合的合成方法不仅简便，反应条件易于控制，而且产物纯度较高。其反应式如下：

$$3K_2C_2O_4 + FeCl_3 + 3H_2O \Longrightarrow K_3[Fe(C_2O_4)_3]\cdot 3H_2O + 3KCl$$

用稀 H_2SO_4 可使三草酸合铁(Ⅲ)酸钾解离产生 $C_2O_4^{2-}$ 和 Fe^{3+}。先用高锰酸钾法测定其中草酸根的含量，而 Fe^{3+} 不产生干扰。滴定后的溶液用 Zn 粉还原 Fe^{3+} 为 Fe^{2+}，过滤除去过量的锌粉。在酸性介质中，用 $KMnO_4$ 标准溶液滴定试液中 Fe^{2+} 的含量，根据 $KMnO_4$ 标准溶液的体积消耗比，可得 Fe^{3+} 和 $C_2O_4^{2-}$ 的物质的量比，即配合物内界中配体的数目。

$$5C_2O_4^{2-} + 2MnO_4^- + 16H^+ \Longrightarrow 2Mn^{2+} + 10CO_2 + 8H_2O$$

$$MnO_4^- + 5Fe^{2+} + 8H^+ \Longrightarrow Mn^{2+} + 5Fe^{3+} + 4H_2O$$

配合物内、外界在溶液中的解离服从强电解质的一般规律，因此通过测定配合物的电导率 κ，求得配合物的摩尔电导率 Λ_m，据此可确定配离子的电荷数。

摩尔电导率 Λ_m 与电导率 κ 之间的换算关系为：

$$\Lambda_m = \frac{\kappa}{c}$$

25℃时，溶液接近无限稀释时，各种类型的离子化合物的摩尔电导率 Λ_m 与离子构型的关系如下：

离子构型	离子数目	摩尔电导率 $\Lambda_m/S \cdot cm^2 \cdot mol^{-1}$
MA	2	118～131
MA$_2$ 或 M$_2$A	3	235～273
MA$_3$ 或 M$_3$A	4	408～435
MA$_4$ 或 M$_4$A	5	523～558

根据 Λ_m 确定配离子构型，结合 Fe^{3+} 和 $C_2O_4^{2-}$ 的物质的量比，从而进一步确定配合物的化学式。

【仪器、药品及材料】

公用部分：分析天平 6～8 台，台秤 3～4 台，电导率仪 3～4 台，循环水式真空泵 4～6 台，抽滤瓶 8～12 只，布氏漏斗 12～14 只，称量纸，定性滤纸，$K_2C_2O_4 \cdot H_2O$（C.P.），$0.4g \cdot mL^{-1} FeCl_3$ 溶液，H_2SO_4（$3mol \cdot L^{-1}$、$0.2mol \cdot L^{-1}$），$0.01mol \cdot L^{-1} KMnO_4$ 溶液，Zn 粉（A.R.），丙酮或乙醇。

学生配套部分：容量瓶（棕色，250mL、100mL）各 1 只，10mL 移液管 1 支，洗耳球 1 个，50mL 酸式滴定管 1 支，250mL 锥形瓶 2 只，100mL 烧杯 1 个，50mL 量筒 1 个，长颈漏斗 1 个，漏斗架 1 个。

【实验内容】

1. 三草酸合铁(Ⅲ)酸钾的制备

称取 12g 草酸钾，放入 100mL 烧杯中，加入 20mL 水，加热使其完全溶解。在溶液近沸时边搅拌边缓慢滴加 8mL $0.4g \cdot mL^{-1}$ 的三氯化铁溶液。再把溶液在冰水中冷却，待绿色晶体完全析出后，减压过滤即得三草酸合铁(Ⅲ)酸钾粗产品。

将上述粗产品溶解于 15mL 热水中，趁热过滤（如果是澄清的溶液，则不必过滤），滤液在冰水中冷却，待晶体析出完全后减压抽滤，用少量冰水和丙酮或乙醇分别洗涤晶体，晾干，称量，计算产率。并将晶体置于干燥器内避光保存。

2. 配合物组成分析

准确称取约 1.0g 的三草酸合铁(Ⅲ)酸钾晶体，用少量蒸馏水溶解后，在 250mL 棕色容量瓶中定容。

（1）配离子电荷的确定

准确移取 10.00mL 试液于 100mL 棕色容量瓶中，用蒸馏水稀释至刻度，摇匀后测定其电导率，求出摩尔电导率 Λ_m 的值，并推测配离子的构型。

（2）$C_2O_4^{2-}$ 含量的测定

由上述 250mL 容量瓶中准确移取 25.00mL 试液于 250mL 锥形瓶中，加入 20mL $0.2mol \cdot L^{-1}$ H_2SO_4，加热至 75～85℃（即液面刚有热的水蒸气冒出），用 $0.01mol \cdot L^{-1} KMnO_4$ 标准溶液趁热滴定至微红色，且 30s 不褪色，即为终点（保留溶液待下一步分析使用）。记下 $KMnO_4$ 体积。平行测定 2 次。

（3）Fe^{3+} 含量的测定

在上述滴定后的每份溶液中滴加 5％磺基水杨酸 5 滴，溶液呈深酒红色，微热，用 $0.02mol \cdot L^{-1}$ EDTA 标准溶液滴定，在离终点 1～2mL 前可以滴得快一些，近终点时应慢，每加一滴或者半滴，摇动并观察是否变色，直至溶液恰好由酒红色变为浅黄色，即为终点，记下消耗 EDTA 的体积。

由（2）、（3）两步 $KMnO_4$ 和 EDTA 标准溶液的消耗体积，可求得配离子内界中配体的数目。

【实验关键】

1. 抽滤滤纸以覆盖所有瓷孔且比内径略小为宜。

2. 重结晶时，为了得到较多的产品，可以加入少量丙酮或乙醇，促使晶体析出完全。

3. 由于三草酸合铁（Ⅲ）酸钾对光敏感，需要避光保存，也不能加热干燥。

4. 洗涤 Zn 粉时，应用 H_2SO_4 洗涤，不能用水洗涤，否则 H^+ 浓度降低，Fe^{3+} 易水解。

实验 33　配合物光谱化学序列的测定

【实验预习】

1. 预习 4.3.2 固液分离的方法——减压抽滤法。

2. 预习 5.3 722N 型可见分光光度计的使用。

3. 在合成 $[Cr(en)_3]Cl_3$ 时应掌握好哪些实验条件？

4. 影响分裂能 Δ 大小的因素有哪些？

5. 在测定配合物电子光谱时所配溶液的浓度是否需要准确配制？为什么？

【实验目的】

1. 掌握配合物的几种制备方法。

2. 了解测定配合物分裂能的原理与方法，测定铬的几种配合物的分离能，并排列出其光谱化学序列。

3. 进一步了解配体强弱与分裂能的关系及对配合物稳定性的影响。

【实验原理】

在配体场的作用下，中心离子的 d 轨道发生能级分裂，分裂后的 d 轨道之间的能量差称为分裂能 Δ。在八面体配体中，d 轨道分裂为 t_{2g} 与 e_g，t_{2g} 与 e_g 轨道之间的能量差称为正八面体场分裂能，记为 Δ_o。电子在分裂的 d 轨道间的跃迁称为 d-d 跃迁，d-d 跃迁的能量相当于可见光，因此可用可见分光光度计测定。

影响分裂能的主要因素有：

（1）配合物的几何构型

同种配体在接近中心离子距离相同的条件下，不同类型的晶体场，d 轨道的分裂能 Δ 不同，分裂能按下列次序依次减小：平面正方形＞八面体＞四面体。

（2）配体

同种中心离子与不同配体形成相同构型的配合物时，Δ 值随配体场强不同而异：配体的电场越强，Δ 值越大。Δ 值大的配体称强场配体，Δ 值小的配体称弱场配体。

光谱化学序列：

$I^- < Br^- < SCN^- \approx Cl^- < ONO_2^- < F^- < S_2O_3^{2-} < OH^- < ONO^- < C_2O_4^{2-} < H_2O <$

NCS^-＜EDTA＜吡啶＜NH_3＜en＜联吡啶＜邻二氮菲＜SO_3^{2-}＜NO_2^-＜CN^-＜CO

光谱化学序列中大体上可以将 H_2O、NH_3 作为弱场配体（如 I^-、Br^-、Cl^-、F^-）和强场配体（如 NO_2^-、CN^-、CO）的界限。

可见，光谱化学序列主要与配位原子有关，其大致顺序为：X（卤素）＜O＜N＜C。

（3）中心离子的电荷

相同配体，同一中心离子所带正电荷越高，对配体的吸引力越大，配体与中心离子距离越近，晶体场对 d 电子的排斥力越强，其分裂能也越大。

第一过渡系的高自旋八面体配合物，二价离子是 $7500 \sim 12500 cm^{-1}$，三价离子是 $14000 \sim 25000 cm^{-1}$。

（4）中心离子的半径

中心离子的氧化数相同，随其半径增大，d 电子离核越远，受晶体场的影响越大，分裂能越大。从第一过渡系到第二过渡系 Δ 值增加 40%～50%；由第二过渡系到第三过渡系增加 25%～30%。

分裂能 Δ 与吸收光谱图中最大波长的吸收峰位置的关系为

$$\Delta = \frac{1}{\lambda_{max}} \times 10^7 cm^{-1}$$

求算正八面体场中某些混配体的 Δ_o 值时，可使用"平均环境经验规则"，即 MA_nB_{6-n} 混配配合物的 Δ_o 值与单配配合物 MA_6 和 MB_6 的 Δ_o 有以下关系：

$$6\Delta_o(MA_nB_{6-n}) = n\Delta_o(MA_6) - (6-n)\Delta_o(MB_6)$$

【仪器、药品及材料】

公用部分：分光光度计 6～8 台，台秤 3～4 台，循环水式真空泵 4～6 台，抽滤瓶 8～12 只，布氏漏斗 12～14 只，研钵 3～4 个，称量纸，定性滤纸，烘箱 1 台，恒温水浴锅 8～12 台，表面皿 8～12 个，三氯化铬（s），锌粉（s），草酸钾（s），草酸（s），重铬酸钾（s），硫氰酸钾（s），硫酸铬钾（s），EDTA 二钠盐（s），甲醇（C.P.），无水乙二胺（C.P.），丙酮（C.P.），10%乙二胺甲醇溶液，$2mol \cdot L^{-1}$ 盐酸，95%乙醇，广泛 pH 试纸，普通滤纸。

学生配套部分：蒸发皿 1 只，100mL 三口烧瓶 1 只，20～40cm 球形冷凝管 1 支，25mL 比色管 5 支，200mL 烧杯 1 个，量筒（10mL、50mL）各 1 个，玻璃棒 1 根，滴管 1 个等。

【实验内容】

1. 配合物的制备

（1）$[Cr(en)_3]Cl_3$ 的合成

称取 7g $CrCl_3 \cdot 6H_2O$ 溶于 13mL 甲醇中，再加入 0.5g 锌粉，将此混合物转入 100mL 三口烧瓶中并装上回流冷凝管，在恒温水浴锅中加热至 40℃。用滴管向烧瓶中缓慢加入 12mL 无水乙二胺，加完后将温度升高至 60～70℃，回流 1h。冷却抽滤，用 10mL 10%乙二胺甲醇溶液洗涤沉淀两次，再用 5mL 95%乙醇洗涤所得粉末状的黄色产物，抽滤后将产物放在表面皿上风干。

（2）$K_3[Cr(C_2O_4)_3] \cdot 3H_2O$ 的合成

在烧杯中溶解 0.8g $K_2C_2O_4 \cdot 2H_2O$ 和 1.8g $H_2C_2O_4 \cdot 2H_2O$ 于 30mL 去离子水中，缓慢加入 0.6g 研细的重铬酸钾粉末并不断搅拌。当反应完成时，蒸发溶液近干，使之结晶。

冷却后抽滤并用丙酮洗涤，得深蓝绿色晶体，于110℃下干燥，称重。

（3）$K_3[Cr(NCS)_6]$溶液的制备

在烧杯中溶解3g硫氰酸钾和2.5g硫酸铬钾于50mL去离子水中，加热溶液至近沸约1h，然后加入25mL 95%乙醇，稍冷却即有硫酸钾晶体析出，抽滤除去此结晶，滤液即为$K_3[Cr(NCS)_6]$溶液，备用。

（4）$[Cr\text{-}EDTA]^-$配离子溶液的制备

称取0.1g EDTA溶于10mL水中，加热使其完全溶解，用$2mol \cdot L^{-1}$ HCl调节溶液的pH为3～5，然后加入0.2g $CrCl_3 \cdot 6H_2O$于溶液中，加热并且搅拌几分钟，即可得到$[Cr\text{-}EDTA]^-$配合物溶液。

（5）$K[Cr(H_2O)_6](SO_4)_2$溶液的制备

称取0.5g硫酸铬钾溶于25mL去离子水中，即得$K[Cr(H_2O)_6](SO_4)_2$溶液。

2. 配合物吸收光谱的测定

称取一定量的各种铬（Ⅲ）配合物，在25mL比色管中用水稀释至刻度，摇匀。然后，在420～650nm波长范围内，用1cm比色皿，以溶剂作参比，每隔20nm测定一次吸光度，在吸收峰附近间隔为10nm。

编号	配合物	溶液的配制
1	$[Cr(en)_3]Cl_3$	称0.25g溶于去离子水中，稀释至25mL
2	$K_3[Cr(C_2O_4)_3] \cdot 3H_2O$	称0.15g溶于去离子水中，稀释至25mL
3	$K_3[Cr(NCS)_6] \cdot 4H_2O$	取5mL制备液稀释至25mL
4	$[Cr\text{-}EDTA]^-$	用所得的溶液稀释至25mL
5	$K[Cr(H_2O)_6](SO_4)_2$	用制备液直接测定

3. 画出各种铬的配合物的吸收光谱曲线，在吸收曲线上找出最大吸收波长，精确计算Δ_o值，排出铬的配合物配体光谱化学序列，并与文献值进行比较。

分裂能Δ_o文献值如下：

$$
Cr^{3+}
\begin{cases}
en & 21200 \\
EDTA & 18400 \\
NCS^- & 17900 \\
C_2O_4^{2-} & 17400 \\
H_2O & 17400
\end{cases}
\quad
\begin{array}{l}
配体 \quad 文献\Delta_o值/cm^{-1}
\end{array}
$$

实验 34　黄铜中铜、锌含量的测定

【实验预习】

1. 预习4.1.1 液体体积度量仪器的使用——滴定管、容量瓶、移液管的使用。

2. 预习4.1.2 称量仪器的使用。

3. 若合金中含有少量杂质镁，对铜、锌的测定是否产生干扰？为什么？

4. 本实验中所用的二甲酚橙能否换为铬黑 T？

5. 本实验标定 EDTA 标准溶液时选用金属 Zn 或 ZnO 作基准物，与 CaCO$_3$ 相比哪个更好些？

【实验目的】

1. 掌握合金的溶样方法。

2. 学习使用掩蔽法提高配位滴定的选择性。

【实验原理】

黄铜的主要成分是铜和锌，试样用 HCl-HNO$_3$ 溶解后，用 HAc-NaAc 缓冲溶液控制溶液的 pH≈5.0～6.0，以二甲酚橙作指示剂，用 EDTA 标准溶液滴定 Zn^{2+}。由于 Cu^{2+}、Al^{3+} 对二甲酚橙有封闭作用，且在测定的条件下，二者也可与 EDTA 配位，因此须用硫脲和 NH$_4$F 分别加以掩蔽。

另取一份试液，不加硫脲，以 PAN 作为指示剂，其他步骤同上，测得铜锌总量。前后两次测定的值差减可得铜的含量。

【仪器、药品及材料】

仪器：分析天平 6～8 台，台秤 3～4 台，电热板 4～6 台，金属锌（取适量于小烧杯中，用 0.1mol·L^{-1} HCl 清洗 1min，以除去表面的氧化物，再依次用自来水、蒸馏水洗净、沥干，放入干燥箱中 100℃烘干），(1+1) 盐酸溶液，(1+1) 硝酸溶液，2g·L^{-1} 二甲酚橙水溶液，1g·L^{-1} PAN 乙醇溶液，0.02mol·L^{-1}EDTA，NH$_4$F(s)，硫脲饱和溶液，HAc-NaAc 缓冲溶液（100g 结晶 NaAc 溶于 500mL 水中，加 7mL 冰醋酸，pH≈5.5），95％乙醇。

学生配套部分：10mL 量筒 2 个，250mL 烧杯 1 个，250mL 容量瓶 1 只，25mL 移液管 1 支，洗耳球 1 个，50mL 酸式滴定管 1 支，250mL 锥形瓶 2 只，表面皿 1 个。

【实验步骤】

1. EDTA 标准溶液的标定

准确称取 0.17～0.2g 金属锌，置于 250mL 烧杯中，加入 (1+1) 盐酸溶液 5mL，立即盖上表面皿，待完全溶解后，用水冲洗表面皿及烧杯壁，将溶液转入 250mL 容量瓶中，用水稀释至刻度，摇匀。

移取 25.00mL Zn^{2+} 标准溶液于 250mL 锥形瓶中，加 25mL 水、二甲酚橙指示剂 2～3 滴，摇匀后立即加 10mL HAc-NaAc 缓冲溶液，用 EDTA 标准溶液滴定。溶液由紫红色变为亮黄色即为终点。

平行测定 3 次，计算 EDTA 标准溶液的浓度。

2. 黄铜中铜、锌含量的测定

(1) 样品处理

准确称取待测试样 0.25g 置于 250mL 烧杯中，加入 (1+1) 盐酸溶液 5mL 和 (1+1) 硝酸溶液 3mL，温热溶解，煮沸除去氮的氧化物，冷却后转入 250mL 容量瓶中，稀释至刻度，摇匀，备用。

(2) Zn^{2+} 含量的测定

移取 25.00mL 样品溶液于 250mL 锥形瓶中，加入硫脲饱和溶液 5mL 及 1g NH$_4$F 固体，滴加二甲酚橙指示剂 2～3 滴，摇匀后立即加 10mL HAc-NaAc 缓冲溶液，用 0.02mol·L^{-1} EDTA 标准溶液滴定至溶液由紫红色变为亮黄色即为终点，记下消耗 EDTA 的体积 V_1。

平行测定 3 次，计算锌的含量。

（3）Cu^{2+} 含量的测定

移取 25.00mL 样品溶液于 250mL 锥形瓶中，加入 NH_4F 固体 1g、HAc-NaAc 缓冲液 10mL。加热至近沸，加 10mL 乙醇和 2~3mL PAN 指示剂，用 $0.02mol \cdot L^{-1}$ EDTA 标准溶液滴定至溶液由蓝紫色变为草绿色即为终点，记下消耗 EDTA 的体积 V_2。

平行测定 3 次，计算锌、铜的总量，用差减法求出铜的含量。

【实验关键】

1. 此法适用于 Zn、Cu、Al(Mg) 合金的测定。由于 Cu-PAN 配合物水溶性较差，终点时 Cu-PAN 与 EDTA 反应较慢，因此临近终点时要缓慢滴定。

2. 由于 NH_4F 腐蚀玻璃，含 NH_4F 的废液应尽快倒掉并及时清洗仪器。

3. 待测试样的取样量应根据铜、锌含量的多少确定，如普通黄铜（铜约为 70%，锌约为 30%）、铅黄铜（铜约为 60%，锌约为 40%）和硅黄铜（铜约为 80%，锌约为 18%，硅约为 2%）。

实验 35　铁矿石中铁含量的测定

【实验预习】

1. 预习 4.1.1 液体体积度量仪器的使用——滴定管、容量瓶、移液管的使用。

2. 预习 4.1.2 称量仪器的使用。

3. 在预处理时为什么 $SnCl_2$ 溶液要趁热逐滴加入？

4. 在滴定前加入硫磷混酸的作用是什么？

【实验目的】

1. 学习矿石试样的酸溶法。

2. 掌握 $K_2Cr_2O_7$ 法无汞测定铁的原理及方法。

3. 掌握二苯胺磺酸钠指示剂的作用原理。

【实验原理】

铁矿石的主要成分是 $Fe_2O_3 \cdot xH_2O$，经盐酸溶解后，以甲基橙为指示剂，用 $SnCl_2$ 溶液还原 Fe^{3+}，过量的 Sn^{2+} 可将甲基橙还原为氢化甲基橙而褪色，氢化甲基橙可被 Sn^{2+} 继续还原生成 N,N-二甲基对苯二胺和对氨基苯磺酸，从而除去过量的 Sn^{2+}。同时甲基橙的所有还原反应不可逆且产物不消耗 $K_2Cr_2O_7$ 溶液。但须控制溶液的酸度为 $4mol \cdot L^{-1}$ 左右，若酸度大于 $6mol \cdot L^{-1}$，Sn^{2+} 首先把甲基橙还原成无色，无法指示 Fe^{3+} 的还原情况，同时 Cl^- 浓度过高也可能消耗 $K_2Cr_2O_7$ 溶液，若酸度小于 $2mol \cdot L^{-1}$，则甲基橙褪色缓慢。

$$2[FeCl_4]^- + [SnCl_4]^{2-} + 2Cl^- = 2[FeCl_4]^{2-} + [SnCl_6]^{2-}$$

在酸性条件下，以二苯胺磺酸钠为指示剂，用 $K_2Cr_2O_7$ 标准溶液滴定至溶液由绿色变为紫色即为终点。

滴定反应为：$Cr_2O_7^{2-} + 6Fe^{2+} + 14H^+ = 2Cr^{3+} + 6Fe^{3+} + 7H_2O$

滴定时加入硫磷混酸是因为在滴定过程中，Fe^{3+} 浓度不断增加，Fe^{3+} 的黄色不利于终点的观察，H_3PO_4 可与 Fe^{3+} 生成无色的 $[Fe(HPO_4)_2]^-$，消除了 Fe^{3+} 的黄色，有利于终点的观察；同时又可降低 Fe^{3+}/Fe^{2+} 电对的电极电势，使电势突跃范围扩大，从而使二苯胺磺酸钠变色点电位落在电势突跃范围之内。

【仪器、药品及材料】

公共部分：分析天平 $6\sim8$ 台，电热板 $4\sim6$ 台，10％ $SnCl_2$ （10g $SnCl_2\cdot2H_2O$ 溶于 40mL 浓热 HCl 中，加几粒锡粒，加水稀释至 100mL），5％$SnCl_2$，硫磷混酸（将 15mL 浓硫酸缓缓加入 70mL 水中，冷却后再加入 15mL 浓磷酸），浓盐酸，0.2％二苯胺磺酸钠水溶液，0.1％甲基橙溶液，铁矿石试样，$K_2Cr_2O_7$（A. R. 或 G. R.，150℃烘 1h，置于干燥器中备用）。

学生配套部分：250mL 容量瓶 2 个，50mL 酸式滴定管 1 支，250mL 锥形瓶 2 只，25mL 移液管 1 支，洗耳球 1 个，量筒（10mL、50mL）各 1 个，200mL 烧杯 1 个。

【实验内容】

1. $0.008mol\cdot L^{-1}$ $K_2Cr_2O_7$ 标准溶液的配制

准确称取 $0.60\sim0.65g$ $K_2Cr_2O_7$ 于烧杯中，加水溶解后，定量转入 250mL 容量瓶中，用水稀释到刻度，摇匀。

2. 矿样中铁含量的测定

准确称取 $1.0\sim1.5g$ 铁矿石试样，置于 200mL 烧杯中，用少量水润湿[1] 后加入 20mL 浓盐酸[2] 溶液，盖上表面皿，可滴加 $20\sim30$ 滴 10％ $SnCl_2$ 溶液[3]，低温加热使试样分解完全后，用少量水洗表面皿及瓶壁，摇匀。冷却后转移至 250mL 容量瓶中，稀释至刻度，摇匀备用。

移取上述试液 25mL 于 250mL 锥形瓶中，加入 8mL 浓盐酸，加热近沸。加入 6 滴甲基橙，趁热边摇动锥形瓶边滴加 10％ $SnCl_2$，至溶液由橙色变为红色，再小心边振荡边缓慢滴加 5％$SnCl_2$ 至溶液变为浅粉色，立即用流水冷却，加 50mL 去离子水、20mL 硫磷混酸和 4 滴 0.2％二苯胺磺酸钠指示剂，立即用重铬酸钾标准溶液滴定至稳定的紫红色即为终点。

平行测定 3 次，计算铁矿石中铁的质量分数。

【实验关键】

1. 用 $SnCl_2$ 还原 Fe^{3+} 时，溶液温度不能太低，否则反应速率慢。

2. 在矿样溶解完全后进行滴定时，应还原一份滴定一份。不要同时还原好几份样品，然后再逐个滴定，这样会使 Fe^{2+} 在空气中暴露太久，易被空气中的氧氧化而影响分析结果。

3. 二苯胺磺酸钠指示剂放置时间过长易变质，呈深绿色时则不能使用，由于该指示剂也要消耗一定量的 $K_2Cr_2O_7$，故不能多加。

4. 在硫磷混酸中，Fe^{2+} 更易被氧化，故应立即滴定。

【注释】

[1] 试样加少量水润湿，切勿过多，以免浓盐酸稀释，影响溶解效果。

[2] 分解矿样所用的溶剂随矿样的不同而异。一般易分解的铁矿试样用 HCl 溶解。对低铁高硅铁矿样，则需加 HF 或 NaF 以加速分解。对于难溶于 HCl 的试样，可采用 Na_2O_2-Na_2CO_3 碱熔融，或用 $NaOH$-Na_2O_2 在 520℃±10℃ 的铂坩埚中全熔。

对于含有硫化物或有机物的铁矿石，应将试样预先在 $550\sim600$℃高温炉中灼烧，以除去硫和有机物，然后用盐酸溶样，并加入少量 HNO_3 使试样分解完全，再加入浓 HCl，加热蒸发赶去 HNO_3，否则影响铁的测定。

[3] 加入 $SnCl_2$ 将 Fe^{3+} 还原为 Fe^{2+}，可帮助试样分解，滴加适量的 $SnCl_2$ 使试液变为浅黄色。$SnCl_2$ 过量，则试液的黄色消失而呈无色，这时应滴加少量的 0.4% $KMnO_4$ 溶液至试液呈浅黄色。

实验 36　三氯化六氨合钴（Ⅲ）配合物的合成、性质分析及结构确定

【实验预习】
1. 预习 4.1.1 液体体积的度量仪器——滴定管、容量瓶、移液管及量筒的使用。
2. 预习 4.1.2 称量仪器的使用——分析天平的使用。
3. 预习 5.2 电导率仪的使用。
4. 预习恒温水浴锅、循环水式真空泵、干燥箱的使用。
5. 沉淀时如何得到较好的沉淀？
6. 沉淀滴定法需要注意些什么？
7. 碘量法如何控制碘的挥发和氧化？

【实验目的】
1. 制备三氯化六氨合钴（Ⅲ）化合物。
2. 测定自制配合物的组成，加深对配合物的形成及三价钴稳定性的理解。

【仪器、药品及材料】
公共部分：电子天平 3～4 台、台秤 6～8 台、恒温水浴锅 4～6 台、循环水式真空泵 4～6 台、抽滤瓶 8～12 只、布氏漏斗 12～14 只、称量纸、定性滤纸、烘箱 1 台、温度计（100℃）3～4 支、DDS-11A 型电导率仪（选用铂黑电极）4～6 台、$CoCl_2 \cdot 6H_2O(s)$、$NH_4Cl(s)$、活性炭（s，已活化）、碘化钾(s)、冰、浓氨水、6% H_2O_2、无水乙醇、盐酸（浓、$6mol \cdot L^{-1}$）、$0.5mol \cdot L^{-1}$ HCl 标准溶液、NaOH 溶液（20%、$2mol \cdot L^{-1}$）、$0.5mol \cdot L^{-1}$ NaOH 标准溶液、$0.05mol \cdot L^{-1}$ $Na_2S_2O_3$ 标准溶液、$0.1mol \cdot L^{-1}$ $AgNO_3$ 标准溶液、0.1% 甲基红溶液、0.2% 淀粉溶液、5% K_2CrO_4 溶液。

学生配套部分：铁架台 1 个、酒精灯 1 个、石棉网 1 个、冷凝管 1 支、50mL 酸式滴定管 1 支、50mL 碱式滴定管 1 支、100mL 烧杯 1 个、100mL 容量瓶 1 个、锥形瓶（100mL、250mL）各 1 个、移液管（25mL、10mL）各 1 支、洗耳球 1 个，250mL 碘量瓶 2 个、量筒（25mL、100mL）各 1 个、1000mL 大烧杯 1 个。

【实验原理】
根据有关电对的标准电极电势可以知道，在通常情况下，二价钴盐较三价钴盐稳定得多，而在它们的配合物状态下却正相反，三价钴反而比二价钴稳定。氯化钴（Ⅲ）的氨合物有许多种，主要有 $[Co(NH_3)_6]Cl_3$（橙黄色晶体）、$[Co(NH_3)_5H_2O]Cl_3$（砖红色晶体）、$[CoCl(NH_3)_5]Cl_2$（紫红色晶体）等。它们的制备方法各不相同。因此，通常以较稳定的 2 价钴盐为原料，氨-氯化铵溶液为缓冲体系，先制成活性的 2 价钴的配合物，再以活性炭为催化剂，以过氧化氢为氧化剂，将活性的 2 价钴氨配合物氧化为惰性的 3 价钴氨配合物。

$$2CoCl_2 \cdot 6H_2O + 10NH_3 + 2NH_4Cl + H_2O_2 \xrightarrow{\text{活性炭}} 2[Co(NH_3)_6]Cl_3 \downarrow + 14H_2O$$
$$\text{（橙黄色）}$$

得到的固体粗产品中混有大量活性炭，可以将其溶解在酸性溶液中，过滤掉活性炭，在高的盐酸浓度下令其结晶出来。如果没有活性炭存在，制得的是$[CoCl(NH_3)_5]Cl_2$。

$[Co(NH_3)_6]Cl_3$ 为橙黄色晶体，20℃在水中的溶解度为 $0.26mol \cdot L^{-1}$。

$[Co(NH_3)_6]^{3+}$ 是很稳定的，其 $K_f^{\ominus} = 1.6 \times 10^{35}$，因此在强碱作用下（冷时）或强酸作用下基本不被分解，只有加入强碱并在沸热的条件下才分解。

$$2[Co(NH_3)_6]Cl_3 + 6NaOH \overset{沸热}{\rightleftharpoons} 2Co(OH)_3 + 12NH_3 + 6NaCl$$

在酸性溶液中，Co^{3+} 具有很强的氧化性（$\varphi^{\ominus}_{Co^{3+}/Co^{2+}} = 1.95V$），易与许多还原剂发生氧化还原反应而转变成稳定的 Co^{2+}。

【实验内容】

1. $[Co(NH_3)_6]Cl_3$ 的制备

在 100mL 锥形瓶内加入 3g 研细的二氯化钴 $CoCl_2 \cdot 6H_2O$、2g 氯化铵和 3.5mL 水。加热至 60℃使其溶解，然后趁热加入 0.15g 活性炭（已活化），继续搅拌 6min 后，停止加热，冷却至室温。加入 9mL 浓氨水，进一步用冰水冷却到 10℃以下，缓慢边搅拌边加入 6mL 6%的 H_2O_2，在水浴上加热至 60℃左右，恒温 20min（适当摇动锥形瓶）。以流水冷却后再以冰水冷却，即有橙黄色晶体析出（粗产品）。用布氏漏斗抽滤。将滤饼（用勺刮下）溶于含有 1mL 浓盐酸的 20mL 沸水中，趁热过滤。加 2mL 浓盐酸于滤液中。以冰水冷却，即有晶体析出。抽滤，用 10mL 无水乙醇洗涤，抽干，将滤饼连同滤纸一并取出放在一张纸上，置于干燥箱中，在 105℃以下烘干 25min，称重（精确至 0.1g），计算产率。

2. 配体氨的测定

用分析天平准确称取约 0.2g（准确至 0.1mg）产品放入锥形瓶中，加约 50mL 水和 5mL 20% NaOH 溶液。在另一个锥形瓶中加入 30mL $0.5mol \cdot L^{-1}$ HCl 标准溶液，以吸收蒸馏出的氨。按图 36-1 连接装置。

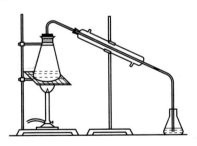

图 36-1　氨的蒸馏装置

冷凝管通入冷水，开始加热，近沸时改用小火保持微沸，蒸馏 1h 左右至黏稠，断开冷凝管和锥形瓶的连接处，之后去掉火源。用少量水冲洗冷凝管和下端的玻璃管，将冲洗液一并转入接收锥形瓶中。

以甲基红为指示剂，用 $0.5mol \cdot L^{-1}$ NaOH 标准溶液滴定吸收瓶中的 HCl 溶液，溶液变浅黄色即为终点。计算氨的百分含量，确定配体 NH_3 的个数。

3. $[Co(NH_3)_6]Cl_3$ 中钴（Ⅲ）含量的测定

用减量法精确称取 0.2g 左右（精确至 0.0001g）的产品于 250mL 锥形瓶中，加 50mL 水溶解。加 $2mol \cdot L^{-1}$ NaOH 溶液 10mL。将锥形瓶放在水浴上（夹住锥形瓶放入盛水的大烧杯中）加热至沸，维持沸腾状态。待氨全部赶走后（约 1h 可将氨全部蒸出）冷却，冷却至室温后将全部黑色物质转入碘量瓶中，加入 1g 碘化钾固体，立即盖上碘量瓶瓶盖。充分摇荡后，加入 10mL 6mol·L^{-1} HCl 溶液，于暗处（柜橱中）放置 5min 左右至黑色沉淀全部溶解，溶液呈紫色为止。立即用 0.05mol·L^{-1} Na$_2$S$_2$O$_3$ 标准溶液（准确浓度临时告知）滴定至淡黄色，加入 1mL 0.2％淀粉溶液后，再滴定至蓝色消失，呈稳定的粉红色。

反应式为：

$$2Co^{3+} + 2I^- \Longrightarrow 2Co^{2+} + I_2$$

$$Co_2O_3 + 3I^- + 6H^+ \longrightarrow 2Co^{2+} + I_3^- + 3H_2O$$

$$2Na_2S_2O_3 + I_3^- \longrightarrow Na_2S_4O_6 + 2NaI + I^-$$

按式 $w(Co) = \dfrac{(cV)_{Na_2S_2O_3} \times 10^{-3} \times M(Co)}{m_{样品}} \times 100\%$ 计算钴的百分含量，并与理论值比较。

4. 氯含量的测定

准确称取样品 0.2g 于锥形瓶内，用适量水溶解，以 2mL 5％ K$_2$CrO$_4$ 为指示剂，在不断摇动下，滴入 0.1mol·L^{-1} AgNO$_3$ 标准溶液，直至呈砖红色，即为终点。记下 AgNO$_3$ 标准溶液的体积，计算出样品中氯的百分含量。

5. 电解质电离类型的确定

准确配制无限稀释的样品溶液（0.98×10^{-3}mol·L^{-1}）。用超级恒温水浴待整个体系处于恒温 25℃时，采用 DDS-11A 型电导率仪（选用铂黑电极）测定试样溶液的电导率 κ，计算此配合物无限稀释溶液的摩尔电导率 Λ_m，并确定配合物的离子构型。

25℃时，浓度接近无限稀释溶液的摩尔电导率 Λ_m 与离子构型的关系如下：

离子构型	离子数目	摩尔电导率 Λ_m/S·cm^2·mol^{-1}
MA	2	118～131
MA$_2$ 或 M$_2$A	3	235～273
MA$_3$ 或 M$_3$A	4	408～435
MA$_4$ 或 M$_4$A	5	523～558

【附注】

1. 5％K$_2$CrO$_4$ 溶液的配制

溶解 5g K$_2$CrO$_4$ 于 100mL 水中，在搅拌下滴加 AgNO$_3$ 标准溶液至砖红色沉淀生成，过滤溶液。

2. 0.1mol·L^{-1} AgNO$_3$ 标准溶液的配制

称取 16.9g AgNO$_3$ 溶解于水中，稀释至 1L，摇匀，贮于棕色试剂瓶中。

3. 0.1mol·L^{-1} AgNO$_3$ 标准溶液的标定

吸取 25.00mL 0.1000mol·L^{-1} NaCl 标准溶液于 250mL 锥形瓶中，用水稀释至 50mL，加 1mL 5％ K$_2$CrO$_4$ 溶液，在不断摇动下用 AgNO$_3$ 标准溶液滴定，直至溶液由黄色变为稳定的橘红色，即为终点。

同时做空白实验。

AgNO$_3$ 标准溶液的浓度可按下式计算。

$$c_{AgNO_3} = \frac{(cV)_{NaCl}}{V - V_0}$$

式中，V 为标定时 $AgNO_3$ 标准溶液消耗的体积；V_0 为空白实验中 $AgNO_3$ 标准溶液消耗的体积。

实验 37　水分析实验

【实验目的】

1. 了解水及其杂质、污染物的组成与性质。
2. 初步了解水分析综合实验的几种主要方法、手段与仪器。
3. 设计并完成水中某些项目的分析测定，了解定量分析的全过程。
4. 了解化工文献的查阅方法，培养和提高学生分析问题的能力和综合实验技能。

【提示】

可查阅相关国家标准和化工文献，根据实验室现有条件，拟定水分析综合实验方案。

【实验预习内容】

1. 生活饮用水国家标准。
2. 水样的采取与保存方法。
3. 水质分析常用的定量分析方法。
4. 拟定水样中指定分析指标的分析方案。

【实验内容】

1. 测定水的物理性质，如温度、外观、pH、电导率、浊度等。
2. 测定水的总硬度。
3. 有机物污染指标——化学需氧量 COD_{Mn}。
4. 废水中总磷的测定。

【实验关键】

1. 查阅的方法可能不止一种，建议选择污染较小、简便易行的方法。
2. 在实验过程中如发现所设计的量不合适，要及时进行调整。

实验 38　石灰石中钙含量的测定

【实验目的】

1. 了解氧化还原法测定石灰石中钙含量的一般方法和步骤。
2. 掌握晶形沉淀的沉淀条件和均相沉淀法。
3. 进一步巩固氧化还原滴定操作及实验注意事项。

【提示】

1. 石灰石的主要成分是碳酸钙和碳酸镁，其中还含有少量其他形式的碳酸盐、硅酸盐、磷酸盐和硫化铁。如果矿样中硅酸盐含量较高，样品需要高温熔融。

2. 本实验的目的是引导学生开阔思路，利用已学的理论，设计采用不同的分析方法解决同一个问题。Ca^{2+} 既不具有氧化还原性，也不具有酸碱性，最常用的测定方法可采用配位滴定法，此法简便、快速，但共存的铁、镁等离子会产生干扰。钙离子以草酸钙的形式沉淀，可与溶液中其他离子分离，然后用高锰酸钾氧化还原滴定法可测钙含量，此法操作较为繁琐，但干扰小、准确度较高。

【实验内容】

1. 根据上述实验原理，设计出石灰石中钙含量测定的方法。
2. 列出实验所需的仪器、药品、材料及实验注意事项。
3. 完成石灰石中钙含量的测定。
4. 完成实验报告。

【实验关键】

1. 在用盐酸溶解石灰石样品时，应注意不能有溅失。
2. 为获得颗粒较大的沉淀，草酸钙沉淀时，要控制好氨水的滴加速度。
3. 洗涤草酸钙沉淀时，为减少沉淀的溶解损失，应先用稀的沉淀剂溶液洗涤 3～4 次，待大量杂质洗去后，再用冷水洗涤至无氯离子为止。为提高洗涤效率和过滤速度，应采取倾析法过滤。
4. 由于在酸性溶液中滤纸消耗高锰酸钾溶液，接触时间越长，消耗越多，因此残存有少量草酸钙沉淀的滤纸应在滴定至终点前才能浸入溶液中。

【思考题】

1. 间接高锰酸钾法和配位滴定法测定钙含量的优缺点各是什么？
2. 你对此次设计性实验有何体会。

实验 39　纳米二氧化钛光催化降解罗丹明 B 的研究

【实验目的】

1. 了解纳米光催化材料的性质。
2. 掌握光催化剂催化性能评价的一般方法。
3. 了解光催化反应器的使用。

【提示】

可查阅中国期刊网，了解纳米二氧化钛的制备和表征方法，怎样得到纳米级的二氧化钛，以及要掌握光催化降解罗丹明 B 水溶液合适的浓度范围和一般步骤，了解光催化反应器的使用等。拟定纳米二氧化钛光催化降解罗丹明 B 的研究综合实验方案。

【实验预习内容】

1. 半导体光催化剂的原理。
2. 纳米二氧化钛的制备方法和表征。
3. 光催化降解罗丹明 B 的方法和一般步骤。
4. 光催化反应器的使用。
5. 紫外光谱仪的使用。

【实验内容】

1. 水热法合成纳米二氧化钛的条件，如温度、浓度、压力、反应时间等。
2. 制备纳米二氧化钛的表征。
3. 光催化降解罗丹明 B 的方法和一般步骤。
4. 反应速率常数和半衰期的测定。

【实验关键】

1. 纳米二氧化钛的合成方法很多，建议选择最简单、用时最少的方法。
2. 在实验过程中如发现所降解条件如浓度、时间、波长范围等不合适，要及时进行调整。

实验 40　配位聚合物纳米材料的合成和荧光传感检测硝基苯酚

【实验目的】

1. 掌握荧光配位聚合物纳米材料的合成方法。
2. 掌握荧光配位聚合物纳米材料的表征方法。
3. 掌握荧光传感的原理和操作。

【提示】

可查阅中国期刊网，了解配位聚合物纳米材料的合成方法和表征，以及荧光传感检测分析物的一般方法和步骤，拟定配位聚合物纳米材料的合成和荧光传感检测硝基苯酚的研究综合实验方案。

【实验预习内容】

1. 配位聚合物纳米材料的制备方法。
2. 配位聚合物纳米材料的表征方法。
3. 荧光传感检测方法的一般步骤。
4. 荧光光谱仪的使用。

【实验内容】

1. 水热法合成配位聚合物纳米材料的条件，如温度、浓度、压力、反应时间等。
2. 配位聚合物纳米材料的常用表征方法。
3. 荧光传感检测硝基苯酚的方法和一般步骤。
4. 荧光传感检测硝基苯酚检测限的测定。

【实验关键】

1. 合成配位聚合物纳米材料的方法很多，建议选择溶剂最简单、用时最少的方法。
2. 在实验过程中如发现荧光传感检测硝基苯酚如配合物材料的浓度、分析物浓度、溶剂的选择等条件不合适，要及时进行调整。

实验 41　二氯化六氨合镍(Ⅱ)的制备、组成分析及物性测定

【实验预习】

1. 预习 4.3.2 固液分离的方法（倾析法过滤和减压抽滤法）。

2. 预习 4.1.1 液体体积度量仪器的使用。

3. 预习 4.1.2 称量仪器的使用。

4. 预习 5.2 电导率仪的使用。

5. 预习 5.3 722N 型可见分光光度计的使用。

6. 最后洗涤产品时，为何要用无水乙醇？能否用去离子水洗涤？

7. 如何计算产品的理论产量和产率？

8. 摩尔电导率 Λ_m 与电导率 κ 有何关系？

9. 如何由 A-λ 曲线找出 λ_{max}，进而求出分裂能 Δ？

【实验目的】

1. 了解硫酸镍制备二氯化六氨合镍（Ⅱ）的原理和方法。

2. 掌握配合物的组成分析、结构确定及验证实验式的方法。

3. 学习化学分析、电导率和分裂能测定在结构分析中的应用。

【实验原理】

二氯化六氨合镍（Ⅱ）是一种配合物，化学式为 $[Ni(NH_3)_6]Cl_2$（$M_r = 231.78$），为蓝紫色结晶性粉末，溶于冷水、稀氨水，不溶于浓氨水、乙醇，受热时分解。以硫酸镍和碳酸钠为原料，先制备出碳酸镍，再以其为原料在冰盐浴冷却条件下可制备二氯化六氨合镍（Ⅱ）。其反应式如下：

$$NiSO_4 + Na_2CO_3 = NiCO_3 \downarrow + Na_2SO_4$$

$$NiCO_3 + 2HCl = NiCl_2 + CO_2 \uparrow + H_2O$$

$$NiCl_2 + 6NH_3 = [Ni(NH_3)_6]Cl_2$$

将二氯化六氨合镍（Ⅱ）溶于水后，用配位滴定法测 Ni^{2+} 含量，先加入 NH_3-NH_4Cl 缓冲溶液，调节 pH 为 9～10，再加入紫脲酸铵指示剂，溶液呈黄色，用 EDTA 滴定至紫色；用返滴定法以甲基红为指示剂测 NH_3 含量，在二氯化六氨合镍（Ⅱ）水溶液中先准确加入已知过量的盐酸溶液，使之与 NH_3 反应，待反应完全后，再用氢氧化钠标准溶液滴定剩余的盐酸溶液。另取等量的上述盐酸溶液，用氢氧化钠标准溶液滴定，根据两次氢氧化钠标准溶液的用量之差，计算 NH_3 含量。

电导法是测定配离子电荷的一种常用方法。对完全电离的配合物，在极稀溶液中解离出一定数目的离子，测定它们的电导率 κ，求得配合物的摩尔电导率 Λ_m，据此可确定配离子的电荷数。

25℃时，溶液接近无限稀释时，各种类型的离子化合物的摩尔电导率 Λ_m 与离子构型的关系如下：

离子构型	离子数目	摩尔电导率 Λ_m/S·cm²·mol⁻¹
MA	2	118～131
MA₂ 或 M₂A	3	235～273
MA₃ 或 M₃A	4	408～435
MA₄ 或 M₄A	5	523～558

在配体场的作用下，中心离子的 d 轨道发生能级分裂，分裂后的 d 轨道之间的能量差称为分裂能 Δ。电子在分裂的 d 轨道间的跃迁称为 d-d 跃迁，d-d 跃迁的能量相当于可见光，

因此可用可见分光光度计测定。分裂能 Δ 与吸收光谱图中最大波长的吸收峰位置的关系为：

$$\Delta = \frac{1}{\lambda_{\max}} \times 10^7 \, \text{cm}^{-1}$$

根据以上实验结果，确定二氯化六氨合镍（Ⅱ）的结构组成。

【仪器、药品及材料】

公用部分：台秤 3～4 台，电子天平 10～12 台，循环水式真空泵 4～6 台，抽滤瓶 8～12 只，布氏漏斗 12～14 只，722N 型分光光度计 20～22 台，电导率仪 3～4 台，温度计 2 支，称量纸，定性滤纸，$NiSO_4 \cdot 6H_2O(s)$，$NaCl(s)$，$1\,mol \cdot L^{-1}$ Na_2CO_3 溶液，NH_3-NH_4Cl 混合液（每 100mL 浓氨水中含 30g NH_4Cl），无水乙醇，pH＝10 的 NH_3-NH_4Cl 缓冲溶液，甲基橙指示剂，$6\,mol \cdot L^{-1}$ HCl，$0.02\,mol \cdot L^{-1}$ EDTA 标准溶液，$1.5\,mol \cdot L^{-1}$ $NH_3 \cdot H_2O$ 溶液，紫脲酸铵指示剂（紫脲酸铵：氯化钠＝1:100，质量比），$0.4\,mol \cdot L^{-1}$ NaOH 标准溶液，冰。

学生配套部分：250mL 锥形瓶 4 只，量筒（50mL、25mL、10mL）各 1 个，250mL 烧杯 2 个，烧杯（500mL、100mL）各 1 个，50mL 酸式滴定管 1 支，50mL 碱式滴定管 1 支，100mL 容量瓶 1 个，2mL 吸量管 1 支，1cm 比色皿 2 个，胶头滴管 1 支，洗瓶 1 个，表面皿 1 个，称量瓶 1 只，牛角勺 2 个，玻璃棒 2 根，铁架台 1 个。

【实验内容】

1. 二氯化六氨合镍（Ⅱ）的制备

称取 6.8g $NiSO_4 \cdot 6H_2O$ 固体，置于 250mL 烧杯中，加入 20mL 蒸馏水，搅拌，使固体全部溶解。之后，在不断搅拌下，向溶液中缓慢滴加 39mL $1\,mol \cdot L^{-1}$ Na_2CO_3 溶液至沉淀完全后（此时溶液 pH 约为 8～9），继续搅拌 5min。将上述带沉淀的溶液减压过滤，并洗涤沉淀，直至无 SO_4^{2-} 为止。

将滤饼转移至 250mL 烧杯中，加入 10mL $6\,mol \cdot L^{-1}$ 的 HCl 溶液，搅拌，使之全部溶解。将溶液用冰盐浴（冰盐水置于 500mL 烧杯中，冰＋适量水＋2g NaCl）冷却 5min 后，在冰盐浴冷却条件下，慢慢加入 30mL NH_3-NH_4Cl 混合液（每 100mL 浓氨水中含 30g NH_4Cl），注意观察颜色变化及析出沉淀的情况。加完后，继续冷却 5～10min。

减压过滤，滤饼用 20mL 无水乙醇分三次洗涤。之后，将产物转移至表面皿中，在空气中风干 10min。称量，计算百分产率。将产品保存待用。

2. 配合物的组成分析及物性测定

（1）Ni^{2+} 含量的测定

用减量法准确称取 0.11～0.14g 产品于 250mL 锥形瓶中，加入 25mL 水溶解，再加入 10mL pH＝10 的 NH_3-NH_4Cl 缓冲溶液，约 0.1g 紫脲酸铵指示剂，用 $0.02\,mol \cdot L^{-1}$ EDTA 标准溶液滴定至溶液由黄色变为紫色，即为终点，记录消耗 EDTA 的体积。平行测定两次。

（2）NH_3 含量的测定

用减量法准确称取 0.11～0.14g 产品于 250mL 锥形瓶中，加入 25mL 水溶解，再用吸量管加入 2.00mL $6\,mol \cdot L^{-1}$ HCl 溶液，以甲基红作指示剂（2 滴），用 $0.4\,mol \cdot L^{-1}$ NaOH 标准溶液滴定至溶液由红色变为淡黄绿色，记录消耗 NaOH 的体积（V_1）。

用吸量管移取 2.00mL 上述所用的 $6\,mol \cdot L^{-1}$ HCl 溶液于锥形瓶中，加入 25mL 水，以甲基红作指示剂，仍用 $0.4mol\cdot L^{-1}$ NaOH 标准溶液滴定至溶液由红色变为橙色，记录所用的 NaOH 标准溶液的体积（V_2）。

平行测定两次。

（3）产物电离类型的确定

准确称取 $0.11\sim0.14g$ 产品于烧杯中，用容量瓶配制 100mL 溶液，在电导率仪上测定其电导率（测得 κ 值单位：$mS\cdot cm^{-1}$），求出摩尔电导率 Λ_m 值。

（4）分裂能的测定

称取 $0.50g$ 产品溶于 50mL $1.5\ mol\cdot L^{-1}$ $NH_3\cdot H_2O$ 溶液中，在分光光度计上以水作参比，于波长 $\lambda500\sim650nm$ 范围内测定配合物的吸光度 A，每隔 10nm（在吸收峰最大值附近波长间隔可适当减小）测定一次。作 A-λ 曲线，找出最大吸收波长，求 $[Ni(NH_3)_6]^{2+}$ 的分裂能 Δ（$[Ni(NH_3)_6]^{2+}$ 的分裂能 Δ 文献值为 $10800cm^{-1}$）。

根据组成测定实验数据，给出配合物的实验式。

【实验关键】

1. 加入 Na_2CO_3 溶液时，要在不断搅拌下缓慢滴加。

2. 由于二氯化六氨合镍（Ⅱ）受热时分解，需自然风干，不可加热烘干。

3. 用 EDTA 标准溶液滴定 Ni^{2+} 含量时，紫脲酸铵指示剂由黄色经历酒红色的过渡色后，很快突变为紫色。

实验 42　二草酸合铜(Ⅱ)酸钾配合物的制备及其组成分析

【实验预习】

1. 预习 4.3.2 固液分离方法（减压抽滤法）。

2. 预习 4.1.1 液体体积的度量仪器。

3. 预习 4.1.2 称量仪器的使用。

4. 预习 5.3 722N 型可见分光光度计的使用。

5. 在制备二草酸合铜(Ⅱ)酸钾配合物时应掌握好哪些实验条件？

6. 用 $KMnO_4$ 溶液滴定 $C_2O_4^{2-}$ 溶液时应如何控制滴定反应条件？

7. 用分光光度法测定铜含量时应注意什么？

【实验目的】

1. 通过二草酸合铜(Ⅱ)酸钾配合物的制备，进一步熟悉配合物制备的基本方法。

2. 掌握化学分析法和仪器分析法在配合物组成分析中的应用。

【仪器、药品及材料】

公用部分：分析天平 6～8 台，电子天平 3～4 台，循环水式真空泵 4～6 台，抽滤瓶 8～12 只，布氏漏斗 12～14 只，恒温水浴锅 4～6 台，722N 型分光光度计 24 台，称量纸，定性滤纸，火柴，温度计，标签纸，$CuSO_4\cdot5H_2O$（s，A.R.），$H_2C_2O_4\cdot2H_2O$（s，A.R.），K_2CO_3（s，A.R.），$2mol\cdot L^{-1}$ NaOH 溶液，$0.08mol\cdot L^{-1}$ EDTA 标准溶液（浓度准确已知），$3mol\cdot L^{-1}$ H_2SO_4 溶液，$1mol\cdot L^{-1}$ NaAc 溶液，$(1+1)NH_3\cdot H_2O$ 溶液，$(1+1)HCl$ 溶液，$KMnO_4$ 标准溶液（准确浓度见标签），Cu^{2+} 标准溶液（准确浓度见标签）。

学生配套部分：烧杯（100mL 2 个、250 mL 1 个），量筒（10mL、50mL 各 1 个），250mL 容量瓶 1 个，50mL 酸式滴定管 1 支，25mL 移液管 1 支，250mL 锥形瓶 3 个，$\phi30\text{mm}\times50\text{mm}$ 称量瓶 1 个，25mL 比色管 6 个，吸量管（2mL 1 支、5mL 2 支、10mL 1 支），$1\text{cm}\times1\text{cm}$ 比色皿 2 只，胶头滴管 1 支，玻璃棒 2 根，铁架台 1 个，蝴蝶夹 1 个，石棉网 1 个，三脚架 1 个，酒精灯 1 个，洗耳球 1 个，洗瓶 1 个，500mL 废液烧杯 1 个。

【实验原理】

二草酸合铜(Ⅱ)酸钾为亮蓝色针状或颗粒状晶体，组成为 $K_2[Cu(C_2O_4)_2]\cdot2H_2O$（$M_r = 353.82$），微溶于水，水溶液呈蓝色，可用于无机合成、功能材料的制备等。

目前，制备二草酸合铜(Ⅱ)酸钾的方法很多，可以由硫酸铜与草酸钾直接混合来制备，也可以由氢氧化铜或氧化铜与草酸氢钾反应制备。本实验由氧化铜与草酸氢钾反应制备二草酸合铜(Ⅱ)酸钾配合物。

$CuSO_4$ 在碱性条件下生成 $Cu(OH)_2$ 沉淀，加热则转化为易过滤的 CuO 黑色沉淀：

$$CuSO_4 + 2NaOH =\!=\!= Cu(OH)_2\downarrow + Na_2SO_4$$
$$Cu(OH)_2 =\!=\!= CuO\downarrow + H_2O$$

一定量的 $H_2C_2O_4$ 溶于水后加入适量 K_2CO_3 得到 KHC_2O_4 和 $K_2C_2O_4$ 混合溶液，该混合溶液与 CuO 作用生成二草酸合铜(Ⅱ)酸钾 $K_2[Cu(C_2O_4)_2]$，经水浴蒸发、浓缩，冷却后得到蓝色 $K_2[Cu(C_2O_4)_2]\cdot2H_2O$ 晶体。涉及的反应有：

$$3H_2C_2O_4 + 2K_2CO_3 =\!=\!= 2KHC_2O_4 + K_2C_2O_4 + 2CO_2\uparrow + 2H_2O$$
$$2KHC_2O_4 + CuO =\!=\!= K_2[Cu(C_2O_4)_2] + H_2O$$

二草酸合铜(Ⅱ)酸钾配合物在水中的溶解度很小，但可通过加入适量的 $NH_3\cdot H_2O$ 溶液使 Cu^{2+} 形成铜氨离子而溶解，溶解时 pH 约为 10。

称取一定量试样在 $NH_3\cdot H_2O$ 溶液中溶解、定容。取一份上述溶液用 H_2SO_4 溶液中和，并在 H_2SO_4 溶液中用 $KMnO_4$ 标准溶液滴定试样中的 $C_2O_4^{2-}$，根据消耗 $KMnO_4$ 标准溶液的体积，可得 $C_2O_4^{2-}$ 的含量。

$$5C_2O_4^{2-} + 2MnO_4^- + 16H^+ =\!=\!= 2Mn^{2+} + 10CO_2\uparrow + 8H_2O$$

另取一份上述溶液，加入 EDTA 溶液，EDTA 与 Cu^{2+} 生成稳定的蓝色配合物，可在其最大吸收波长 730nm 处测定溶液的吸光度，用标准曲线法计算出样品溶液中 Cu^{2+} 的含量。

【实验内容】

1. 二草酸合铜(Ⅱ)酸钾配合物的制备

（1）制备氧化铜

称取 2.0g $CuSO_4\cdot5H_2O$ 于 100mL 烧杯中，加入 40mL 去离子水溶解，在搅拌下加入 10mL 2mol·L^{-1} NaOH 溶液，小火加热并搅拌（开始计时）至沉淀变黑（生成 CuO），再继续加热、搅拌，共约 20min。稍冷后以双层滤纸抽滤，再用少量去离子水洗涤沉淀 2 次，将黑色沉淀与滤纸保存好备用。

（2）制备草酸氢钾

称取 3.0 g $H_2C_2O_4\cdot2H_2O$ 于 250mL 烧杯中，加入 40mL 去离子水，微热溶解（水浴锅温度不能超过 85℃，以避免 $H_2C_2O_4$ 分解）。稍冷后分数次加入 2.2g 无水 K_2CO_3，溶解后生成 KHC_2O_4 和 $K_2C_2O_4$ 混合溶液。

（3）制备二草酸合铜(Ⅱ)酸钾

将含 KHC_2O_4 和 $K_2C_2O_4$ 的混合溶液水浴加热（约 85℃），再将（1）中 CuO 黑色沉淀连同滤纸一起加入到该溶液中。水浴加热至黑色沉淀消失（用玻璃棒去除滤纸），继续水浴加热至溶液浓缩为原体积的 1/2，取出烧杯，自然冷却至室温，待大量晶体析出后抽滤，晶体用滤纸吸干，称重。计算产率。

产品放于称量瓶中保存，用于组成分析。

2. 配合物组成分析

（1）试样溶液的制备

准确称取 0.95～1.05g 产品于 100mL 小烧杯中，加入 10～15mL 的(1+1)$NH_3 \cdot H_2O$ 溶液使其全部溶解后，转移至 250mL 容量瓶中，加水至刻度，定容。

（2）$C_2O_4^{2-}$ 含量的测定

移取试样溶液 25.00mL，置于 250mL 锥形瓶中，加入 10mL 3mol·L^{-1} 的 H_2SO_4 溶液，水浴加热至 75～85℃。在水浴中放置 3～4min，趁热用 $KMnO_4$ 标准溶液（浓度见标签）滴定至淡粉色，30s 不褪色即为终点。

平行滴定 3 次，计算 $C_2O_4^{2-}$ 的含量（mol·L^{-1}）及相对平均偏差。

（3）Cu^{2+} 含量的测定

① 标准系列溶液的配制　分别移取 Cu^{2+} 标准溶液（已经用 HCl 及 NaAc 调节好 pH）0.50mL、1.00mL、1.50mL、2.00mL 于 4 支 25mL 比色管中，再各加入 5.00mL 0.08mol·L^{-1} 的 EDTA 溶液，用水稀释至刻度，摇匀。

② 空白溶液与样品溶液的配制　从 2（1）所配试样溶液中分别移取 0.00mL、10.00mL 于 2 支 25mL 比色管中，各加入 8 滴（1+1）HCl 溶液，摇匀，再依次加入 4.00mL 1mol·L^{-1} 的 NaAc 溶液、5.00mL 0.08mol·L^{-1} 的 EDTA 溶液，用水稀释至刻度，摇匀。

③ 吸光度测定　以不加试样溶液的空白溶液作参比液，在波长 730nm 处，用 1cm 比色皿，分别测定标准系列及样品溶液的吸光度，用标准曲线法计算样品液中 Cu^{2+} 的含量（mol·L^{-1}）。

由（2）、（3）两步可求得配离子内界配位比。

【实验关键】

1. 水浴加热注意观察黑色沉淀消失，控制时间。
2. 抽滤滤纸以覆盖所有瓷孔且比内径略小为宜，并用双层滤纸抽滤。
3. 移取和配制溶液要准确，尤其是配制标准系列溶液，配制好后应立即充分摇匀。
4. 分光光度法测定时，应按由稀到浓的顺序测定。

附　录

原子序数	元素名称	元素符号	原子量	原子序数	元素名称	元素符号	原子量
1	氢	H	1.00794	27	钴	Co	58.933200
2	氦	He	4.002602	28	镍	Ni	58.6934
3	锂	Li	6.941	29	铜	Cu	63.546
4	铍	Be	9.012182	30	锌	Zn	65.409
5	硼	B	10.811	31	镓	Ga	69.723
6	碳	C	12.0107	32	锗	Ge	72.641
7	氮	N	14.00674	33	砷	As	74.92160
8	氧	O	15.9994	34	硒	Se	78.96
9	氟	F	18.9984032	35	溴	Br	79.904
10	氖	Ne	20.1797	36	氪	Kr	83.80
11	钠	Na	22.989770	37	铷	Rb	85.4678
12	镁	Mg	24.3050	38	锶	Sr	87.62
13	铝	Al	26.981538	39	钇	Y	88.90585
14	硅	Si	28.0855	40	锆	Zr	91.224
15	磷	P	30.973761	41	铌	Nb	92.90638
16	硫	S	32.066	42	钼	Mo	95.94
17	氯	Cl	35.4527	43	锝	Tc	98.908
18	氩	Ar	39.948	44	钌	Ru	101.07
19	钾	K	39.0983	45	铑	Rh	102.90550
20	钙	Ca	40.078	46	钯	Pd	106.42
21	钪	Sc	44.955910	47	银	Ag	107.8682
22	钛	Ti	47.867	48	镉	Cd	112.411
23	钒	V	50.9415	49	铟	In	114.818
24	铬	Cr	51.9961	50	锡	Sn	118.710
25	锰	Mn	54.9380049	51	锑	Sb	121.760
26	铁	Fe	55.845	52	碲	Te	127.60

续表

原子序数	元素名称	元素符号	原子量	原子序数	元素名称	元素符号	原子量
53	碘	I	126.90447	86	氡	Rn	(222.0)
54	氙	Xe	131.29	87	钫	Fr	(223.02)
55	铯	Cs	132.90543	88	镭	Ra	(226.0)
56	钡	Ba	137.327	89	锕	Ac	(227.0)
57	镧	La	138.9055	90	钍	Th	232.0381
58	铈	Ce	140.116	91	镤	Pa	231.03588
59	镨	Pr	140.90765	92	铀	U	238.0289
60	钕	Nd	144.23	93	镎	Np	237.05
61	钷	Pm	(145)	94	钚	Pu	244.06
62	钐	Sm	150.36	95	镅	Am	(243.06)
63	铕	Eu	151.964	96	锔	Cm	(247.07)
64	钆	Gd	157.25	97	锫	Bk	(247.07)
65	铽	Tb	158.92534	98	锎	Cf	(251.08)
66	镝	Dy	162.50	99	锿	Es	252.08
67	钬	Ho	164.93032	100	镄	Fm	257.10
68	铒	Er	167.26	101	钔	Md	258.10
69	铥	Tm	168.93421	102	锘	No	259.10
70	镱	Yb	173.04	103	铹	Lr	262.11
71	镥	Lu	174.967	104	𬬻	Rf	261.11
72	铪	Hf	178.49	105	𬭊	Db	262.11
73	钽	Ta	180.9479	106	𬭳	Sg	263.12
74	钨	W	183.84	107	𬭛	Bh	264.12
75	铼	Re	186.207	108	𬭶	Hs	269.13
76	锇	Os	190.23	109	鿏	Mt	(268.14)
77	铱	Ir	192.217	110	𫟼	Ds	(271.15)
78	铂	Pt	195.078	111	𬬭	Rg	(272.15)
79	金	Au	196.96655	112	鿔	Cn	(277)
80	汞	Hg	200.59	113	鿭	Nh	
81	铊	Tl	204.3833	114	𫓧	Fl	(285.0)
82	铅	Pb	207.2	115	镆	Mc	
83	铋	Bi	208.98038	116	𫟷	Lv	(289)
84	钋	Po	(210.0)	117	石田	Ts	
85	砹	At	(210.0)	118	氮	Og	(293)

附录 2 常见化合物的分子量表

化合物	分子量	化合物	分子量
Ag_3AsO_3	446.53	$Ca(NO_3)_2$	164.09
$AgBr$	187.78	CaO	56.08
$AgCl$	143.32	$Ca(OH)_2$	74.09
$AgCN$	133.89	$Ca_3(PO_4)_2$	310.18
Ag_2CrO_4	331.73	$CaSO_4$	136.14
AgI	234.77	$CdCO_3$	172.42
$AgNO_3$	169.87	$CdCl_2$	183.31
$AgSCN$	165.95	CdS	144.48
Al_2O_3	101.96	$Ce(SO_4)_2$	332.24
$AlCl_3$	133.34	$Ce(SO_4)_2 \cdot 4H_2O$	404.32
$AlCl_3 \cdot 6H_2O$	241.46	$Ce(SO_4)_2 \cdot 2(NH_4)_2SO_4 \cdot 2H_2O$	632.54
$Al(NO_3)_3$	213.00	$CoCl_2$	129.84
$Al(NO_3)_3 \cdot 9H_2O$	375.13	$CoCl_2 \cdot 6H_2O$	237.96
$Al_2(SO_4)_3$	342.15	$Co(NO_3)_2$	182.94
$Al_2(SO_4)_3 \cdot 18H_2O$	666.41	$Co(NO_3)_2 \cdot 6H_2O$	291.06
$Al(OH)_3$	78.00	CoS	90.99
As_2O_3	197.84	$CoSO_4$	154.99
As_2O_5	229.84	$CoSO_4 \cdot 7H_2O$	281.13
As_2S_3	246.03	CCl_4	153.82
$BaCO_3$	197.34	$CO(NH_2)_2$（尿素）	60.07
BaC_2O_4	225.35	$CS(NH_2)_2$（硫脲）	76.13
$BaCl_2$	208.24	CH_3COOH	60.04
$BaCl_2 \cdot 2H_2O$	244.27	CH_3COCH_3	58.07
$BaCrO_4$	253.32	CH_2O	30.03
BaO	153.33	C_6H_5COOH	122.11
$Ba(OH)_2$	171.35	C_6H_5COONa	144.09
$BaSO_4$	233.39	$C_6H_4COOHCOOK$（邻苯二甲酸氢钾）	204.20
$BiCl_3$	315.34	CH_3COONa	82.02
$BiOCl$	260.43	CH_3OH	32.04
$CaCO_3$	100.09	C_6H_5OH	94.11
CaC_2O_4	128.10	CO_2	44.01
$CaCl_2$	110.99	$COOHCH_2COOH$	104.06
$CaCl_2 \cdot H_2O$	129.00	$COOHCH_2COONa$	126.04
CaF_2	78.08	$C_4H_8N_2O_2$（丁二酮肟）	116.12

续表

化合物	分子量	化合物	分子量
$(CH_2)_6N_4$（六亚甲基四胺）	140.18	$FeSO_4 \cdot 7H_2O$	278.02
$C_7H_6O_6S \cdot 2H_2O$（磺基水杨酸）	254.22	$Fe_2(SO_4)_3$	399.88
C_9H_6NOH（8-羟基喹啉）	145.16	$FeSO_4 \cdot (NH_4)_2SO_4 \cdot 6H_2O$	392.15
$C_{12}H_8N_2 \cdot H_2O$（邻菲啰啉）	198.22	H_3AsO_3	125.94
$C_2H_5NO_2$（氨基乙酸,甘氨酸）	75.07	H_3AsO_5	157.94
$C_6H_{12}N_2O_4S_2$（L-胱氨酸）	240.30	H_3BO_3	61.83
$(C_9H_7N)_3H_3(PO_4 \cdot 12MoO_3)$（磷钼酸喹啉）	2212.73	HBr	80.91
Cr_2O_3	151.99	HCN	27.03
$CrCl_3$	158.36	$HCOOH$	46.03
$CrCl_3 \cdot 6H_2O$	266.45	H_2CO_3	62.02
$Cr(NO_3)_3$	238.03	$H_2C_2O_4$	90.03
$Cu(C_2H_3O_2)_2 \cdot 3Cu(AsO_2)_2$	1013.79	$H_2C_2O_4 \cdot 2H_2O$	126.07
CuO	79.54	$H_2C_4H_4O_4$（丁二酸）	118.09
Cu_2O	143.09	$H_2C_4H_4O_6$（酒石酸）	150.09
$Cu(NO_3)_2$	187.56	HCl	36.46
$Cu(NO_3)_2 \cdot 3H_2O$	241.62	$HClO_4$	100.46
CuS	95.62	HF	20.01
$CuSCN$	121.62	HI	127.91
$CuSO_4$	159.61	HIO_3	175.91
$CuSO_4 \cdot 5H_2O$	249.69	HNO_2	47.01
$CuCl$	99.00	HNO_3	63.01
$CuCl_2$	134.45	H_2O	18.02
$CuCl_2 \cdot 2H_2O$	170.49	H_2O_2	34.02
CuI	190.45	H_3PO_4	98.00
$Fe(NO_3)_3$	241.86	H_2S	34.08
$Fe(NO_3)_3 \cdot 9H_2O$	404.04	H_2SO_3	82.08
$FeCl_2$	126.75	H_2SO_4	98.08
$FeCl_2 \cdot 4H_2O$	198.83	$Hg(CN)_2$	252.64
$FeCl_3$	162.20	$HgCl_2$	271.50
$FeCl_3 \cdot 6H_2O$	270.29	Hg_2Cl_2	472.09
FeO	71.84	HgI_2	454.40
Fe_2O_3	159.69	$Hg_2(NO_3)_2$	525.19
Fe_3O_4	231.54	$Hg(NO_3)_2$	324.60
$Fe(OH)_3$	106.88	HgO	216.59
FeS	87.92	HgS	232.65
Fe_2S_3	207.91	$HgSO_4$	296.65
$FeSO_4 \cdot H_2O$	169.92	Hg_2SO_4	497.24

化合物	分子量	化合物	分子量
$KAl(SO_4)_2 \cdot 2H_2O$	474.39	MnO	70.94
$KB(C_6H_5)_4$	358.32	MnO_2	86.94
KBr	119.01	MnS	87.00
$KBrO_3$	167.01	$MnSO_4$	151.00
KCN	65.12	$Na_2B_4O_7$	201.22
K_2CO_3	138.21	NO	30.01
KCl	74.56	NO_2	46.01
$KClO_3$	122.55	NH_3	17.03
$KClO_4$	138.55	$NH_2OH \cdot HCl$（盐酸羟胺）	69.49
K_2CrO_4	194.20	NH_4Cl	53.49
$K_2Cr_2O_7$	294.19	$(NH_4)_2CO_3$	96.09
$KHC_2O_4 \cdot H_2C_2O_4 \cdot 2H_2O$	254.19	$(NH_4)_2C_2O_4 \cdot H_2O$	142.11
$KHC_2O_4 \cdot H_2O$	146.14	$NH_3 \cdot H_2O$	35.05
KI	166.01	$NH_4Fe(SO_4)_2 \cdot 12H_2O$	480.18
KIO_3	214.00	$(NH_4)_2HPO_4$	132.05
$KIO_3 \cdot HIO_3$	389.92	$(NH_4)_3PO_4 \cdot 12MoO_3$	1876.53
$K_3Fe(CN)_6$	329.25	NH_4SCN	76.12
$K_4Fe(CN)_6$	368.35	$(NH_4)_2S$	68.14
$KMnO_4$	158.04	$(NH_4)_2SO_4$	132.14
KNO_3	101.10	NH_4VO_4	132.98
KNO_2	85.10	$Na_2B_4O_7 \cdot 10H_2O$	381.37
K_2O	94.20	$NaBiO_3$	279.97
KOH	56.11	$NaBr$	102.90
$KSCN$	97.18	$NaCN$	49.01
K_2SO_4	174.25	Na_2CO_3	105.99
$MgCO_3$	84.31	$Na_2C_2O_4$	134.00
$MgCl_2$	95.21	$NaCl$	58.44
MgC_2O_4	112.33	NaF	41.99
$MgNH_4PO_4$	137.33	$NaHCO_3$	84.01
$Mg(NO_3)_2 \cdot 6H_2O$	256.43	NaH_2PO_4	119.98
MgO	40.31	Na_2HPO_4	141.96
$Mg(OH)_2$	58.32	$Na_2H_2Y \cdot 2H_2O$（EDTA 二钠盐）	372.24
$Mg_2P_2O_7$	222.60	NaI	149.89
$MgSO_4 \cdot 7H_2O$	246.50	$NaNO_2$	69.00
$MnCO_3$	114.95	Na_2O	61.98
$MnCl_2 \cdot 4H_2O$	197.91	$NaOH$	40.01
$Mn(NO_3)_2 \cdot 6H_2O$	287.06	Na_3PO_4	163.94

续表

化合物	分子量	化合物	分子量
Na_2S	78.05	$SbCl_3$	228.11
$Na_2S \cdot 9H_2O$	240.18	$SbCl_5$	299.02
Na_2SO_3	126.04	Sb_2O_3	291.52
Na_2SO_4	142.04	Sb_2S_3	339.72
$Na_2SO_4 \cdot 10H_2O$	322.20	SiF_4	104.08
$Na_2S_2O_3$	158.11	SiO_2	60.08
$Na_2S_2O_3 \cdot 5H_2O$	248.19	$SnCO_3$	178.72
Na_2SiF_6	188.06	$SnCl_2$	189.62
$NiC_8H_{14}O_4N_4$（丁二酮肟镍）	288.91	SnO_2	150.71
P_2O_5	141.95	$SrCO_3$	147.63
$PbCrO_4$	323.18	SrC_2O_4	175.64
PbO	223.19	$SrSO_4$	183.69
PbO_2	239.19	SO_2	64.06
Pb_3O_4	685.57	SO_3	80.06
$PbSO_4$	303.26	TiO_2	79.87
$PbCO_3$	267.21	WO_3	231.84
PbC_2O_4	295.22	$ZnCl_2$	136.30
$PbCl_2$	278.10	ZnO	81.39
$Pb(CH_3COO)_2$	325.29	$Zn_2P_2O_7$	304.72
$Pb(CH_3COO)_2 \cdot 3H_2O$	379.35	$ZnSO_4$	161.45
PbI_2	461.01	ZnC_2O_4	153.43
$Pb(NO_3)_2$	331.21	$Zn(CH_3COO)_2$	183.51
$Pb_3(PO_4)_2$	811.54	$Zn(NO_3)_2$	189.43
PbS	239.27	ZnS	97.48
$PbSO_4$	303.27		

附录3　某些离子和化合物的颜色

一、离子

1. 无色离子

Na^+、K^+、NH_4^+、Mg^{2+}、Ca^{2+}、Sr^{2+}、Ba^{2+}、Al^{3+}、Sn^{2+}、Sn^{4+}、Pb^{2+}、Ag^+、Zn^{2+}、Cd^{2+}、Hg_2^{2+}、Hg^{2+} 等阳离子。

$[B(OH)_4]^-$、$B_4O_7^{2-}$、$C_2O_4^{2-}$、Ac^-、CO_3^{2-}、SiO_3^{2-}、NO_3^-、NO_2^-、PO_4^{3-}、AsO_3^{3-}、AsO_4^{3-}、$[SbCl_6]^{3-}$、$[SbCl_6]^-$、SO_3^{2-}、SO_4^{2-}、S^{2-}、$S_2O_3^{2-}$、F^-、Cl^-、ClO_3^-、Br^-、

BrO_3^-、I^-、SCN^-、$[CuCl_2]^-$、TiO^{2+}、VO_3^-、VO_4^{3-}、MoO_4^{2-}、WO_4^{2-} 等阴离子。

2.有色离子

离子	颜色	离子	颜色	离子	颜色
$[Cu(H_2O)_4]^{2+}$	浅蓝色	$[V(H_2O)_6]^{2+}$	蓝紫色	$[Cr(H_2O)_6]^{2+}$	蓝色
$[CuCl_4]^{2-}$	浅黄色	$[V(H_2O)_6]^{3+}$	绿色	$[Cr(H_2O)_6]^{3+}$	紫色
$[Cu(NH_3)_4]^{2+}$	深蓝色	VO^{2+}	蓝色	$[CrCl(H_2O)_5]^{2+}$	浅绿色
TiO_2^{2+}	橙红色	VO_2^+	黄色	$[CrCl_2(H_2O)_4]^+$	暗绿色
$[Ti(H_2O)_6]^{3+}$	紫色	$[VO_2(O_2)_2]^{3-}$	黄色	$[Cr(NH_3)_2(H_2O)_4]^{3+}$	紫红色
$[TiCl(H_2O)_5]^{2+}$	绿色	$[Fe(H_2O)_6]^{2+}$	浅绿色	$[Cr(NH_3)_3(H_2O)_3]^{3+}$	浅红色
$[TiO(H_2O_2)]^{2+}$	橘黄色	$[Fe(H_2O)_6]^{3+}$	淡紫色[①]	$[Cr(NH_3)_4(H_2O)_2]^{3+}$	橙红色
$[Ni(H_2O)_6]^{2+}$	亮绿色	$[Fe(CN)_6]^{4-}$	黄色	$[Cr(NH_3)_5(H_2O)]^{3+}$	橙黄色
$[Ni(NH_3)_6]^{2+}$	蓝色	$[Fe(CN)_6]^{3-}$	浅橘黄色	$[Cr(NH_3)_6]^{3+}$	黄色
$[Mn(H_2O)_6]^{2+}$	肉色	$[Fe(NCS)_n]^{3-n}$	血红色	CrO_2^-	绿色
MnO_4^-	紫红色	$[Co(H_2O)_6]^{2+}$	粉红色	CrO_4^{2-}	黄色
MnO_4^{2-}	墨绿色	$[Co(NH_3)_6]^{2+}$	黄色	$Cr_2O_7^{2-}$	橙色
VO_2^+	浅黄色	$[Co(NH_3)_6]^{3+}$	橙黄色	$[Co(NH_3)_4CO_3]^+$	紫红色
$[CoCl(NH_3)_5]^{2+}$	红紫色	$[Co(NH_3)_5(H_2O)]^{3+}$	粉红色	I_3^-	浅棕黄色
$[Co(CN)_6]^{3-}$	紫色	$[Co(SCN)_4]^{2-}$	蓝色		

① 由于水解生成$[Fe(H_2O)_5OH]^{2+}$、$[Fe(H_2O)_4(OH)_2]^+$等，而使溶液呈黄棕色。未水解的$FeCl_3$溶液呈黄棕色，这是由于生成$[FeCl_4]^-$的缘故。

二、化合物

1.氧化物

氧化物	Bi_2O_3	CuO	Cu_2O	Ag_2O	ZnO	CdO	Hg_2O	HgO
颜色	黄色	黑色	暗红色	暗棕色	白色	棕红色	黑褐色	红色或黄色
氧化物	Sb_2O_3	Sb_2O_5	VO	V_2O_3	VO_2	CrO_3	Cr_2O_3	V_2O_5
颜色	白色	淡黄色	亮灰色	黑色	深蓝色	暗红色	绿色	橙黄或红棕色
氧化物	TiO_2	MnO_2	MoO_2	WO_2	FeO	Fe_2O_3	Fe_3O_4	CoO
颜色	白色	棕褐色	铅灰色	棕红色	黑色	砖红色	黑色	灰绿色
氧化物	Co_2O_3	NiO	Ni_2O_3	PbO	Pb_3O_4	PbO_2		
颜色	黑色	暗绿色	黑色	黄色	红色	棕褐色		

2.氢氧化物

氢氧化物	$Zn(OH)_2$	$Pb(OH)_2$	$Mg(OH)_2$	$Sn(OH)_2$	$Sn(OH)_4$	$Mn(OH)_2$	$Fe(OH)_2$
颜色	白色	白色	白色	白色	白色	白色	白色或苍绿色
氢氧化物	$Fe(OH)_3$	$Cd(OH)_2$	$Al(OH)_3$	$Bi(OH)_3$	$Sb(OH)_3$	$Cu(OH)_2$	$Cu(OH)$
颜色	红棕色	白色	白色	黄色	白色	浅蓝色	黄色
氢氧化物	$Ni(OH)_2$	$Ni(OH)_3$	$Co(OH)_2$	$Co(OH)_3$	$Cr(OH)_3$		
颜色	浅绿色	黑色	粉红色	棕褐色	灰绿色		

3. 氯化物

氯化物	AgCl	CoCl$_2$	CoCl$_2$·H$_2$O	CoCl$_2$·6H$_2$O	CuCl	CuCl$_2$·2H$_2$O	Hg(NH$_2$)Cl	TiCl$_2$
颜色	白色	蓝色	蓝紫色	粉红色	白色	蓝色	白色	黑色
氯化物	Hg$_2$Cl$_2$	PbCl$_2$	CoCl$_2$·2H$_2$O	CrCl$_3$·6H$_2$O	CuCl$_2$	FeCl$_3$·6H$_2$O	TiCl$_3$·6H$_2$O	
颜色	白色	白色	紫红色	绿色	棕色	黄棕色	紫色或绿色	

4. 溴化物和碘化物

化合物	AgBr	AsBr	CuBr$_2$	PbBr$_2$	AgI	Hg$_2$I$_2$	HgI$_2$
颜色	淡黄色	浅黄色	黑紫色	白色	黄色	黄绿色	橘红色
化合物	PbI$_2$	PbBr$_2$	CuI	SbI$_3$	BiI$_3$	TiI$_4$	
颜色	黄色	白色	白色	红黄色	绿黑色	暗棕色	

5. 类卤化合物

化合物	AgCN	Ni(CN)$_2$	Cu(CN)$_2$	CuCN	AgSCN	Cu(SCN)$_2$
颜色	白色	浅绿色	浅棕黄色	白色	白色	黑绿色

6. 卤酸盐

化合物	Ba(IO$_3$)$_2$	AgIO$_3$	KClO$_4$	AgBrO$_3$
颜色	白色	白色	白色	白色

7. 硫化物

化合物	Ag$_2$S	HgS	PbS	CuS	Cu$_2$S	FeS	Fe$_2$S$_3$	MnS	ZnS
颜色	灰黑色	红色或黑色	黑色	黑色	黑色	棕黑色	黑色	肉色	白色
化合物	Bi$_2$S$_3$	NiS	CoS	SnS	CdS	SnS$_2$	Sb$_2$S$_3$	Sb$_2$S$_5$	As$_2$S$_3$
颜色	黑褐色	黑色	黑色	褐色	黄色	金黄色	橙色	橙红色	黄色

8. 硫酸盐

化合物	Ag$_2$SO$_4$	CaSO$_4$·2H$_2$O	CoSO$_4$·7H$_2$O	Cu$_2$(OH)$_2$SO$_4$
颜色	白色	白色	红色	浅蓝色
化合物	Hg$_2$SO$_4$	[Fe(NO)]SO$_4$	Cr$_2$(SO$_4$)$_3$	Cr$_2$(SO$_4$)$_3$·18H$_2$O
颜色	白色	深棕色	紫色或红色	蓝紫色
化合物	PbSO$_4$	CuSO$_4$·5H$_2$O	Cr$_2$(SO$_4$)$_3$·6H$_2$O	KCr(SO$_4$)$_2$·12H$_2$O
颜色	白色	蓝色	绿色	紫色
化合物	BaSO$_4$	SrSO$_4$	(NH$_4$)$_2$Fe(SO$_4$)$_2$·6H$_2$O	NH$_4$Fe(SO$_4$)$_2$·12H$_2$O
颜色	白色	白色	蓝绿色	浅紫色

9. 硅酸盐

化合物	$BaSiO_3$	$CuSiO_3$	$CoSiO_3$	$Fe_2(SiO_3)_3$	$MnSiO_3$	$NiSiO_3$	$ZnSiO_3$
颜色	白色	蓝色	紫色	棕红色	肉色	翠绿色	白色

10. 碳酸盐

化合物	$Zn_2(OH)_2CO_3$	$Hg_2(OH)_2CO_3$	$SrCO_3$	$CaCO_3$	Ag_2CO_3
颜色	白色	红褐色	白色	白色	白色
化合物	$Bi(OH)CO_3$	$Co_2(OH)_2CO_3$	$BaCO_3$	$CdCO_3$	$MnCO_3$
颜色	白色	红色	白色	白色	白色
化合物	$Cu_2(OH)_2CO_3$	$Ni_2(OH)_2CO_3$	$PbCO_3$	$MgCO_3$	$FeCO_3$
颜色	暗绿色[1]	浅绿色	白色	白色	白色

[1] 相同浓度硫酸铜和碳酸钠溶液的比例（体积）不同时生成的碱式碳酸铜颜色不同，当 $CuSO_4 : NaCO_3 = 2 : 1.6$ 时为浅蓝绿色，当 $CuSO_4 : NaCO_3 = 1 : 1$ 时为暗绿色。

11. 磷酸盐

化合物	NH_4MgPO_4	Ca_3PO_4	$CaHPO_4$	$Ba_3(PO_4)_2$	$FePO_4$	Ag_3PO_4
颜色	白色	白色	白色	白色	浅黄色	黄色

12. 铬酸盐

化合物	Ag_2CrO_4	$PbCrO_4$	$BaCrO_4$	$FeCrO_4 \cdot 2H_2O$
颜色	砖红色	黄色	黄色	黄色

13. 草酸盐

化合物	CaC_2O_4	$Ag_2C_2O_4$	FeC_2O_4	BaC_2O_4	PbC_2O_4	ZnC_2O_4
颜色	白色	白色	淡黄色	白色	白色	白色

14. 其他含氧酸盐

化合物	NH_4MgAsO_4	Ag_3AsO_4	$Ag_2S_2O_3$	$BaSO_3$	BaS_2O_3	$SrSO_3$	$NaBiO_3$	$PbMoO_4$
颜色	白色	红褐色	白色	白色	白色	白色	黄棕色	黄色

15. 其他化合物

化合物	$Na_2[Fe(CN)_5NO] \cdot 2H_2O$	$Ag_3[Fe(CN)_6]$	$Zn_3[Fe(CN)_6]_2$	$Co_2[Fe(CN)_6]$	$Ag_4[Fe(CN)_6]$
颜色	红色	橙色	黄褐色	绿色	白色
化合物	$K_2Na[Co(NO_2)_6]$	$K_3[Co(NO_2)_6]$	$KHC_4H_4O_6$	$K_2[PtCl_6]$	$Cu_2[Fe(CN)_6]$
颜色	黄色	黄色	白色	黄色	红褐色
化合物	$(NH_4)_2Na[Co(NO_2)_6]$	$Zn_2[Fe(CN)_6]$	$Zn_3[Fe(CN)_6]_2$	$Na[Sb(OH)_6]$	$(NH_4)_2MoS_4$
颜色	黄色	白色	黄褐色	白色	血红色

续表

化合物	$Fe_4^{III}[Fe^{II}(CN)_6]_3 \cdot xH_2O$	$\begin{bmatrix} O \begin{smallmatrix} Hg \\ Hg \end{smallmatrix} NH_2 \end{bmatrix} I$	$\begin{bmatrix} I-Hg \\ I-Hg \end{bmatrix} NH_2 \end{bmatrix} I$	$(NH_4)_3PO_4 \cdot 12MoO_3 \cdot 6H_2O$
颜色	蓝色	红棕色	深褐色或红棕色	黄色
化合物	$NaAc \cdot Zn(Ac)_2 \cdot 3[UO_2(Ac)_2] \cdot 9H_2O$			
颜色	黄色			

附录4 常见阴、阳离子的鉴定方法

一、常见阴离子的鉴定方法

离子	鉴定方法	备注
F^-	CaF_2 与浓 H_2SO_4 加热,释放出 HF,HF 与硅酸盐或 SiO_2 作用,生成 SiF_4 气体。当 SiF_4 与水作用时,立即分解并转化为不溶性硅酸沉淀使水变浑。 $Na_2SiO_3 \cdot CaSiO_3 \cdot 4SiO_2 + 28HF \longrightarrow 4SiF_4 \uparrow + Na2SiF_6 + CaSiF_6 + 14H_2O$ $SiF_4 + 4H_2O \longrightarrow H_4SiO_4 \downarrow + 4HF$	酸性介质
Cl^-	2 滴试液加入 1 滴 $2mol \cdot L^{-1}$ HNO_3 和 2 滴 $0.1mol \cdot L^{-1}$ $AgNO_3$ 溶液,生成白色沉淀。沉淀溶于 $6mol \cdot L^{-1}$ $NH_3 \cdot H_2O$,再用 $6mol \cdot L^{-1}$ HNO_3 酸化后又有白色沉淀出现,表示有 Cl^-	SCN^- 与 Ag^+ 生成的 AgSCN 沉淀不溶于 $NH_3 \cdot H_2O$
Br^-	取 2 滴 Br^- 试液,加入数滴 CCl_4(或苯),滴加氯水,振荡,有机层显橙黄色或橙红色,表示有 Br^-	中性或酸性条件下进行。加氯水过量,生成 BrCl,使有机层呈淡黄色
	品红法:品红与 $NaHSO_3$ 生成无色加成物,游离溴与此加成物作用,生成红紫色溴代染料	
I^-	取 2 滴 I^- 试液,加入数滴 CCl_4(或苯),滴加氯水,振荡,有机层显紫红色,表示有 I^-	弱碱性、中性或酸性条件下进行。溶液中氯水氧化 I^- 为 I_2,过量氯水将 I_2 氧化为 IO_3^-,有机层紫色褪去
	在 I^- 试液中加 HAc 酸化,加 $0.1mol \cdot L^{-1}$ $NaNO_2$ 溶液和 CCl_4,振荡,有机层显紫红色,表示有 I^-	Cl^-、Br^- 对反应不干扰
S^{2-}	取 1 滴试液放在点滴板上,加 1 滴 $Na_2[Fe(CN)_5NO]$ 试剂,反应:$S^{2-} + [Fe(CN)_5(NO)]^{2-} \longrightarrow [Fe(CN)_5(NO)S]^{4-}$(紫红色),表示有 S^{2-}	酸性溶液中 $S^{2-} \longrightarrow HS^-$,不产生紫红色,应加碱使酸度降低
	加稀 HCl:$S^{2-} + 2H^+ \longrightarrow H_2S \uparrow$,$H_2S$ 可使蘸有 $Pb(NO_3)_2$、$PbAc_2$ 的试纸变黑	SO_3^{2-},$S_2O_3^{2-}$ 干扰鉴定
$S_2O_3^{2-}$	取 5 滴试液,逐滴加入 $1mol \cdot L^{-1}$ HCl,生成白色或淡黄色沉淀,表示有 $S_2O_3^{2-}$:$S_2O_3^{2-} + 2H^+ \longrightarrow S \downarrow + SO_2 \uparrow + H_2O$	SO_4^{2-}、S^{2-} 同时存在时干扰鉴定
	中性介质中加入 $AgNO_3$: $2Ag^+$(过量)$+ S_2O_3^{2-} \longrightarrow Ag_2S_2O_3 \downarrow$(白色); $Ag_2S_2O_3 + H_2O \longrightarrow Ag_2S \downarrow$(黑色)$+ 2H^+ + SO_4^{2-}$	S^{2-} 干扰鉴定。 $Ag_2S_2O_3$ 沉淀不稳定,生成后立即发生水解反应,并且伴随明显的颜色变化,由白→黄→棕,最后变为黑色的 Ag_2S

离子	鉴定方法	备注
SO_4^{2-}	取 3 滴试液加入 $6mol \cdot L^{-1}$ HCl 酸化,再加入 $0.1mol \cdot L^{-1}$ $BaCl_2$ 溶液,有白色 $BaSO_4$ 沉淀析出,表示有 SO_4^{2-}	酸性介质
SO_3^{2-}	酸性介质中:$SO_3^{2-} + 2H^+ \longrightarrow SO_2 \uparrow + H_2O$ SO_2 的检验:①SO_2 可使稀 $KMnO_4$ 溶液还原而褪色;②SO_2 可将 I_2 还原为 I^-,使淀粉-I_2 试纸褪色;③可使品红溶液褪色	$S_2O_3^{2-}$、S^{2-} 存在干扰 SO_3^{2-} 的鉴定
	3 滴试液中加入数滴 $2mol \cdot L^{-1}$ HCl 和 $0.1mol \cdot L^{-1}$ $BaCl_2$,再滴加 3% H_2O_2,产生白色沉淀,表示有 SO_3^{2-}	
	中性介质中加入 $Na_2[Fe(CN)_5(NO)]$,$ZnSO_4$,$K_4[Fe(CN)_6]$ 生成红色沉淀	S^{2-} 与 $Na_2[Fe(CN)_5(NO)]$ 生成紫红色配合物,干扰鉴定,用 $PbCO_3$ 将 S^{2-} 转化为 PbS 除去
NO_3^-	二苯胺($C_6H_5)_2$NH 法:在洗净并干燥的表面皿上放 4~5 滴二苯胺的浓 H_2SO_4 溶液。用玻璃棒取少量试液放入上述溶液中,NO_3^- 存在时二苯胺被生成的硝酸氧化而显深蓝色	NO_2^-、Fe^{3+}、CrO_4^{2-}、MnO_4^- 也有同样反应,干扰测定
	酸性条件下,取 1 滴试液在点滴板上,再加 $FeSO_4$ 固体和浓硫酸,在 $FeSO_4$ 晶体周围出现棕色环,表示有 NO_3^-。 $NO_3^- + 3Fe^{2+} + 4H^+ \longrightarrow 3Fe^{3+} + NO + 2H_2O$ $Fe^{2+} + NO \longrightarrow [Fe(NO)]^{2+}$(棕色)	酸性条件下进行。 NO_2^-、Br^-、I^-、CrO_4^{2-} 有干扰,Br^-、I^- 可用 AgAc 除去,CrO_4^{2-} 用 $Ba(Ac)_2$ 除去: $2NO_2^- + CO(NH_2)_2 + H^+ \Longrightarrow CO_2 \uparrow + 2N_2 \uparrow + 3H_2O$
NO_2^-	取 1 滴试液加几滴 $6mol \cdot L^{-1}$ HAc,再加 1 滴对氨基苯磺酸和 1 滴 α-萘胺。若溶液显红紫色,表示有 NO_2^- 存在	反应灵敏度高,选择性好。NO_2^- 浓度大时,生成褐色沉淀或黄色溶液
	同 I^- 的第二种鉴定方法	
PO_4^{3-}	取 2 滴试液,加 5 滴浓 HNO_3(无干扰离子时不必加),10 滴饱和钼酸铵[$(NH_4)_2MoO_4$](沉淀能溶于过量磷酸盐溶液生成配阴离子,故要加入大量过量的钼酸铵试剂,沉淀溶于碱及氨水中),有黄色沉淀产生,表示有 PO_4^{3-}。 $PO_4^{3-} + 3NH_4^+ + 12MoO_4^{2-} + 24H^+ \longrightarrow (NH_4)_3PO_4 \cdot 12MoO_3 \cdot 6H_2O \downarrow$(黄色)$+ 6H_2O$	SO_3^{2-}、$S_2O_3^{2-}$、S^{2-}、I^-、Sn^{2+} 等还原性离子易将钼酸铵还原为低价钼化合物,严重干扰检出;大量 Cl^- 存在时可与 Mo^{6+} 形成配合物而降低检出灵敏度。可先将试液与浓 HNO_3 一起蒸发,除去过量 Cl^- 和还原剂。 AsO_4^{3-} 有类似反应。SiO_4^{2-} 与试剂也能形成黄色硅钼酸盐沉淀,妨碍鉴定,可加酒石酸消除干扰。 与 $P_2O_7^{4-}$、PO_3^- 的冷溶液无反应,煮沸时由于 PO_4^{3-} 的生成而生成黄色沉淀
	氨性缓冲溶液中,取 3 滴 PO_4^{3-} 试液,加氨水至碱性,加入过量镁铵试剂,如果没有立即生成沉淀,用玻璃棒摩擦器壁,放置片刻,析出白色晶状沉淀 $MgNH_4PO_4$,表示有 PO_4^{3-}	沉淀可溶于酸,但碱性太强可能生成 $Mg(OH)_2$ 沉淀。AsO_4^{3-} 生成相似沉淀 $MgNH_4AsO_4$,浓度不太大时不生成
	中性或弱酸性介质中加入 $AgNO_3$: $3Ag^+ + PO_4^{3-} \longrightarrow Ag_3PO_4 \downarrow$(黄色)	CrO_4^{2-}、S^{2-}、AsO_4^{3-}、I^-、$S_2O_3^{2-}$ 等能与 Ag^+ 生成有色沉淀,妨碍鉴定
$C_2O_4^{2-}$	二苯胺与草酸或草酸盐熔化时生成蓝色苯胺染料。在微量试管中放 1 小粒试样(如果是溶液,取一部分蒸发至干)和少量二苯胺,加热使之熔化。冷却后,将熔块溶于 1 滴酒精中。溶液显蓝色,表示有 $C_2O_4^{2-}$ 存在	此反应是特效反应

离子	鉴定方法	备注
CO_3^{2-}	加入稀 HCl 或稀 H_2SO_4：$CO_3^{2-}+2H^+\longrightarrow CO_2\uparrow+H_2O$ $CO_2+2OH^-+Ba^{2+}\longrightarrow BaCO_3\downarrow$（白色）$+H_2O$	过量 CO_2 存在时 $BaCO_3$ 沉淀可能转化为可溶性的酸式碳酸盐。$Ba(OH)_2$ 极易吸收空气中 CO_2 而变浑浊,故须用澄清溶液,迅速操作,得到较厚的沉淀方可判断 CO_3^{2-} 存在。可做空白实验对照。 SO_3^{2-}、$S_2O_3^{2-}$ 与 H^+ 作用后产生 SO_2 也能使 $Ba(OH)_2$ 变浊,应在加酸前加入 H_2O_2 或 $KMnO_4$ 使之氧化为 SO_4^{2-} 除去
SiO_4^{2-}	碱性介质中加入饱和 NH_4Cl,加热： $SiO_4^{2-}+2NH_4^+\longrightarrow H_2SiO_3\downarrow$（白色胶状）$+2NH_3\uparrow$	

二、常见阳离子鉴定方法

离子	鉴定方法	备注
Ag^+	取 2 滴试液,加入 2 滴 $2mol\cdot L^{-1}$ HCl,若产生沉淀,离心分离,在沉淀上加 $6mol\cdot L^{-1}$ $NH_3\cdot H_2O$ 使沉淀溶解,再加 $6mol\cdot L^{-1}$ HNO_3 酸化,白色沉淀重新出现,说明 Ag^+ 存在 $Ag^++Cl^-\longrightarrow AgCl\downarrow$ $AgCl+2NH_3\cdot H_2O\longrightarrow [Ag(NH_3)_2]^++Cl^-+2H_2O$ $[Ag(NH_3)_2]^++2H^++Cl^-\longrightarrow AgCl\downarrow+2NH_4^++Cl^-$	Pb^{2+}、Hg_2^{2+} 与 Cl^- 形成白色沉淀干扰鉴定,但 $PbCl_2$、Hg_2Cl_2 难溶于氨水,可与 $AgCl$ 分离
	中性或微酸性介质中加入 K_2CrO_4 $2Ag^++CrO_4^{2-}\longrightarrow Ag_2CrO_4\downarrow$（砖红色）	Pb^{2+}、Ba^{2+}、Hg^{2+} 有干扰
Al^{3+}	取试液 2 滴,再加 2 滴铝试剂（金黄色素三羟酸铵）,微热,有红色沉淀,示有 Al^{3+}。反应可在 HAc-NH_4Ac 缓冲溶液中进行。红色沉淀组成为 	反应条件 pH＝6～7。 Fe^{3+}、Cr^{3+}、Ca^{2+}、Pb^{2+}、Cu^{2+} 等也可生成与 Al^{3+} 相类似的红色沉淀而有干扰
As^{5+}	Zn 片或 $AgNO_3$： $AsO_4^{3-}+11H^++4Zn\longrightarrow AsH_3\uparrow+4Zn^{2+}+4H_2O$ $AsH_3+6AgNO_3\longrightarrow AsAg_3\cdot 3AgNO_3+3HNO_3$ $AsAg_3\cdot 3AgNO_3+3H_2O\longrightarrow H_3AsO_3+6Ag\downarrow+3H^++3NO_3^-$	强酸性介质
Ba^{2+}	在试液中加入 $0.2mol\cdot L^{-1}$ K_2CrO_4 溶液,生成黄色 $BaCrO_4$ 沉淀,表示有 Ba^{2+}。可用 $K_2Cr_2O_7$ 溶液代替 K_2CrO_4 溶液	反应在中性或弱酸性条件下进行。Sr^{2+} 对 Ba^{2+} 的鉴定有干扰,但 $SrCrO_4$ 在醋酸中可溶解,所以应在醋酸存在下进行反应。 Ag^+、Pb^{2+}、Hg^{2+} 等均能与 CrO_4^{2-} 生成有色沉淀干扰检出,可加入 Zn 粉还原除去
	焰色反应：挥发性钡盐使火焰呈黄绿色	

续表

离子	鉴定方法	备注
Bi^{3+}	SnO_2^{2-} 还原 Bi^{3+}，生成黑色金属铋沉淀：$2Bi(OH)_3 + 3SnO_2^{2-} \longrightarrow 2Bi \downarrow + 3SnO_3^{2-} + 3H_2O$，示有 Bi^{3+}。操作：取 2 滴试液，加入 2 滴 $0.2mol \cdot L^{-1} SnCl_2$ 溶液和数滴 $2mol \cdot L^{-1}$ NaOH 溶液，溶液呈碱性。观察有无黑色金属铋沉淀出现	反应在强碱性条件下进行。所用试剂必须临时配制。Ag^+、Hg^{2+}、Pb^{2+} 存在时，也会慢慢被 SnO_2^{2-} 还原而析出黑色金属，干扰鉴定
	$BiCl_3$ 溶液稀释，生成白色 BiOCl 沉淀，表示有 Bi^{3+}，$Bi^{3+} + H_2O + Cl^- \longrightarrow BiOCl \downarrow + 2H^+$	
Ca^{2+}	试液加入饱和 $(NH_4)_2C_2O_4$ 溶液，如有白色的 CaC_2O_4 沉淀生成，表示有 Ca^{2+} 存在	反应在中性或弱酸性条件下进行。沉淀溶于强酸，不溶于醋酸。Ba^{2+}、Sr^{2+} 离子也与 $(NH_4)_2C_2O_4$ 生成同样的沉淀，但在醋酸中可溶解。Ag^+、Pb^{2+}、Cd^{2+}、Hg^{2+}、Hg_2^{2+} 等离子均能与 $C_2O_4^{2-}$ 生成沉淀对反应有干扰，可在氨性溶液中加入 Zn 粉将它们还原除去
	焰色反应：挥发性钙盐在煤气灯的无色火焰（氧化焰）中灼烧时，火焰呈砖红色	
Cd^{2+}	Cd^{2+} 与 S^{2-} 生成 CdS 黄色沉淀的反应可作为 Cd^{2+} 鉴定反应。取 3 滴试液加入 Na_2S 溶液，产生黄色沉淀，表示有 Cd^{2+}	反应在碱性条件下进行。凡能与 S^{2-} 生成有色硫化物沉淀的金属离子均有干扰
Co^{2+}	取 5 滴试液，加入 0.5mL 丙酮，然后加入 $1g \cdot L^{-1}$ NH₄SCN 溶液，溶液显蓝色，表示有 Co^{2+}。$Co^{2+} + 4SCN^- \longrightarrow [Co(SCN)_4]^{2-}$	反应在酸性条件下进行。Fe^{3+} 干扰 Co^{2+} 的检出，可用 NH_4F 或 NaF 掩蔽 Fe^{3+}
	2 滴试液中加入 1 滴 $3mol \cdot L^{-1}$ NH₄Ac 溶液，再加入 1 滴亚硝基 R 盐（ ）溶液，溶液呈红褐色，表示有 Co^{2+}	
Cr^{3+}	$2 \sim 3$ 滴试液加入 $4 \sim 5$ 滴 $2mol \cdot L^{-1}$ NaOH 溶液和 $2 \sim 3$ 滴 $3\% H_2O_2$ 溶液，加热至过量的 H_2O_2 完全分解。冷却，用 $6mol \cdot L^{-1}$ HAc 酸化，加 2 滴 $0.1mol \cdot L^{-1} Pb(NO_3)_2$ 溶液，生成 $PbCrO_4$ 沉淀，表示有 Cr^{3+} 离子。（加可溶性 Ag^+ 盐、Ba^{2+} 盐均可，会生成 Ag_2CrO_4 砖红色沉淀和 $BaCrO_4$ 黄色沉淀）	凡与 CrO_4^{2-} 生成有色沉淀的金属离子均有干扰
	得到 CrO_4^{2-}，用 HNO_3 酸化，加入数滴乙醚（或戊醇）和 3% H_2O_2，乙醚层显蓝色，表示有 Cr^{3+}：$Cr_2O_7^{2-} + 4H_2O_2 + 2H^+ \longrightarrow 2CrO_5$（蓝色）$+ 5H_2O$	反应应在较低温度下进行。CrO_5 在酸性溶液中易分解：$4CrO_5 + 12H^+ \longrightarrow 4Cr^{3+} + 7O_2 + 6H_2O$
Cu^{2+}	与 $K_4[Fe(CN)_6]$ 反应：$2Cu^{2+} + [Fe(CN)_6]^{4-} \longrightarrow Cu_2[Fe(CN)_6] \downarrow$（红棕色）取一滴试液放在点滴板上，再加入 1 滴 $K_4[Fe(CN)_6]$ 溶液，有红棕色沉淀出现表示有 Cu^{2+}	反应在中性或酸性条件下进行。沉淀不溶于稀酸但溶于 $NH_3 \cdot H_2O$，可被碱分解 $Cu_2[Fe(CN)_6] + 4OH^- \longrightarrow 2Cu(OH)_2 \downarrow + [Fe(CN)_6]^{4-}$ 能与 $[Fe(CN)_6]^{4-}$ 生成深色沉淀的金属离子，如 Fe^{3+}、Bi^{3+}、Co^{2+} 等，均有干扰
	与 $NH_3 \cdot H_2O$ 反应：$Cu^{2+} + 4NH_3 \longrightarrow [Cu(NH_3)_4]^{2+}$（深蓝色）。取 5 滴试液，加入过量 $NH_3 \cdot H_2O$ 溶液变为深蓝色，证明 Cu^{2+} 存在	

离子	鉴定方法	备注
Fe^{3+}	取 2 滴试液加入 2 滴 NH$_4$SCN 溶液生成血红色的 Fe(SCN)$_3$，证明 Fe^{3+} 存在（此反应可在点滴板上进行）	反应在酸性条件下进行。 大量 Cu^{2+} 存在与 SCN$^-$ 生成墨绿色沉淀，干扰 Fe^{3+} 检出。 氟化物、磷酸、草酸、酒石酸、柠檬酸、含有 α-或 β-OH 基的有机酸与 Fe^{3+} 生成稳定的配合物，干扰检出
	将 1 滴试液放于点滴板上，加入 1 滴 K$_4$[Fe(CN)$_6$]生成 KFe[Fe(CN)$_6$]（普鲁士蓝）蓝色沉淀，表示有 Fe^{3+}	在适当酸度下进行，蓝色沉淀溶于强酸，强酸能分解生成的沉淀，加入试剂过量太多，也会溶解沉淀
Fe^{2+}	在酸性条件下加入 K$_3$[Fe(CN)$_6$]。 K$^+$＋Fe^{2+}＋[Fe(CN)$_6$]$^{3-}$ ⟶ KFe[Fe(CN)$_6$]↓（深蓝色）（滕氏蓝）	
Hg^{2+}	2 滴试液，加入过量 SnCl$_2$ 溶液，SnCl$_2$ 与汞盐作用先生成白色 Hg$_2$Cl$_2$ 沉淀，过量 SnCl$_2$ 将 Hg$_2$Cl$_2$ 进一步还原成金属汞，逐渐变灰，说明 Hg^{2+} 存在。 2HgCl$_2$＋Sn^{2+}＋4Cl$^-$ ⟶ Sn^{4+}＋Hg$_2$Cl$_2$↓（白色）＋[SnCl$_6$]$^{2-}$ Sn^{2+}＋Hg$_2$Cl$_2$＋4Cl$^-$ ⟶ Sn^{4+}＋2Hg↓（黑色）＋[SnCl$_6$]$^{2-}$	酸性介质中进行
	KI 和 NH$_3$·H$_2$O：先加过量 KI：Hg^{2+}＋2I$^-$ ⟶ HgI$_2$↓，HgI$_2$＋2I$^-$ ⟶ [HgI$_4$]$^{2-}$，再加入 NH$_3$·H$_2$O 或 NH$_4^+$ 盐溶液并加入浓碱溶液，生成红棕色沉淀： NH$_4^+$＋2[HgI$_4$]$^{2-}$＋4OH$^-$ ⟶ Hg$_2$(NH$_2$)OI↓＋7I$^-$＋4H$_2$O	凡能与 I$^-$、OH$^-$ 生成深色沉淀的金属离子均有干扰
K$^+$	钴亚硝酸钠 Na$_3$[Co(NO$_2$)$_6$]与钾盐生成亮黄色 K$_2$Na[Co(NO$_2$)$_6$]沉淀。反应可在点滴板上进行，1 滴试液加入 1～2 滴试剂，如不立即生成黄色沉淀，可放置	中性或弱酸性条件下进行。强碱性时试剂分解生成 Co(OH)$_3$ 沉淀。强酸性时应加入醋酸钠使强酸性转化为弱酸性，防止沉淀溶解。Rb$^+$、Cs$^+$、NH$_4^+$ 与试剂形成相似化合物干扰鉴定
	焰色反应：挥发性钾盐在煤气灯的无色火焰中灼烧时，火焰成紫色	Na$^+$ 存在时，K$^+$ 所显示的紫色可被黄色掩盖，可透过蓝色玻璃观察
Mg^{2+}	取几滴试液，加入少量镁试剂 I（对硝基苯偶氮间苯二酚），再加入 NaOH 溶液使呈碱性，若有 Mg^{2+} 存在，产生蓝色螯合物沉淀，Mg^{2+} 量少时溶液由红紫色变为蓝色	碱性溶液中进行。 大量 NH$_4^+$ 会降低 OH$^-$ 浓度，从而降低 Mg^{2+} 鉴定反应的灵敏度。故在鉴定之前，需要加碱煮沸溶液，除去大量铵盐。如只有少量铵盐，对 Mg^{2+} 的鉴定无影响。 除碱金属外，在强碱性介质中能形成有色沉淀的离子，如：Ag$^+$、Hg^{2+}、Cr^{3+}、Co^{3+}、Ni^{2+}、Cu^{2+}、Mn^{2+}、Fe^{3+} 等对反应均有干扰
Mn^{2+}	取 1 滴试液，加入数滴 6mol·L^{-1} HNO$_3$ 溶液，再加入 NaBiO$_3$ 固体，若有锰存在，溶液应为紫红色。 2Mn^{2+}＋5NaBiO$_3$＋14H$^+$ ⟹ 2MnO$_4^-$＋5Na$^+$＋5Bi^{3+}＋7H$_2$O	反应在 H$_2$SO$_4$ 或 HNO$_3$ 介质中进行。Cr^{3+} 浓度大时稍有干扰

离子	鉴定方法	备注
Na$^+$	取 1 滴试液加入 8 滴醋酸铀酰锌试剂,用玻璃棒摩擦试管壁。淡黄色结晶状乙酸铀酰锌钠 NaAc·Zn(Ac)$_2$·3[UO$_2$(Ac)$_2$]·9H$_2$O 沉淀出现,表示有 Na$^+$	反应在中性或醋酸酸性溶液中进行。Ag$^+$、Hg^{2+}、Sb^{3+},大量 K$^+$ 存在干扰测定,为降低 K$^+$ 浓度,将试液稀释 2~3 倍
	焰色反应:挥发性钠盐在煤气灯的无色火焰(氧化焰)中灼烧时,火焰呈黄色	
NH$_4^+$	在表面皿上,放 5 滴试液,加入 5 滴 6mol·L^{-1} NaOH,水浴上加热,湿润的红色石蕊试纸变蓝或 pH 试纸呈碱性,表示有 NH$_4^+$	强碱性介质。CN$^-$ 有干扰:CN$^-$ 在水中,有 OH$^-$ 存在下加热会释放出 NH$_3$ 气体,干扰
	加奈斯勒试剂(K$_2$[HgI$_4$] 与 KOH 的混合物)生成红棕色沉淀,同 Hg^{2+} 鉴定法 2	NH$_4^+$ 含量少时,不生成红棕色沉淀而得到黄色溶液
Ni^{2+}	2 滴试液加入 2 滴丁二酮肟和 1 滴稀氨水生成红色的丁二酮肟镍沉淀,说明 Ni^{2+} 存在	溶液的 pH 在 5~10 进行反应。可在 HAc-NaAc 或氨性缓冲溶液中反应。Co^{2+}、Fe^{3+}、Bi^{3+} 分别与丁二酮肟反应生成棕色、红色可溶物和黄色沉淀,Fe^{3+}、Cr^{3+}、Cu^{2+}、Mn^{2+} 与氨水生成有色沉淀或可溶物,均干扰检出
Pb^{2+}	取 2 滴试液,加入 2 滴 0.1mol·L^{-1} K$_2$CrO$_4$ 溶液,生成黄色 PbCrO$_4$ 沉淀,表示有 Pb^{2+}	反应在中性或弱酸性条件下进行。沉淀可溶于 NaOH 和浓 HNO$_3$,难溶于稀 HNO$_3$ 和 HAc,不溶于 NH$_3$·H$_2$O。Ba^{2+}、Ag$^+$、Hg^{2+} 等与 CrO$_4^{2-}$ 能生成有色沉淀干扰检出
Sb^{3+}	在锡箔上放 1 滴试液,放置,生成金属锑的黑色斑点,说明发生反应: 2[SbCl$_6$]$^{3-}$+3Sn$\longrightarrow$2Sb↓+3Sn^{2+}+12Cl$^-$,表示有 Sb^{3+}	Ag$^+$、Hg^{2+}、AsO$_2^-$、Bi^{3+} 等也能与 Sn 发生氧化还原反应,析出黑色金属,妨碍鉴定
	取 2 滴试液加入 0.4g Na$_2$S$_2$O$_3$ 固体,水浴上加热数分钟,橙红色 Sb$_2$OS$_2$ 沉淀出现,说明 Sb^{3+} 的存在。 2Sb^{3+}+3S$_2$O$_3^{2-}$$\longrightarrow$4SO$_2$↑+Sb$_2OS_2$↓(橙红色硫氧化锑)	溶液酸性过强,会使试剂分解为 SO$_2$ 和 S,应控制 pH 在 6 左右
Sn^{4+} Sn^{2+}	在试液中放入铝丝(或铁粉),稍加热,反应 2min,试液中若有 Sn^{4+},则被还原为 Sn^{2+}。 Sn^{2+} 鉴定方法同 Hg^{2+} 鉴定法 1	反应在酸性条件下进行
Zn^{2+}	取试液 3 滴,用 2mol·L^{-1} HAc 酸化,再加入等体积的 (NH$_4$)$_2$[Hg(SCN)$_4$] 溶液,摩擦试管壁,有白色沉淀生成,表示有 Zn^{2+}: Zn^{2+}+[Hg(SCN)$_4$]$^{2-}$$\longrightarrow$ZnHg(SCN)$_4$↓	有大量 Co^{2+} 存在干扰反应。Ni^{2+} 和 Fe^{2+} 与试剂生成淡绿色沉淀。Fe^{3+} 与试剂生成紫色沉淀。Cu^{2+} 形成黄绿色沉淀,少量 Cu^{2+} 存在时,形成铜锌紫色混晶
	在 c(H$^+$)<0.3mol·L^{-1} 溶液中加入(NH$_4$)$_2$S: Zn^{2+}+S^{2-}$\longrightarrow$ZnS↓(白色)	凡能与 S^{2-} 生成有色硫化物沉淀的金属离子均有干扰
	强碱性条件下加入二苯硫腙(打萨宗)振荡后水层呈粉红色	在中性或弱酸性条件下,许多重金属离子都能与二苯硫腙生成有色的配合物,因而应注意鉴定的介质条件

附录 5　常用酸、碱的浓度

试剂名称	密度/g·cm^{-3}	质量分数/%	物质的量浓度/mol·L^{-1}
浓硫酸	1.84	98	18
稀硫酸	1.18	25	3
	1.06	9	1
浓盐酸	1.19	38	12
稀盐酸	1.03	7	2
	1.10	20	6
浓硝酸	1.42	69	16
稀硝酸	1.20	33	6
	1.07	12	2
浓磷酸	1.70	85	14.7
稀磷酸	1.05	9	1
浓高氯酸	1.67	70	11.6
稀高氯酸	1.12	19	2
浓氢氟酸	1.13	40	23
氢溴酸	1.38	40	7
氢碘酸	1.70	57	7.5
冰醋酸	1.05	99	17
稀醋酸	1.04	30	5
稀醋酸	1.02	12	2
浓氢氧化钠	1.44	41	14.4
	1.33	30	13
稀氢氧化钠	1.1	8	2
浓氨水	0.91	28	14.8
稀氨水	1.0	3.5	2
氢氧化钙水溶液（饱和）		0.15	
氢氧化钡水溶液（饱和）		2	0.1

附录6　常用的基准物质及干燥条件

名称	主要用途	使用前的干燥方法
氯化钠（NaCl）	标定 $AgNO_3$ 溶液	500～600℃灼烧至恒重
草酸钠（$Na_2C_2O_4$）	标定 $KMnO_4$ 溶液	105～110℃干燥至恒重
无水碳酸钠（Na_2CO_3）	标定 HCl、H_2SO_4 溶液	270～300℃灼烧至恒重
三氧化二砷（As_2O_3）	标定 I_2 溶液	室温干燥器中保存
邻苯二甲酸氢钾（$KHC_8H_4O_4$）	标定 NaOH、$HClO_4$ 溶液	105～110℃干燥至恒重
碘酸钾（KIO_3）	标定 $Na_2S_2O_3$ 溶液	130℃干燥至恒重
重铬酸钾（$K_2Cr_2O_7$）	标定 $Na_2S_2O_3$、$FeSO_4$ 溶液	140～150℃干燥至恒重
氧化锌（ZnO）	标定 EDTA 溶液	800℃灼烧至恒重
乙二胺四乙酸二钠	标定金属离子溶液	硝酸镁饱和溶液恒湿器中7天
溴酸钾（$KBrO_3$）	标定 $Na_2S_2O_3$ 溶液	130℃干燥至恒重
硝酸银（$AgNO_3$）	标定卤化物及硫氰酸盐	220～250℃干燥至恒重
碳酸钙（$CaCO_3$）	标定 EDTA 溶液	110℃干燥至恒重
硼砂（$Na_2B_4O_7 \cdot 10H_2O$）	标定 HCl 溶液	含 NaCl 和蔗糖饱和液干燥器
$H_2C_2O_4 \cdot 2H_2O$	标定 NaOH 溶液或 $KMnO_4$	室温空气干燥
氯化钾（KCl）	标定 $AgNO_3$	500～600℃干燥至恒重
锌（Zn）	标定 EDTA	室温干燥器中保存
氧化锌（ZnO）	标定 EDTA	900～1000℃灼烧至恒重
铜（Cu）	标定还原剂	室温干燥器中保存

附录7　某些试剂溶液的配制

试剂	浓度/$mol \cdot L^{-1}$	配制方法
三氯化铋 $BiCl_3$	0.1	溶解 31.6g $BiCl_3$ 于 330mL 6mol·L^{-1} HCl 中,加水稀释至 1L
三氯化锑 $SbCl_3$	0.1	溶解 22.8g $SbCl_3$ 于 330mL 6mol·L^{-1} HCl 中,加水稀释至 1L
三氯化铬 $CrCl_3$	0.1	取 26.7g $CrCl_3 \cdot 6H_2O$ 溶于 30mL 6mol·L^{-1} HCl 中,加水稀释至 1L
三氯化铁 $FeCl_3$	0.1	取 27.1g $FeCl_3 \cdot 6H_2O$ 溶于 80mL 6mol·L^{-1} HCl 中,加水稀释至 1L
氯化亚锡 $SnCl_2$	0.1	溶解 22.6g $SnCl_2 \cdot 2H_2O$ 于 330mL 6mol·L^{-1} HCl 中,加水稀释至 1L,加入数粒纯锡,以防氧化
硝酸汞 $Hg(NO_3)_2$	0.1	溶解 33.4g $Hg(NO_3)_2 \cdot 0.5H_2O$ 于 1L 0.6mol·L^{-1} HNO_3 中
硝酸亚汞 $Hg_2(NO_3)_2$	0.1	溶解 56.1g $Hg_2(NO_3)_2 \cdot 2H_2O$ 于 1L 0.6mol·L^{-1} HNO_3 中,并加入少许金属汞

续表

试剂	浓度/mol·L^{-1}	配制方法
硝酸铅 Pb(NO$_3$)$_2$	0.25	称取 83g Pb(NO$_3$)$_2$ 溶于少量水中，加入 15mL 6mol·L^{-1} HNO$_3$，用水稀释至 1L
银氨溶液		溶解 1.7g AgNO$_3$ 于 17mL 浓氨水中，再用蒸馏水稀释至 1L
碳酸铵 (NH$_4$)$_2$CO$_3$	1	96g 研细的 (NH$_4$)$_2$CO$_3$ 溶于 1L 2mol·L^{-1} 氨水
硫酸铵 (NH$_4$)$_2$SO$_4$	饱和	50g 研细的 (NH$_4$)$_2$SO$_4$ 溶于 100mL 热水，冷却后过滤
硫酸亚铁 FeSO$_4$	0.25	溶解 69.5g FeSO$_4$·7H$_2$O 于适量水中，加入 5mL 18mol·L^{-1} H$_2$SO$_4$，加水稀释至 1L，并加入小铁钉数枚
铁氰化钾 K$_3$[Fe(CN)$_6$]	0.25	取铁氰化钾 8.2g 溶解于水，稀释至 100mL（使用前临时配制）
亚铁氰化钾 K$_4$[Fe(CN)$_6$]	0.25	亚铁氰化钾 9.2g 溶解于水，稀释至 100mL（使用前临时配制）
硫氰酸汞铵 (NH$_4$)$_2$[Hg(SCN)$_4$]	0.151	溶解 8g HgCl$_2$ 和 9g NH$_4$SCN 于 100mL 水中
铁铵矾 (NH$_4$)Fe(SO$_4$)$_2$·12H$_2$O	400g·L^{-1}	铁铵矾的饱和水溶液加浓 HNO$_3$ 溶解至溶液变清
醋酸铵 NH$_4$Ac	3	将 23.5g NH$_4$Ac 溶于适量水后稀释到 100mL
六羟基锑酸钠 Na[Sb(OH)$_6$]	0.1	溶解 12.2g 锑粉于 50mL 浓硝酸中微热，使锑粉全部作用成白色粉末，用倾析法洗涤数次，然后加入 50mL 6mol·L^{-1} NaOH，使之溶解，加水稀释至 1L
钴亚硝酸钠 Na$_3$[Co(NO$_2$)$_6$]	0.1	溶解 230g NaNO$_2$ 于 500mL 水中，加入 165mL 6mol·L^{-1} HAc 和 30g Co(NO$_3$)$_2$·6H$_2$O，放置 24h，取清液稀释至 1L，保存在棕色瓶中。溶液应呈橙色，若变成红色，表示已分解，应重新配制
硫化钠 Na$_2$S	1	溶解 240g Na$_2$S·9H$_2$O 和 40g NaOH 于 1L 水中，稀释至 1L
仲钼酸铵 (NH$_4$)$_6$Mo$_7$O$_{24}$·4H$_2$O	0.1	溶解 124g (NH$_4$)$_6$Mo$_7$O$_{24}$·4H$_2$O 于 1L 水中，将所得溶液倒入 1L 6mol·L^{-1} HNO$_3$ 中，放置 24h，取其澄清液
硫化铵 (NH$_4$)$_2$S	3	通 H$_2$S 于 200mL 浓 NH$_3$·H$_2$O 中直至饱和，然后再加 200mL 浓 NH$_3$·H$_2$O，最后加水稀释至 1L，混匀
亚硝酰铁氰化钠 Na$_2$[Fe(CN)$_5$NO]	10g·L^{-1}	10g Na$_2$[Fe(CN)$_5$NO]·2H$_2$O 溶解于 1L 水中，保存于棕色瓶中，如果溶液变绿就不能用了
氯水		在水中通入氯气直至饱和，氯在 25℃ 的溶解度为 199mL/100g H$_2$O。该溶液使用时临时配制
溴水		取 50g（约 16mL）液溴注入盛有 1L 水的磨口瓶中，剧烈振荡 2h。每次振荡后将塞子敲开，使溴蒸气放出。将清液倒入试剂瓶中备用。溴在 20℃ 的溶解度为 3.58g/100g H$_2$O
碘液	0.01	溶解 2.5g 碘和 3g KI 于尽可能少量的水中，加水稀释至 1L
淀粉溶液	5g·L^{-1}	将 0.5g 可溶性淀粉和少量冷水调成糊状，将所得糊状物在搅拌下倾入 100mL 沸水中，煮沸 1～2min 使溶液透明，冷却
NH$_3$-NH$_4$Cl 缓冲溶液		20g NH$_4$Cl 溶于适量水中，加入 100mL 氨水（密度为 0.9g·cm^{-3}），混合后稀释至 1L，即为 pH=10.0 的缓冲溶液
醋酸铀酰锌		溶 10g UO$_2$(Ac)$_2$·2H$_2$O 于 6mL 30%HAc 溶液中，略微加热使其溶解，稀释至 50mL（溶液 A）。另溶解 30g Zn(Ac)$_2$·2H$_2$O 于 6mL 30%HAc 溶液中，搅动后稀释到 50mL（溶液 B）。将这两种溶液加热至 70℃ 后混合，静置 24h，取其澄清溶液贮于棕色瓶中

试剂	浓度/mol·L^{-1}	配制方法
硫代乙酰胺	50g·L^{-1}	溶解5g硫代乙酰胺于100mL水中,如浑浊需过滤
铬黑T		将铬黑T和烘干的NaCl按1:100的比例研细,均匀混合,贮于棕色瓶中。 该指示剂也可配成5g·L^{-1}的溶液使用,配制方法如下:0.5g铬黑T加10mL三乙醇胺和90mL乙醇,充分搅拌使其溶解完全。配制的溶液不宜久放
钙指示剂		钙指示剂与固体无水Na$_2$SO$_4$以质量比2:100比例混合,研磨均匀,放入干燥的棕色瓶中,保存于干燥器内,或配成5g·L^{-1}的溶液使用(最好用新配制的),配制方法与铬黑T类似
二苯胺	10g·L^{-1}	将1g二苯胺在搅拌下溶于100mL密度1.84g·cm^{-3}硫酸或100mL密度1.70g·cm^{-3}磷酸中(该溶液可保存较长时间)
二苯胺磺酸钠	5g·L^{-1}	取0.5g二苯胺磺酸钠溶解于100mL水中,如溶液浑浊,可滴加少量HCl溶液
镁试剂 (对硝基苯偶氮间苯二酚)	0.01g·L^{-1}	溶解0.01g镁试剂于1L 1mol·L^{-1} NaOH溶液中
铝试剂	1g·L^{-1}	1g铝试剂溶于1L水中
镁铵试剂		将100g MgCl$_2$·4H$_2$O和100g NH$_4$Cl溶于水中,加50mL浓氨水,用水稀释至1L
奈氏试剂		溶解11.5g Hg I$_2$和8g KI于水中,稀释至50mL,加入50mL 6mol·L^{-1} NaOH溶液,静置后,取其清液,保存在棕色瓶中
二苯缩氨硫脲		溶解0.1g二苯缩氨硫脲于1L CCl$_4$或CHCl$_3$中
甲基红		每升60%乙醇中溶解2g
甲基橙	1g·L^{-1}	每升水中溶解1g
酚酞	1g·L^{-1}	每升90%乙醇中溶解1g
溴甲酚蓝(溴甲酚绿)		每升20%乙醇中溶解1g溴甲酚蓝(溴甲酚绿)
石蕊		2g石蕊溶于50mL水中,静置一昼夜后过滤,在滤液中加30mL 95%乙醇,再加水稀释至100mL
品红		0.1g品红溶于100mL水中
茜红		在95%乙醇中的饱和溶液
磺基水杨酸	100g·L^{-1}	10g磺基水杨酸溶于65mL水中,加入35mL 2mol·L^{-1} NaOH,摇匀
镍试剂(二乙酰二肟)	10g·L^{-1}	溶解1g二乙酰二肟于100mL 95%乙醇中
硝胺指示剂	1g·L^{-1}	取0.1g硝胺,溶于100mL 70%乙醇溶液中
邻二氮菲指示剂	2.5g·L^{-1}	取0.25g邻二氮菲,加3滴6mol·L^{-1} H$_2$SO$_4$溶液,溶于100mL水中
碘化钾-亚硫酸钠溶液		50g KI和200g Na$_2$SO$_3$·7H$_2$O溶于1L水中
α-萘胺	2g·L^{-1}	0.3g α-萘胺与20mL水煮沸,在所得溶液中加150mL 2mol·L^{-1} HAc溶液
对氨基苯磺酸		0.5g对氨基苯磺酸溶于150mL 2mol·L^{-1}乙酸溶液中
亚硝基R盐		1g亚硝基R盐溶于100mL水中
百里酚蓝和甲酚红 混合指示剂		取1g·L^{-1}百里酚蓝乙醇溶液与1g·L^{-1}甲酚红溶液混合均匀(在混合前一定要溶解完全)

附录 8　常用指示剂

一、常用酸碱指示剂的变色范围和理论变色点（室温）

指示剂	变色 pH 范围	颜色变化	$pK_{HIn}^{\ominus}$	浓度
甲基黄	2.9～4.0	红～黄	3.3	$1g \cdot L^{-1}$ 的 90% 乙醇溶液
甲基橙	3.1～4.4	红～黄	3.4	$1g \cdot L^{-1}$ 的水溶液
溴酚蓝	3.0～4.6	黄～紫	4.1	$1g \cdot L^{-1}$ 的 20% 乙醇溶液或其钠盐水溶液
溴甲酚绿	4.0～5.6	黄～蓝	4.9	$1g \cdot L^{-1}$ 的 20% 乙醇溶液或其钠盐水溶液
甲基红	4.4～6.2	红～黄	5.0	$1g \cdot L^{-1}$ 的 60% 乙醇溶液或其钠盐水溶液
溴百里酚蓝	6.2～7.6	黄～蓝	7.3	$1g \cdot L^{-1}$ 的 20% 乙醇溶液或其钠盐水溶液
中性红	6.8～8.0	红～橙黄	7.4	$1g \cdot L^{-1}$ 的 60% 乙醇溶液
苯酚红	6.8～8.4	黄～红	8.0	$1g \cdot L^{-1}$ 的 60% 乙醇溶液或其钠盐水溶液
酚酞	8.0～10.0	无～红	9.1	0.5% 的 90% 乙醇溶液
百里酚蓝（第一次变色）	1.2～2.8	红～黄	1.7	$1g \cdot L^{-1}$ 的 20% 乙醇溶液
百里酚蓝（第二次变色）	8.0～9.6	黄～蓝	8.9	$1g \cdot L^{-1}$ 的 20% 乙醇溶液
百里酚酞	9.4～10.6	无～蓝	10.0	$1g \cdot L^{-1}$ 的 90% 乙醇溶液
甲基紫（第一次变色）	0.13～0.5	黄～绿	0.8	$1g \cdot L^{-1}$ 水溶液
甲基紫（第二次变色）	1.0～1.5	绿～蓝		$1g \cdot L^{-1}$ 水溶液
甲基紫（第三次变色）	2.0～3.0	蓝～紫		$1g \cdot L^{-1}$ 水溶液
茜素黄 R（第一次变色）	1.9～3.3	红～黄		$1g \cdot L^{-1}$ 水溶液
茜素黄 R（第二次变色）	10.0～12.0	黄～紫	11.16	$1g \cdot L^{-1}$ 水溶液

二、常用混合指示剂的变色范围和理论变色点

指示剂溶液的组成	变色时 pH	颜色		备注
		酸色	碱色	
一份 $1g \cdot L^{-1}$ 甲基黄乙醇溶液 一份 $1g \cdot L^{-1}$ 亚甲基蓝乙醇溶液	3.25	蓝紫	绿	pH=3.2,蓝紫色； pH=3.4,绿色
一份 $1g \cdot L^{-1}$ 甲基橙水溶液 一份 $2.5g \cdot L^{-1}$ 靛蓝二磺酸水溶液	4.1	紫	黄绿	
一份 $1g \cdot L^{-1}$ 溴甲酚绿钠盐水溶液 一份 $2g \cdot L^{-1}$ 甲基橙水溶液	4.3	橙	蓝绿	pH=3.5,黄色；pH=4.05,绿色； pH=4.3,浅绿
三份 $1g \cdot L^{-1}$ 溴甲酚绿乙醇溶液 一份 $2g \cdot L^{-1}$ 甲基红乙醇溶液	5.1（灰）	酒红	绿	
一份 $1g \cdot L^{-1}$ 溴甲酚绿钠盐水溶液 一份 $1g \cdot L^{-1}$ 氯酚红钠盐水溶液	6.1	黄绿	蓝绿	pH=5.4,蓝绿色；pH=5.8,蓝色； pH=6.0,蓝带紫；pH=6.2,蓝紫
一份 $1g \cdot L^{-1}$ 中性红乙醇溶液 一份 $1g \cdot L^{-1}$ 亚甲基蓝乙醇溶液	7.0	紫蓝	绿	pH=7.0,紫蓝

续表

指示剂溶液的组成	变色时 pH	颜色		备注
		酸色	碱色	
一份 $1g·L^{-1}$ 中性红乙醇溶液 一份 $1g·L^{-1}$ 溴百里酚蓝乙醇溶液	7.2	玫瑰	绿	
一份 $1g·L^{-1}$ 甲酚红钠盐水溶液 三份 $1g·L^{-1}$ 百里酚蓝钠盐水溶液	8.3	黄	紫	pH=8.2,玫瑰红; pH=8.4,清晰的紫色
三份 $1g·L^{-1}$ 酚酞 50% 乙醇溶液 一份 $1g·L^{-1}$ 百里酚蓝 50% 乙醇溶液	9.0	黄	紫	从黄到绿,再到紫
一份 $1g·L^{-1}$ 酚酞乙醇溶液 一份 $1g·L^{-1}$ 百里酚酞乙醇溶液	9.9	无	紫	pH=9.6,玫瑰红; pH=1.0,紫色
二份 $1g·L^{-1}$ 百里酚酞乙醇溶液 一份 $1g·L^{-1}$ 茜素黄 R 乙醇溶液	10.2	黄	紫	

注:混合酸碱指示剂要保存在深色瓶中。

三、常用金属指示剂

指示剂	使用适宜 pH 范围	颜色变化		直接滴定的离子	指示剂配制	注意事项
		In	MIn			
铬黑 T (简称 BT 或 EBT)	8~10	蓝	酒红	pH=10,Mg^{2+}、Zn^{2+}、Cd^{2+}、Pb^{2+}、Mn^{2+}、稀土元素离子	1:100 NaCl(s)	Al^{3+}、Fe^{3+} 封闭用三乙醇胺消除; Cu^{2+}、Ni^{2+}、Ti^{4+} 封闭用 KCN 消除
钙指示剂(简称 NN)	12~13	蓝	酒红	pH=12~13,Ca^{2+}	1:100 NaCl(s)	Ti^{IV}、Fe^{3+}、Al^{3+}、Cu^{2+}、Ni^{2+}、Co^{2+}、Mn^{2+} 等离子封闭 NN
二甲酚橙 (简称 XO)	<6	亮黄	红	pH<1,ZrO^{2+} pH=1~3.5,Bi^{3+}、Th^{4+} pH=5~6,Zn^{2+}、Pb^{2+}、Cd^{2+}、Hg^{2+}、Tl^{3+}、稀土元素离子	$5g·L^{-1}$ 水溶液	Fe^{3+} 封闭用抗坏血酸消除; Al^{3+}、Ti^{4+} 封闭用 NH_4F 消除; Cu^{2+}、Co^{2+}、Ni^{2+} 用邻二氮菲消除
磺基水杨酸 (简称 ssal)	1.5~2.5	无色	紫红	pH=1.5~2.5,Fe^{3+}	$50g·L^{-1}$ 水溶液	ssal 本身无色,FeY^- 呈黄色
吡啶偶氮萘酚 (PAN)	2~12	黄	紫红	pH=2~3,Th^{4+}、Bi^{3+} pH=4~5,Cu^{2+}、Ni^{2+}、Pb^{2+}、Cd^{2+}、Zn^{2+}、Mn^{2+}、Fe^{2+}	$1g·L^{-1}$ 乙醇溶液	MIn 在水中溶解度很小,为防止 PAN 僵化,滴定时须加热
K-B 指示剂	10~12	绿+蓝	绿+红	pH=10,Mg^{2+} pH=12,Ca^{2+}	0.5g 酸性铬蓝 K+1.25g 萘酚绿 B,再加 25g K_2SO_4 研细,混匀	
酸性铬蓝 K	8~13	蓝	红	pH=10(氨性缓冲液),Mg^{2+}、Zn^{2+}、Mn^{2+} pH=13,Ca^{2+}	1:100NaCl(s)	

续表

指示剂	使用适宜 pH 范围	颜色变化 In	颜色变化 MIn	直接滴定的离子	指示剂配制	注意事项
甲基百里酚蓝	10.5	灰	蓝	Ba^{2+}、Ca^{2+}、Mg^{2+}、Mn^{2+}、Sr^{2+}	1% 与固体 KNO_3 混合物	Bi^{3+}、Cd^{2+}、Co^{2+}、Hg^{2+}、Pb^{2+}、Sc^{3+}、Th^{4+}、Zn^{2+} 干扰
酸性铬紫 B	4.0	橙	红	Fe^{3+}		
茜素	2.8	红	黄	Th^{4+}		
溴酚红	2.0～3.0	红	橙黄	Bi^{3+}		
溴酚红	7.0～8.0	蓝紫	红	Cd^{2+}、Co^{2+}、Mg^{2+}、Mn^{2+}、Ni^{3+}		
溴酚红	4.0	蓝	红	Pb^{2+}		
溴酚红	4.0～6.0	浅蓝	红	Re^{3+}		
铝试剂	8.5～10.0	酒红	黄	Ca^{2+}、Mg^{2+}		
铝试剂	4.4	红	蓝紫	Al^{3+}		
铝试剂	1.0～2.0	紫	淡黄	Fe^{3+}		
偶氮胂Ⅲ	10.0	蓝	红	Ca^{2+}、Mg^{2+}		

四、常用氧化还原指示剂的条件电极电势及颜色变化

指示剂	$\varphi_{In}^{\ominus'}/V$ $[H^+]=1mol\cdot L^{-1}$	颜色变化 氧化态	颜色变化 还原态	配制
亚甲基蓝	0.36	蓝	无色	$0.5g\cdot L^{-1}$ 水溶液
二苯胺	0.76	紫	无色	1g 二苯胺搅拌下溶于 100mL 浓 H_2SO_4 和 100mL 浓 H_3PO_4，贮于棕色瓶中
中性红	0.24	红	无色	$0.5g\cdot L^{-1}$ 的 60% 乙醇溶液
二苯胺磺酸钠	0.84	紫红	无色	$2g\cdot L^{-1}$ 水溶液
邻苯氨基苯甲酸	0.89	紫红	无色	$2g\cdot L^{-1}$ 水溶液
邻二氮菲-亚铁	1.06	浅蓝	红	1.485g 邻二氮菲和 0.695g $FeSO_4$ 配成 100mL 水溶液
硝基邻二氮菲-亚铁	1.25	浅蓝	紫红	1.608g 邻二氮菲和 0.695g $FeSO_4$ 配成 100mL 水溶液

五、沉淀滴定法常用指示剂

名称	被测离子及 pH（滴定剂 $AgNO_3$）	终点颜色变化	配制方法
铬酸钾	Cl^-、Br^- 中性或弱碱性	黄色→砖红色	5% 水溶液
铁铵矾（硫酸高铁铵）	Br^-、I^-、SCN^-，酸性（$>3mol\cdot L^{-1}$）	无色→血红色	40% 的 $1mol\cdot L^{-1}$ HNO_3 溶液
荧光黄	Br^-、I^-、SCN^-、Cl^- 中性或弱碱性	黄绿→玫瑰红 黄绿→橙	$1g\cdot L^{-1}$ 乙醇溶液或 $1g\cdot L^{-1}$ 钠盐水溶液

续表

名称	被测离子及 pH（滴定剂 AgNO₃）	终点颜色变化	配制方法
二氯荧光黄	Cl^-、Br^-、I^-，pH4.4～7.0	黄绿→浅红	$1g \cdot L^{-1}$ 的 70％乙醇溶液或 $1g \cdot L^{-1}$ 钠盐水溶液
曙红（四溴荧光黄）	SCN^-、Br^-、I^-，pH1～2	橙红→红紫	$1g \cdot L^{-1}$ 的 70％乙醇溶液或 $5g \cdot L^{-1}$ 钠盐水溶液

附录 9　常用缓冲溶液

缓冲溶液组成	pK_a	缓冲溶液 pH	配制方法
一氯乙酸（$ClCH_2COOH$）-NaOH	2.86	2.8	200g 一氯乙酸溶于 200mL 水中，加 NaOH 40g，溶解后稀释至 1L
HCOOH-NaOH	3.76	3.7	95g 甲酸和 40g NaOH 溶于 500mL 水中，稀释至 1L
NH_4Ac-HAc		4.5	77g NH_4Ac 溶于水中，加冰醋酸 59mL，稀释至 1L
NH_4Ac-HAc		5.0	250g NH_4Ac 溶于水中，加冰醋酸 25mL，稀释至 1L
NH_4Ac-HAc		6.0	600g NH_4Ac 溶于水，加冰醋酸 20mL，稀释至 1L
NaAc-HAc	4.74	4.7	83g $NaAc \cdot 3H_2O$ 溶于水，加冰醋酸 60mL，稀释至 1L
NaAc-HAc	4.74	5.0	160g $NaAc \cdot 3H_2O$ 溶于水，加冰醋酸 60mL，稀释至 1L
NaAc-H_3PO_4 盐		8.0	取 50g 无水 NaAc 和 50g $Na_2HPO_4 \cdot 12H_2O$ 溶于水中，稀释至 1L
$(CH_2)_6N_4$-HCl	5.15	5.4	40g 六亚甲基四胺溶于 200mL 水中，加浓 HCl 10mL，稀释至 1L
NH_4Cl-NH_3	9.26	8.0	100g NH_4Cl 溶于水，加浓氨水 7.0mL，稀释至 1L
NH_4Cl-NH_3	9.26	9.0	70g NH_4Cl 溶于水，加浓氨水 48mL，稀释至 1L
NH_4Cl-NH_3	9.26	10.0	54g NH_4Cl 溶于水，加浓氨水 350mL，稀释至 1L
H_2NCH_2COOH-HCl	2.35	2.3	取 150g H_2NCH_2COOH 溶于 500mL H_2O 中，加 80mL HCl 稀释至 1L
H_3PO_4-柠檬酸盐		2.5	取 113g $Na_2HPO_4 \cdot 12H_2O$ 溶于 200mL H_2O 中，加 387g 柠檬酸钠溶解，过滤后稀释到 1L
邻苯二甲酸氢钾-HCl	2.95	2.9	取 500g 邻苯二甲酸氢钾溶于 500mL H_2O 中，加 80mL 浓 HCl，稀释至 1L
六亚甲基四胺-HCl	5.15	5.4	取 40g 六亚甲基四胺溶于 200mL H_2O 中，加 10mL 浓 HCl，稀释至 1L
三羟甲基氨基甲烷-HCl	8.21	8.2	取 25g 三羟甲基氨基甲烷溶于 H_2O 中，加 8mL 浓 HCl，稀释至 1L

附录 10 常用标准缓冲溶液

试剂	浓度/mol·L^{-1}	pH(25℃)	试剂的干燥与预处理	缓冲溶液的配制方法
四草酸钾 KH$_3$(C$_2$O$_4$)$_2$·2H$_2$O	0.05	1.69	(57±2)℃干燥至恒重	12.7096g KH$_3$(C$_2$O$_4$)$_2$·2H$_2$O 溶于适量蒸馏水，定量稀释至1L
酒石酸氢钾 KC$_4$H$_5$O$_6$	饱和	3.56	不必预先干燥	KC$_4$H$_5$O$_6$ 溶于(25±3)℃蒸馏水至饱和
邻苯二甲酸氢钾 KHC$_8$H$_4$O$_4$	0.05	4.01	(110±5)℃干燥至恒重	10.2112g KHC$_8$H$_4$O$_4$ 溶于适量蒸馏水，稀释至1L
磷酸二氢钾/磷酸氢二钠 KH$_2$PO$_4$/Na$_2$HPO$_4$	0.025	6.86	KH$_2$PO$_4$ 在(110±5)℃干燥至恒重，Na$_2$HPO$_4$ 在(120±5)℃干燥至恒重	3.4021g KH$_2$PO$_4$ 和 3.5490g Na$_2$HPO$_4$ 溶于适量蒸馏水，定量稀释至1L
四硼酸钠 Na$_2$B$_4$O$_7$·10H$_2$O	0.01	9.18	Na$_2$B$_4$O$_7$·10H$_2$O 放在含有 NaCl 和蔗糖饱和液的干燥器中	3.8137g Na$_2$B$_4$O$_7$·10H$_2$O 溶于适量除去 CO$_2$ 的蒸馏水，定量稀释至1L

参　考　文　献

［1］　大连理工大学. 基础化学实验. 北京：高等教育出版社，2004.

［2］　南京大学化学实验教学组编. 大学化学实验. 3 版. 北京：高等教育出版社，2018.

［3］　武汉大学等. 分析化学实验（上）. 6 版. 北京：高等教育出版社，2021.

［4］　张小林等. 化学实验教程. 北京：化学工业出版社，2006.

［5］　北京师范大学等编. 无机化学实验. 5 版. 北京：高等教育出版社，2023.

［6］　四川大学化工学院，浙江大学化学系. 分析化学实验. 4 版. 北京：高等教育出版社，2015.

［7］　华中师范大学等. 分析化学实验. 5 版. 北京：高等教育出版社，2025.

［8］　北京大学化学与分子工程学院分析化学教研组. 基础分析化学实验. 3 版. 北京：北京大学出版社，2010.

［9］　周心如等. 化验员读本. 5 版. 北京：化学工业出版社，2017.

［10］　王燕等. 大学基础化学实验（Ⅰ）. 3 版. 北京：化学工业出版社，2016.